机械发明的故事

电力技术革命

第二版

周湛学 编著

JIXIE FAMING DE GUSHI

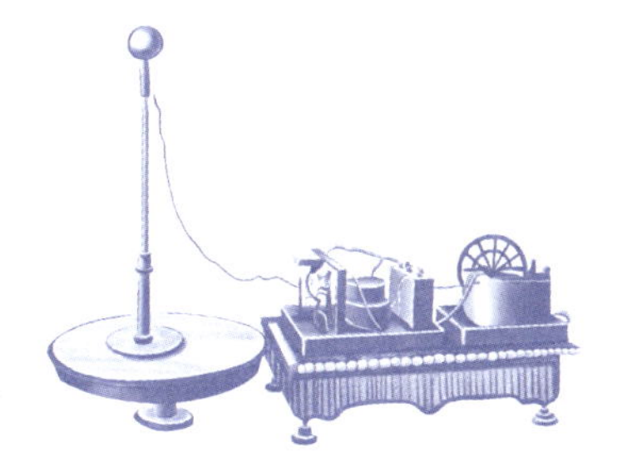

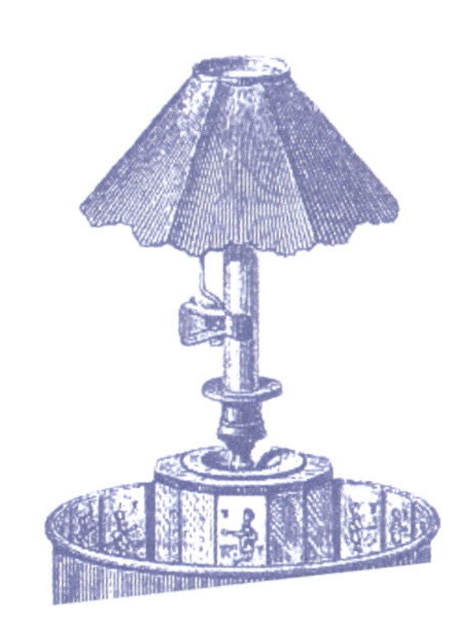

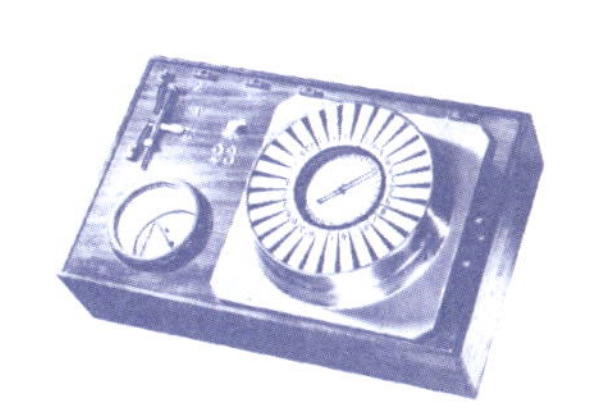

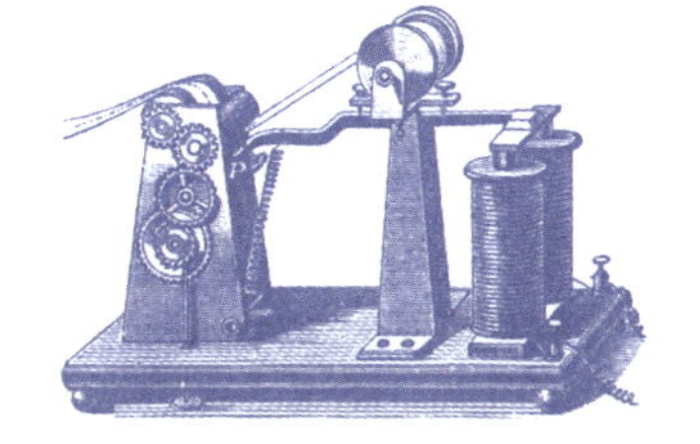

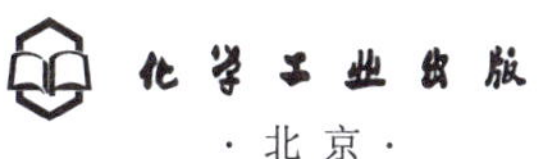

·北京·

内容简介

“机械发明的故事（升级版）”是介绍机械发明基本知识、发展历程及科学家故事的科普读物，分为“古代机械和蒸汽技术革命”和“电力技术革命”两个分册，按照两次工业革命的时间顺序描写了在人类历史的长河中科学家们伟大的机械发明和创造带给人类一次又一次震撼的故事。

本分册为“电力技术革命”。第二次工业革命的标志是电力的发现及广泛应用，本分册围绕第二次工业革命，主要介绍了电磁感应及有关应用、发现、发明（发电机、电动机、电报机、电话、无线电通信、内燃机、电灯、电梯、飞机、汽车、空调、电冰箱、电风扇、洗衣机、电影等）及科学家的故事。

本书融技术性、知识性和趣味性于一体，语言简明、通俗，深入浅出，配有大量的插图，让版面更活泼、阅读更有趣、学习更轻松，以此激发广大青少年和机械发明爱好者对机械知识的学习兴趣和探索精神。

图书在版编目（CIP）数据

机械发明的故事：升级版. 电力技术革命 / 周湛学编著. —2版. —北京：化学工业出版社，2023.6
ISBN 978-7-122-43308-4

Ⅰ. ①机… Ⅱ. ①周… Ⅲ. ①机械 - 普及读物②电力工业 - 科学技术 - 普及读物 Ⅳ. ① TH-49 ② TM-49

中国国家版本馆 CIP 数据核字（2023）第 064951 号

责任编辑：王清颢　张兴辉　　文字编辑：温潇潇　陈小滔
责任校对：宋　玮　　装帧设计：程　超

出版发行：化学工业出版社(北京市东城区青年湖南街13号　邮政编码100011)
印　　装：三河市延风印装有限公司
787mm×1092mm　1/16　印张 $19^1/_4$　字数366千字　2024年4月北京第2版第1次印刷

购书咨询：010-64518888　　售后服务：010-64518899
网　　址：http://www.cip.com.cn
凡购买本书，如有缺损质量问题，本社销售中心负责调换。

定　　价：79.80元

前言 preface

自人类诞生以来就从来没有停止过探索的脚步。人类运用自己的聪明与智慧，在与大自然的周旋中渐渐了解到了自然的奥秘，于是不再满足自己微薄的力量，开始从自然界中探寻更多的奥秘，发现更多的能为自己所用的东西。随着时间的流逝，人类取得了许多重要的突破，不仅能使用人力、畜力等自然界直接摆在我们面前的力量，更能使用一些被自然界深深隐藏起来的力量。我们获得力量的标志，就是工业革命，而这样的革命在人类历史上已出现三次。“机械发明的故事（升级版）”共两个分册三篇，以机械发明为主线，描述了在人类历史的长河中科学家们伟大的发明和创造带给人类一次又一次震撼的故事。

第1分册为“古代机械和蒸汽技术革命”，共两篇。第1篇描述了古代机械的发明与应用。古代机械史是指18世纪欧洲工业革命之前人类创造和使用机械的历史。机械始于工具，工具是简单的机械。约公元前230年，希腊的阿基米德创制螺旋提水工具。东汉以后出现了记里鼓车和指南车。记里鼓车有一套减速齿轮系，通过鼓镯的音响分段报知里程。三国时期，马钧所造的指南车除用齿轮传动外，还有自动离合装置，在技术上更胜记里鼓车一筹。自动离合装置的发明，说明传动机构齿轮系已发展到相当高的程度。东汉时已有不同形状和用途的齿轮和齿轮系，有大量棘轮，也有人字齿轮。特别是在天文仪器方面已有比较精密的齿轮系。张衡利用漏壶的等时性制成水运浑象仪，以漏水为动力，通过齿轮系使浑象仪每天等速旋转一周。132年，张衡创制了世界上第一台地动仪。汉代纺织技术和纺织机械也不断发展，织绫机已成为相当复杂的纺织机械。

到三国时期，马钧将50综50蹑和60综60蹑的织绫机改成了50综12蹑和60综12蹑，提高了生产效率。马钧还创制了新式提水机具翻车，能连续提水，效率高又十分省力。东汉时期，杜诗发明冶铸鼓风用水排。魏晋时期，杜预发明由水轮驱动的连机碓和水转连磨。南北朝时，綦毋怀文对灌钢法进行了重大改进和完善。北宋时期，苏颂、韩公廉制成带有擒纵机构的水运仪象台。南宋时期，中国已有水转大纺车。1350年，意大利的丹蒂制成机械钟，以重锤下落为动力，用齿轮传动。1650年，德国的盖利克发明真空泵，1654年他在马德堡演示了著名的马德堡半球实验，首次显示了大气压的威力。1656～1657年，荷兰的惠更斯创制单摆机械钟。17世纪，荷兰的列文虎克做出了早期最出色的显微镜。

第2篇为人类进入了蒸汽机时代。18世纪60年代，第一次工业革命在英国爆发。1764年，纺织工哈格里夫斯发明了珍妮纺织机，珍妮纺织机的出现首先在棉纺织业引发了发明机器、进行技术革新的连锁反应，揭开了工业革命的序幕。后来，在棉纺织业中出现了骡机、水力织布机等先进机器。不久，在采煤、冶金等许多工业领域，也都陆续使用了机器生产。

1785年，瓦特制成的改良型蒸汽机投入使用，它提供了更加便利的动力，得到迅速推广，大大推动了机器的普及和发展。人类社会由此进入了蒸汽机时代。蒸汽机的发明，第一次把机器的强大动力摆在了人类的面前，使人类走上了一条和以前完全不同的道路，动力源不再局限于人和牲畜。

蒸汽机的运用直接推动了各种新式机器的出现，各类工厂都有了动力源，各种工业产品的生产不再局限于人力，因此生产速度大大加快。火车有了动力机器，可以在铁轨上运行了。蒸汽轮船也投入了运行，人类在海上的航行范围变得更加宽广，也更加快捷。另外，蒸汽机的出现也使新的武器装备的制造速度大大加快。

第2分册为“电力技术革命”。19世纪，随着资本主义经济的发展，自然科学研究取得重大进展。1870年以后，各种新技术、新发明层出不穷，并被应用于各种工业生产领域，促进经济进一步发展，第二次工业革命蓬勃兴起，人类进入了电气时代。

法拉第发现的电磁感应现象，为人类利用电能提供了科学依据。19世纪30年代，有实用价值的发电机和电动机已经制成。直流电机供电已经取代蒸汽动力占据统治地位。电力不仅可以代替蒸汽作为工业动力，而且方便、廉价，推动了一系列新兴工业的发展，带动了一系列提升生活质量、促进社会文明发

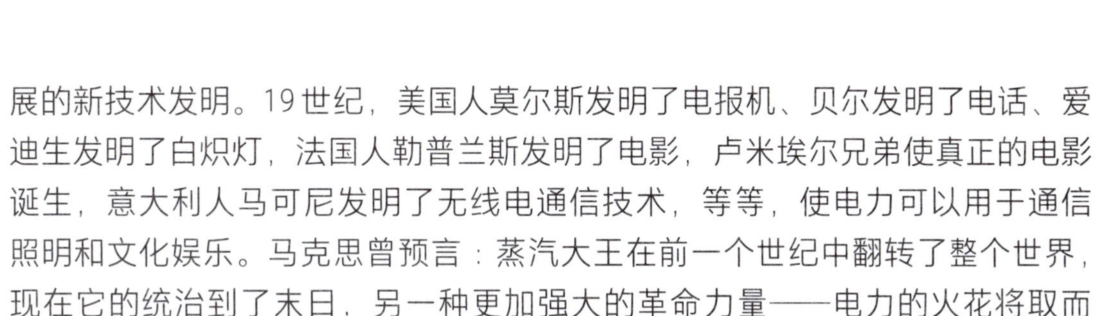

展的新技术发明。19世纪，美国人莫尔斯发明了电报机、贝尔发明了电话、爱迪生发明了白炽灯，法国人勒普兰斯发明了电影，卢米埃尔兄弟使真正的电影诞生，意大利人马可尼发明了无线电通信技术，等等，使电力可以用于通信照明和文化娱乐。马克思曾预言：蒸汽大王在前一个世纪中翻转了整个世界，现在它的统治到了末日，另一种更加强大的革命力量——电力的火花将取而代之。

19世纪末，科学技术突飞猛进，新技术、新发明、新理论层出不穷。电力广泛应用，电灯亮起来了，电话响起来了，汽车跑起来了。19世纪80年代，德国的卡尔·本茨制造出了世界上第一辆以汽油为动力的三轮汽车。工业生产跃上了一个新的台阶，人类从蒸汽机时代进入到电气时代。

科学技术改变了人类的生活，科学技术的发展在方方面面影响着人类生活。

翻开本书，你可以了解科学家们攀登科学高峰的坚忍不拔的精神，为科学技术贡献毕生精力的高尚情操。通过这些故事我们了解到，每一次工业革命中科技的发展都要靠许许多多科学家和劳动人民的智慧积累。科学的成就是一点一滴积累起来的，唯有长期的积累才能由点滴汇成大海。

创造发明是没有止境的，无数的科学家和劳动人民，前赴后继，不停地进行着发明创造，为人类造福，推动人类社会进步。创造发明是人类社会进步的阶梯。科学技术发展史是人类认识自然、改造自然的历史，也是人类文明史的重要组成部分。当人类可以飞往宇宙空间，当机器人问世，当智能家电进入万千家庭，大家感慨科学技术改变了人类的生活，让我们的生活更加丰富，科学技术也改变了世界，使人类进入了一个全新的科技时代。

今天科学技术的应用遍及各个方面，并蓬勃发展着，科学家们正在为以人工智能、清洁能源、机器人技术、量子信息技术以及生物技术为主的全新技术革命谱写着新的篇章。

“机械发明的故事（升级版）”是介绍机械发明基本知识、发展历程及科学家故事的科普读物，按照两次工业革命的时间顺序，讲述了在人类历史的长河中科学家们伟大的机械发明和创造带给人类一次又一次震撼的故事。它还是有关机械知识、电学知识等一些基本知识的科普读物，融技术性、知识性和趣味性于一体，向广大青少年读者展示了一个丰富多彩的科学天地，并把这些知识用简明、通俗的语言加以描述或说明，深入浅出，同时配有大量的插图，让版面更活泼、阅读更有趣、学习更轻松。很多故事是我们熟悉的，只有将这些生

动的故事一点一滴地传递下去，才会不断地激励人们去创造、去创新，在青少年心中种下科学的种子。

科学的永恒性就在于坚持不懈地寻求，科学就其容量而言，是不会枯竭的，就其目标而言，是永远不可企及的，这也正是我们这代人面临的机遇和挑战。

本书由周湛学编著。部分插图由姜予薇、赵阳绘制。

由于编著者水平所限，书中难免存在不妥之处，恳请读者批评指正。

编著者

目录 contents

第 3 篇

人类进入了电气化时代

第 3 篇

人类进入了电气化时代

第1章

莱顿瓶

从人类发现静电现象开始，一直到20世纪初，直接产生静电的方法只有摩擦生电。开始是用一手握住琥珀棒，另一手拿着毛皮来相互摩擦生电。到了17世纪，人们发明了起电机，利用转动的绝缘球、圆筒、圆盘等上附着的金属片和静止的刷子摩擦生电。但是摩擦所生的电荷无法维持很久，因此有人就发明了可以储存电荷的容器——莱顿瓶。莱顿瓶的发明为电学实验研究开拓了新的视野，促进了电学的发展。

- 什么是莱顿瓶。莱顿瓶是一种用来储存电荷的容器，如图1-1所示。莱顿瓶是一个玻璃瓶，瓶里瓶外分别贴有锡箔，瓶里的锡箔通过金属链条跟金属棒连接。棒的上端是一个金属球。由于它是在莱顿城发明的，所以叫作莱顿瓶，这就是最初的电容器。

- 莱顿瓶的原理。如图1-1、图1-2所示，标准的莱顿瓶包括一个矮胖的薄玻璃容器，从它的瓶高2/3处往下，内、外壁都贴上了金属箔，作为电容器的两个极板，瓶内金属链条与伸到瓶口外的金属棒相连，金属棒顶上再装上一个金属球。金属链条与瓶

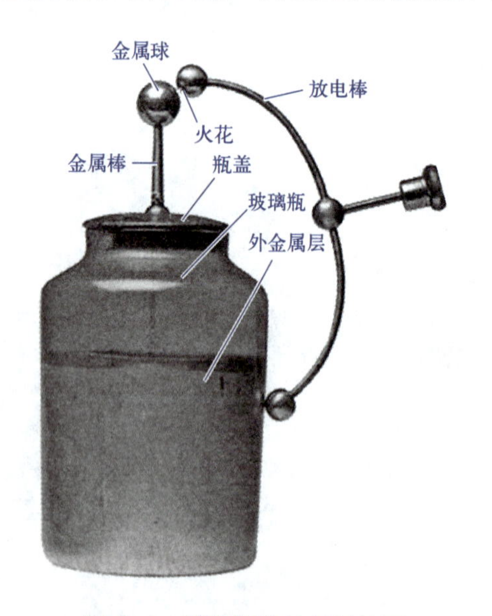

图1-1　莱顿瓶的外部结构图

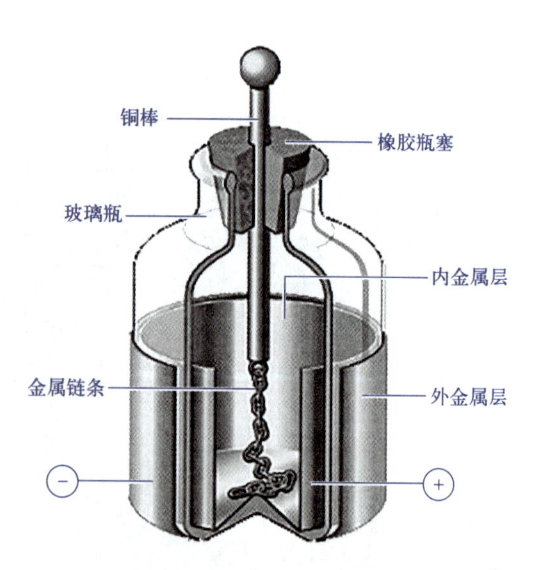

图1-2　莱顿瓶的内部结构图

内侧的金属箔连接（或下垂到注满水的瓶子中）。当带电体跟金属球接触时，带电体上的电荷就会沿着金属棒和链条传到瓶的内壁，外壁由于静电感应带上异种电荷，这样内壁的电荷就能储存很长一段时间。等需要用的时候，只要与金属球接触一下，就可把储存的电荷释放出来。莱顿瓶最多可以储存几天的电，当然储存时间也取决于储存条件。

● 莱顿瓶的发明。普鲁士一所教堂的副主教克莱斯勒，从 1740 年起就在研究火花放电，有一次在实验中他将装有铁钉的玻璃瓶和起电机相连，用导线将摩擦所引起的电引向装有铁钉的玻璃瓶，当他同往常一样用手触及铁钉时，却突然受到猛烈的一击，由此他发现了放电现象，但他并没有公开发表，而是到了 1746 年另一位教授在一篇文章中提到莱顿瓶，这才引起了世人的注意。日后，许多人致力于莱顿瓶的研究，希望能提高它的储电能力。

莱顿瓶是荷兰莱顿大学的物理学教授彼得·范·马森布罗克（图 1-3）发明的，这项发明也使莱顿大学——这所荷兰的大学名扬世界。

图 1-3　彼得·范·马森布罗克

彼得·范·马森布罗克 1692 年出生于荷兰的莱顿城，在莱顿大学获得博士学位以后，留校担任数学和自然哲学教授，后来又讲授实验物理学。

1746 年荷兰莱顿大学的物理学教授彼得·范·马森布罗克在克莱斯勒发现的启发下发明了收集电荷的莱顿瓶。 因为看到好不容易获得的电却很容易地在空气中逐渐消失，马森布罗克想寻找一种保存电的方法。在一次实验中，他将一支枪管悬挂在空中，起电机与枪管连接，再用一根铜线从枪管中引出，浸入一个盛有水的玻璃瓶中，他让助手一只手握住玻璃瓶，他自己在一旁使劲摇动起电机。这时他的助手不小心将另一只手与枪管碰上，他猛然感到一次强烈的电击，喊了起来。马森布罗克于是与助手互换了一下，让助手摇起电机，他自己一手拿装水的玻璃瓶，另一只手去碰枪管，同样地，他的右手也突然感到像被什么东西击打了一下似的，使他全身震颤，他确信自己受到了电击。这个实验说明带水的玻璃瓶能够保存电，如图 1-4 所示。

几天之后，他写信给巴黎的一个朋友说：“我想告诉你一个新奇但是可怕的实验，我提醒你们千万不要重复这个实验。当我把容器放在右手上，我试图用另一只手从充电的铁柱上引出火花，当碰到那个从瓶中伸出来的金属导线时，我感受到了如此强烈的电击，整个身子就像被闪电击中一样震颤起来，手臂和身体产生了一种无法形容的恐怖感觉。”

虽然马森布罗克不愿意再做这个实验，但他由此得出结论，把带电体放在玻璃瓶内可以把电保存下来。只是当时搞不清楚起保存电作用的究竟是瓶子还是瓶子里的水。

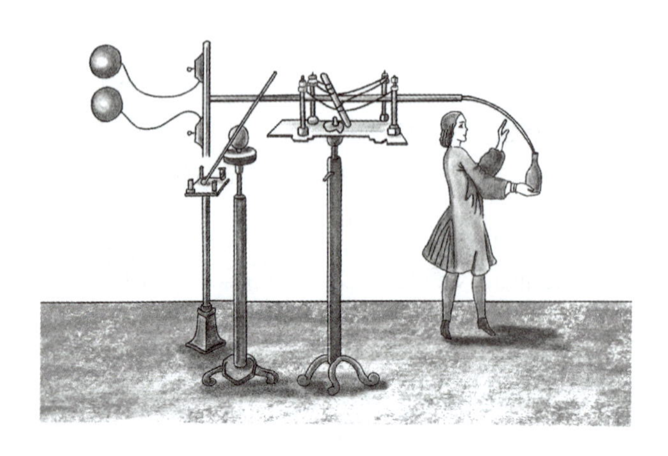

图 1-4　莱顿瓶的实验

这个轰动一时的关于莱顿瓶的新闻迅速传播开来，引得其他认真研究电的学者都要去验证这个实验，亲身去体验那可怕的震击。不久研究者们就发现，在瓶子内外壁各贴上一半的金属薄片储存电，当几个瓶子被连接起来时，所产生的电击强度足以杀死一只麻雀。这是科学家们第一次能够储存令人惊叹的电量。

马森布罗克成功地利用盛水玻璃瓶来储存电荷之后，他把这项发明告诉了他的朋友——法国物理学家雷奥米尔，雷奥米尔（1683—1756 年）（图 1-5）把这个情况告诉了法国物理学家阿贝 · 诺莱特（图 1-6）。诺莱特知道这个消息以后，重做了这个实验，而且做了一些改进，使放电更为强烈，并把这种瓶子取名为莱顿瓶。

图 1-5　法国物理学家雷奥米尔

图 1-6　法国物理学家阿贝 · 诺莱特

● 阿贝·诺莱特的放电表演。英国皇家学会和大学里的科学家们把对电的观察、测量和思考的结果，发表在声望很高的学术刊物上，同时继续用电来进行魔术般的表演。随着莱顿瓶的出现，许多街头小贩把充了电的钱币卖给路边有胆量的人，让他们体验从莱顿瓶释放出来的火花。在路易十五的凡尔赛宫里，法国物理学家阿贝·诺莱特（1700—1770 年）安排了一场引人注目的电表演。穿着礼服的诺莱特，希望看到电击能传到多远。静电起电机被展示出来，它向莱顿瓶充着电。如图 1-7 所示，约 180 名宪兵手拉着手，站在最前面的那个宪兵，挨着莱顿瓶，当他触到那个铜球时，其他宪兵竟几乎同时向空中跳起。诺莱特写道："看到一大群人在受到电击后以不同姿势跳起来，同时发出了相同的惊叫声，这是绝对令人耳目一新的。" 当国王和他的大臣们，看到这些宪兵跳起的情景时，既惊奇又兴奋。这也明显地论证了，电是以光的速度在传播（虽然他们还不知道这点）。

图 1-7　阿贝·诺莱特的放电表演示意

● 莱顿瓶的改进。英国皇家学会的会员，英国著名物理学家、医学家、植物学家威廉·沃森（1715—1787）（图 1-8），最早提出了电在传导过程中没有消失只是转移这一理论。因这一思路，富兰克林研究数月后提出电荷不灭的思想。

威廉·沃森知道莱顿瓶的实验以后，发现瓶子越薄产生的电击越强，导体和玻璃的接触面积越大电击越强。1745 年，威廉·沃森等人用莱顿瓶进行了一次长 12276 英尺（约 3741.7 米）的远距离导线输电实验，试图测定电的传输速度。虽然沃森等人只是得出了电是瞬时传输的这一初步的结论，但这一实验却进一步加深了人们对电的传输实验的认识。

图 1-8　威廉·沃森

威廉·沃森采纳了另一位英国皇家学会的会员贝维斯的建议，对莱顿瓶进行了改进。他把铅片包在瓶子外，目的是增大接触面积。后来，他又把莱顿瓶的里面和外面都加上了金属薄片（图1-9）。在1746年，他成功证明如果在莱顿瓶的内外表面都覆盖金属片，其储存的电容量会增加（这也是标准莱顿瓶的雏形）。由于接触面积增大，储存的电量增多，莱顿瓶放电时会产生火花。威廉·沃森是第一个看到莱顿瓶产生火花的人，这种火花可以用来点燃火药。

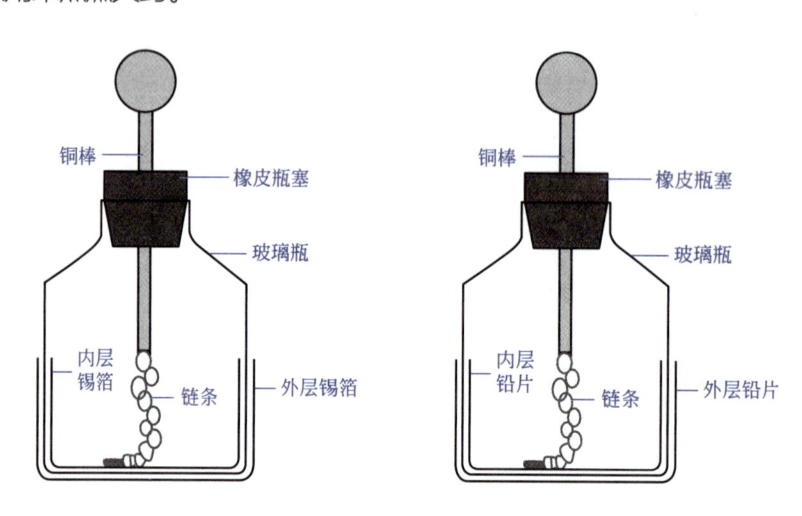

图1-9　莱顿瓶的改进

1746年，沃森在他实验的基础上发表了《电的性质与特征》这一著作。

莱顿瓶是最早的能保存电的工具，是第一代电容器，之后，人们把它称为电容。莱顿瓶保存电的时间很短，它会很快把电放掉。但无论如何，莱顿瓶是一项非常重要的发明。在电池没有发明之前，许多电学实验，都使用充电的莱顿瓶作电源。在莱顿瓶的基础上，人们又发明了各种各样的电容器，对后来发展起来的无线电通信领域，起着十分重要的作用。

有了莱顿瓶之后，人们不但能在起电机上产生出较多的电荷，而且可以在莱顿瓶中储存少量的电荷。有了这两种电学仪器，近代电学的发展逐渐加快了步伐。这两大仪器的发明，不仅直接奠定了近代电学的实验基础，更重要的是，它们使人们进一步认识到，科学的发展与进步，不仅有赖于理论思维的发展，更有赖于实验技术的发展。

趣闻轶事

● 莱顿瓶的发明对物理学发展的推动。莱顿瓶的发明使物理学第一次有办法得到很多电荷，并对其性质进行研究。1746年，英国伦敦一名叫柯林森的物理学家，通过邮寄赠送给美国费城的本杰明·富兰克林一只莱顿瓶，并在信中给他介绍了使用方法，这直接导致了著名的风筝实验。

富兰克林用风筝将“天电”引了下来，把天电收集到莱顿瓶中，从而弄明白了“天电”和“地电”原来是一回事。他肯定了“起储电作用的是瓶子本身”“全部电荷是由玻璃本身储存着的”。富兰克林正确地阐明了莱顿瓶的原理，后来人们发现，只要两个金属板中间隔一层绝缘体就可以做成电容器，而并不一定要做成像莱顿瓶那样的装置。

你知道吗?

你知道什么是电容器吗?

电容器亦称储电器，是储藏电荷的容器，是无线电电子技术中常用的重要元件，通常简称为电容，用字母 C 表示。电容器是电子设备中大量使用的电子元件之一，广泛应用于电路中的隔直通交、耦合、旁路、滤波、调谐回路、能量转换、控制电路等方面。

第2章

富兰克林发现了电的本质

● 正电和负电（图2-1）。正电是由正电荷产生的，原子中组成原子核的质子带正电；负电是由负电荷产生的，原子中原子核外的电子带负电。通俗一点解释玻璃棒摩擦丝绸产生正电，橡胶棒摩擦毛皮产生负电的原因，你可以这么认为：在原子中，带正电的原子核对带负电的电子有吸引的作用，但不同的原子核对电子的吸引能力是不同的，玻璃棒中原子的原子核对电子的吸引能力比丝绸中的原子核的吸引能力弱，因此玻璃棒摩擦丝绸时，电子就会跑向丝绸，从而使玻璃棒带正电；同样道理也可解释橡胶棒摩擦毛皮后橡胶棒带负电。自然界中只存在两种电荷，人们规定，用丝绸摩擦过的玻璃棒带的电叫作正电，用符号“+”表示；用毛皮摩擦过的橡胶棒带的电叫作负电，用符号“-”表示。

● 什么是尖端放电。尖端放电是在强电场作用下，物体尖锐部分发生的一种放电现象，属于电晕放电。导体尖端的电荷特别密集，尖端附近的电场特别强，就会发生尖端放电。

尖端放电时，在它周围往往隐隐地笼罩着一层光晕，叫作电晕。夜间在高压输电线附近往往会看到这种现象。这是由于输电线附近的离子与空气分子碰撞时使分子处于激发状态，从而产生光辐射，形成电晕。

我们先通过简单的实验解释“电风”现象，从而了解什么是尖端放电。如图2-2所示，在一个导体尖端附近放一支点燃的蜡烛，在没给导体充电之前，蜡烛的火焰不发生偏移。

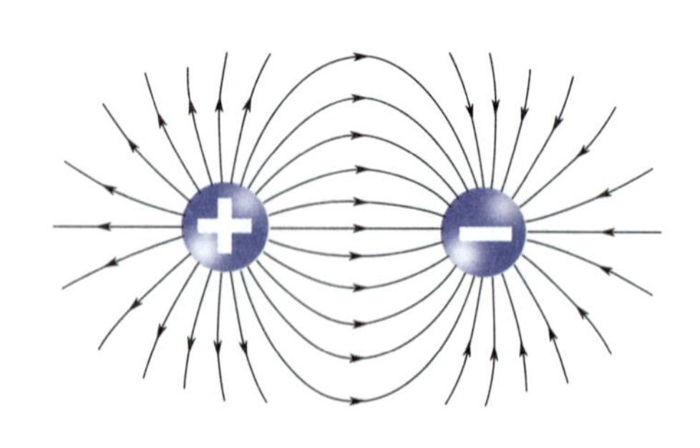

图2-1 正电与负电

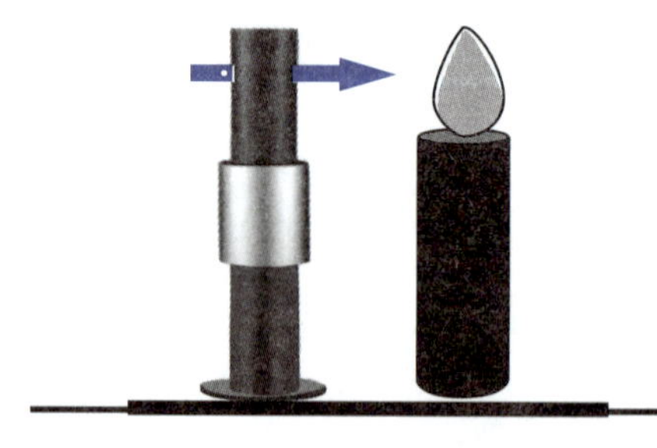

图2-2 在没给导体充电之前，蜡烛的火焰不发生偏移

如图 2-3 所示，当我们不断地给导体充电时，蜡烛的火焰就好像被“电风”吹动一样向远离尖端的方向偏离。

所谓“电风”其实是尖端放电的结果。在尖端附近强电场的作用下，空气中残留的离子会发生剧烈的运动。在剧烈运动的过程中它们和空气分子相碰时，会使空气分子电离，从而产生了大量新的离子，这就使得空气变得易于导电。

如图 2-4 所示，与尖端上电荷异号的离子受到吸引而趋向尖端，最后与尖端上的电荷中和；与尖端上电荷同号的离子受到排斥而飞向远方。蜡烛火焰的偏斜就是受到这种离子流形成的“电风”吹动的结果。实验表明物体带电时，它的尖端容易产生放电现象，这种现象叫尖端放电。

图 2-3　给导体充电时，蜡烛的火焰向远离尖端的方向偏离

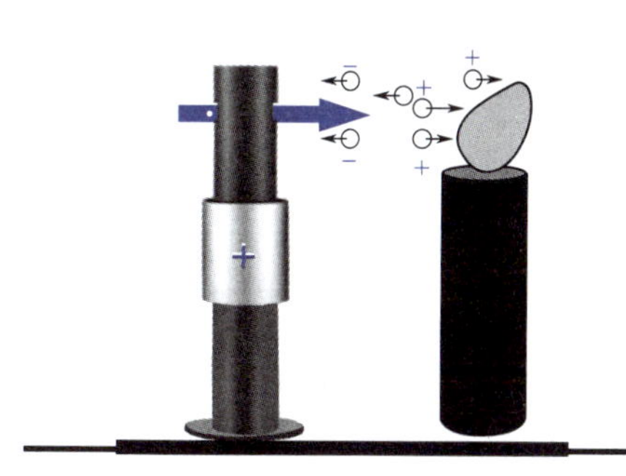

图 2-4　与尖端上电荷异号的离子受到吸引而趋向尖端

● 放电现象。正电荷与负电荷相互接近并放出电的现象叫作放电现象，如图 2-5 所示。雷电的实质是两个带电体间的强烈放电，在放电的过程中有巨大的能量放出。

图 2-5　放电现象

● 尖端放电的应用。一般的电子打火装置、避雷针，还有工业烟囱除尘的

图 2-6　避雷针

装置都运用了尖端放电的原理。高大建筑物上都会安装避雷针。

● 避雷针及其工作原理。避雷针一般是针状金属物，装在较高的建筑物的最顶端，用粗导线接到埋在地下的金属导体上，以保持与大地良好的接触（图 2-6）。避雷针由接闪器、引下线和接地体组成。接闪器是指直接接受雷击的避雷针的针头、避雷线、避雷带、避雷网，以及用作接闪的金属屋面和技术构件。引下线是指连接接闪器与接地体的金属导体。接地体是指埋入土壤中或混凝土基础中作散流用的导体。

当空中有带电的云时，避雷针的尖端因静电感应就集中了云中电的异种电荷，发生尖端放电，与云内的电相中和，避免发生强烈的雷电，这就是避雷针能避雷的一方面原因。这种作用颇慢，如果云中积电很快，或一块带有大量电荷的云突然飞来，有时来不及按上述方式中和，于是有强烈的放电，雷电仍会发生。这时由于避雷针高于周围物体，它的尖端又集中了与云中电异号的电荷，如果雷电是在云和装有避雷针的建筑物之间发生的，放电电流主要通过避雷针流入大地，因此，不会打在房屋上或附近的人身上，只会打在避雷针上。由此可见，避雷针的尖端放电作用会减少地面物与云之间放电的可能性，到了不可避免时，它自己就负担了雷的打击，房屋与人得到了安全。

避雷针装置的基本组成如图 2-7 所示。

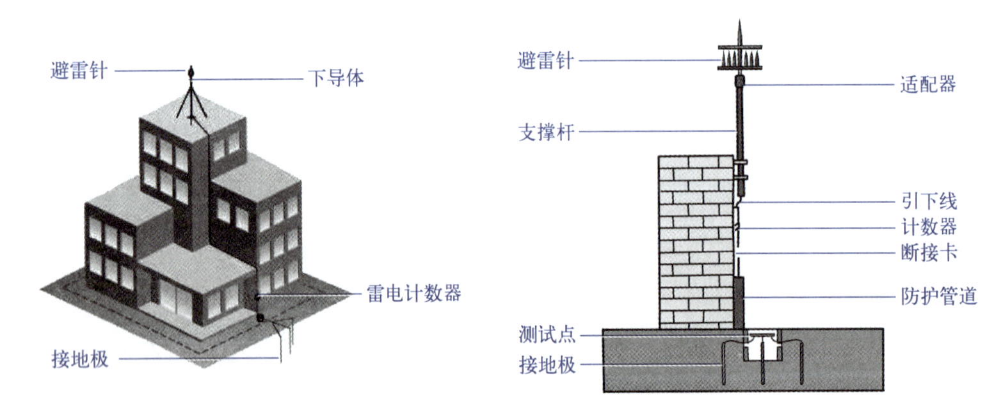

图 2-7　避雷针装置示意图

● 本杰明·富兰克林。我们了解了什么是正电和负电、尖端放电、避雷针的原理及作用，那么你知道尖端放电的发现和避雷针的发明者是谁吗？“正电”和“负电”的概念是谁提出的吗？揭开了雷电之谜的人是谁吗？他就是美国一位享有国际声誉的科学家——本杰明·富兰克林。

富兰克林（图 2-8）1706 年出生在北美洲的波士顿。他的父亲以制造蜡烛和肥皂为业。富兰克林 8 岁入学读书，虽然学习成绩优异，但由于他家中兄弟姐妹太多，父亲的收入无法负担他读书的费用。所以，他到 10 岁时就离开了学校，回家帮父亲做蜡烛。富兰克林一生只在学校读了这两年书。12 岁时，他到哥哥詹姆士经营的小印刷所当学徒，自此他当了近 10 年的印刷工人。但他的学习从未间断过，尽管学徒工待遇低，工作劳累，但他手里一有点钱就都花在了书上。他只要有一点空余时间就读书，同时，利用工作之便，他结识了几家书店的学徒，将书店的书在晚间偷偷地借来，通宵达旦地阅读，第二天清晨便归还。富兰克林在 30 岁以前就已熟读了有名的物理学家波义尔和牛顿的著作。他阅读的范围很广，从自然科学、技术方面的通俗读物到著名科学家的论文都有涉猎。由于勤奋学习，富兰克林虽然没有进大学受过高等教育，却在科学领域里大有作为。

图 2-8　富兰克林

富兰克林是 18 世纪美国最伟大的科学家、发明家，著名的政治家、文学家和航海家。他一生最真实的写照是他自己所说过的一句话“诚实和勤勉，应该成为你永久的伴侣”。为了对电进行探索，他曾经做过著名的风筝实验。为了深入探讨电运动的规律，他创造了许多专用名词如正电、负电、导电体、电池、充电、放电等，这些都成为世界通用的词语。他借用了数学上正负的概念，第一个科学地用正电、负电概念表示电荷性质，并提出了电荷不能创生也不能消灭的思想，后人在此基础上发现了电荷守恒定律。他最先提出了避雷针的设想，并制造出了避雷针。他是一位优秀的政治家，是美国独立战争的老战士。他参加起草了《独立宣言》和美国宪法（图 2-9）。他积极主张废除奴隶制度，深受美国人民的尊敬。他是美国第一位驻法国大使，所以在世界上也享有较高的声誉。

富兰克林病逝后，人们在他的墓碑上刻下这样两句墓志铭：从苍天那里取得了雷电，从暴君那里取得了民权。以此来颂扬他在近代电学和美国革命中所取得的卓越功勋。

● 电的单流质理论及电荷守恒定律。富兰克林开始研究电现象的时候，电学处于萌芽状态，摩擦生电、静态吸引、放电等现象已经吸引了欧洲的一批学者。1746 年，莱顿瓶的发明，为静电研究提供了一种有效方法，为进一步研究电现象提供了一种新的强有力的手段。

图 2-9　参加起草《独立宣言》

有一天，富兰克林走在街头，看到一位欧洲人正在表演称作“电气魔术”的电学实验，他感到极为新鲜，又惊又喜，看了许久。不久，富兰克林的一位英国朋友给他寄来了一个莱顿瓶，这激发了他对电学的兴趣。富兰克林立即动手重复在街头所看到的实验，另外还做了一些新的实验。不久，富兰克林的研究工作就取得了成绩。

富兰克林第一个重要实验是发现了电荷守恒定律。1747 年，富兰克林进行了这样的实验，他让 A、B 两人分别站在绝缘的箱子上，A 用手摩擦一支玻璃棒，然后让 B 用肘部接触这根玻璃棒，并让 A、B 分别与站在地上的第三个人 C 相互接触。结果发现 A 与 C 及 B 与 C 之间都有火花。这说明 A、B 两人都带电。如果带了电的 A 和 B 两人互相接触，那就会产生比 A 和 C、B 和 C 接触时更强的火花，而且，在 A、B 放电之后，两人又都恢复了不带电的状态，如图 2-10 所示。

图 2-10　富兰克林的实验

为了解释这种现象，富兰克林提出了“单流质”理论（假说），他认为平衡时电流质以一定的比例存在于物质之中。上述实验中，摩擦的作用使得 A 身上的某些电流质转移到玻璃棒上，B 与玻璃棒接触后又传到 B 身上，因此 A 缺少电流质，而 B 多余电流质。A 与 B 相互接触，又使多余电流质传回到 A 身上，从而使 A、B 都带有正常数量的电流质，既不多也不少，故不显电性。当物体内部的电流质的密度同外边相同时，物体就显示电中性。在起电过程中，一定量的电流质由一个物体转移到另一个物体中，电流质密度大于外部的物体就带正电，用“+”号表示；电流质密度小于外部的物体则带负电，用“-”符号来表示。

富兰克林还认为“电不因摩擦玻璃管而产生，而只是从摩擦者转移到了玻璃管，摩擦者失去的电与玻璃管获得的电相同”。这就是著名的电荷守恒定律。他指出，在任一封闭系统中，电流质的总量是不变的，它只能被重新分配而不能被创生。

富兰克林认为物体包含着等量的正电和负电，在正常条件下正好互相中和。起电作用是把正电和负电两种电分开，这就意味着它们的总和保持不变，仍旧是零。他以这一理论为基础解释了莱顿瓶的工作原理。富兰克林使电学的研究从开始单纯的现象观察迈进到精密的定量描写。

● 想把上帝和雷电分家的狂人。1749 年，富兰克林进行了一些新的电学实验。在一次实验中，为了增大电容量，他把几个莱顿瓶连接在一起。当时，他的妻子丽达正在一旁观看他的实验，她无意中碰到了莱顿瓶上的金属杆，只见闪出一团电火花，且随之传出一声怪响，丽达应声倒地。原来丽达受到电击，幸好当时的电容量不是太大，丽达躺了一个星期后才慢慢好转。这次使丽达差点送命的危险的电击实验给富兰克林很大的启示。他立即联想到当时人们对雷电的两种不同的观念：一种认为雷电是上帝在发怒；另一种认为雷电是气体爆炸。因此他决定从理论上探讨雷电的本质。

富兰克林把起电机上产生的电流与闪电进行了多方面的比较，发现两者有许多相似之处。如两者都是瞬时的，都产生同样的放电现象，都在放电时发出同样的声音，都能毁灭动物等。富兰克林通过实验，再次证明了正负电荷在短路时发生的火花、响声和雷电非常相似，他确信，雷电就是自然界的电。他由此推想，人工产生的电与闪电可能是一种东西。他又进而推想，既然人工产生的电可以被尖端吸引，闪电应该也可以被尖端吸引。这种推论为他后来发明避雷针奠定了基础。

他经过反复思考，断定雷电是一种云层放电的现象，它和在实验室产生的电在本质上是一样的，于是，他写了一篇题为《论天空闪电和我们的电气相同》的论文，并送给了英国皇家学会，但富兰克林的伟大设想竟遭到了许多人的嘲笑，有人甚至嗤笑他是“想把上帝和雷电分家的狂人”。

富兰克林认为既然莱顿瓶里的电可以引进引出，自然界的电也应该能通过导线从天上引下来。要用实验证实天上和人间的电是同一种东西，首要的条件是要把雷电从天上捕捉下来。富兰克林经过半年的反复思考和琢磨，终于设计出了一个可以捕捉到雷电

的实验，这就是后来以风筝实验著称的捕捉雷电的实验。

● 著名的风筝实验。富兰克林用绸子做了一个大风筝，风筝上安上一根尖细的铁丝，用来捕捉天电，并用麻绳与铁丝相连，麻绳的末端拴一把钥匙。

1752 年 6 月一个阴云密布的下雨天，富兰克林和儿子威廉一起，带着一个特别的风筝来到了一个空旷地带，如图 2-11 所示。在风雨中富兰克林高高举起风筝，他的儿子则拉着风筝线飞跑，由于风大，风筝很快就被放上高空。富兰克林大声喊道："威廉，站到那边的草地上去，离树远一点。"这时，雨水淋湿了风筝线，而风筝高高地飞入了云层中。突然威廉大叫："爸爸，快看！"富兰克林顺着儿子指的方向一看，只见那拉紧的麻绳，本来是光溜溜的，突然"怒发冲冠"，那些细纤维一根一根都直竖起来了。他高兴地喊道："天电引来了！"他一边嘱咐儿子小心，一边用手慢慢靠近系在麻绳上的那把铜钥匙。突然他像被谁推了一把似的，跌倒在地上，浑身发麻。他顾不得疼痛，一骨碌从地上爬起来。他抑制不住内心的激动，大声呼喊："我被电击了！我被电击了！"

图 2-11　著名的风筝实验（示意）[1]

随即他用另一串铜钥匙与风筝线接触，钥匙上立即放射出一串电火花。随后，他又将风筝线上的电引入莱顿瓶中。这莱顿瓶里果然有了电，而且还放出了电火花，富兰克林成功地把云层中的电引下来了！他和儿子如获至宝地将莱顿瓶抱回了家。

---

❶ 这个实验非常危险，请千万不要尝试。

回到家里后，富兰克林用从天上捕捉下来的雷电进行了各种电学实验，证明天上的雷电与人工摩擦产生的电具有完全相同的性质。富兰克林关于天上的电和人间的电是同一种东西的假说，在他自己的这次实验中得到了完全的证实。

富兰克林立即把他捕捉雷电的实验写成报告寄往伦敦，柯林森很快将他的实验报告发表了，他的报告再次引起了轰动。

富兰克林捕捉雷电的实验，对当时的科学发展也产生了重大的影响。因为风筝实验一方面使人类看到了科学征服自然的力量，另一方面也使人类看到了自身征服自然的力量。如果说，在富兰克林以前，以牛顿为代表的早期近代科学成就还仍然停留在认识自然的水平，那么自富兰克林之后，近代科学即开始了人类征服自然的伟大进程。

● 尖端放电的发现和避雷针的发明。富兰克林的时代，西方普遍流行着雷电是上帝之火和雷击是上帝的惩罚等观念。而雷电引起的森林火灾、房屋倒塌、人畜伤亡等灾害时有发生，在成功地进行了捕捉雷电的实验后，富兰克林即想到要征服雷电。

带有尖端的金属在释放电火花方面有着奇妙的效应，这是富兰克林通过实验观察到的。富兰克林通过摩擦的方法使一个小炮弹带电，吊一块软木靠近它，软木被带电的炮弹排斥后会发生偏移并静止在一个位置。这时，拿一个金属针靠近炮弹，发现软木又落回原处，似乎是这根金属针从炮弹中取走了电，在黑暗中观察这个实验，发现针的尖端有像萤火虫一样的火花。

富兰克林认识到，尖端物体似乎比其他形状的物体更容易取电和放电，这就是尖端放电现象。他很快意识到尖端放电的重要性，因为在世界各地，每年都有被闪电击中而毁坏的建筑物，如果在高大建筑物的顶端装上这种带尖端的金属就可以在雷电击中建筑物之前，首先把电取走，再通过一根导线把电导入地下，就可以避免建筑物被雷电击坏。

在进行风筝实验后，富兰克林立即着手研制避雷装置，同年，富兰克林研制出了这样一个避雷装置：将一根 2 米至 3 米高的细金属棒固定在高大建筑物的顶端，在金属棒与建筑物之间用绝缘体隔开，然后用一根导线与金属棒底端连接，再将导线引入地面之下。等到雷雨天气，雷电驯服地沿着金属棒和导线流向地下，建筑物就不会遭雷击了。富兰克林把这种避雷装置称为避雷针。经过试用，这种装置果然能起到避雷作用。这就是世界上第一个避雷针。

避雷针最初被发明与推广应用时，教会曾将它视为不祥之物，说是装上富兰克林

的这种东西，不但不能避雷，反而会引起上帝的震怒而遭到雷击。但是，在费城等地，拒绝安装避雷针的一些高大教堂在大雷雨中相继遭受雷击，而比教堂更高的建筑物由于已装上避雷针（图2-12），在大雷雨中却安然无恙。

图2-12　安装避雷针

● 尖头好还是圆头好。富兰克林发明的避雷针，一下子风靡一时，传到英国、法国、德国，传遍欧洲和美洲。但是传到英国时却发生一段离奇的故事。1772年，英国成立了讨论火药仓库免遭雷击对策的委员会，富兰克林被任命为委员。但是对避雷针的顶端是尖头的好还是圆头的好，人们发生了争执。有人想当然地认为圆的好，但是富兰克林力排众议，坚持用尖头避雷针，于是，所有的避雷针都做成了尖头避雷针。然而几年之后，美国独立战争爆发，13州联合起来反对英国殖民主义，富兰克林成为重要的领导人。这事惹恼了英国国王乔治三世。由于英国跟美国远隔重洋，英国国王鞭长莫及，一气之下，传令将宫殿和弹药仓库上的所有尖头避雷针砸掉，一律换成圆头的，并召见皇家学会会长约翰·普林格尔，要他宣布圆头避雷针比尖头避雷针更安全。普林格尔一听惊讶万分，正直的科学良心使他义正辞严地拒绝了国王的要求："陛下，许多事情都可以按您的愿望去办，但不能做违背自然规律的事呀！"普林格尔虽然被撤职了，但避雷针最终还是采用了尖头的。

那么，为什么尖头避雷针更好呢？这得从导体的形状与其表面电荷分布的关系说起。在导体表面弯曲得厉害的地方，例如在凸起的尖端处，电荷密度较大，附近的空间电场较强，原来不导电的空气被电离变成导体，从而出现尖端放电现象。雷电是一种大规模的火花放电现象。当两片带异种电荷的云块接近或带电云块接近地面的时候，由于电压极高，极容易产生火花放电。放电时，平均电流可达30000安培，电流通过的地方温度可达30000摄氏度。一旦这种放电在云和建筑物或其他东西之间形成，就很可能会发生雷击事件。如果在高层建筑物上安上避雷针，一旦建筑物的上空遇上带电雷雨云，避雷针的尖端就会产生尖端放电，避免了雷雨云和建筑物之间的强烈火花放电，达到避雷的目的。如果把避雷针的顶端做成圆形，就不会出现尖端放电，避雷的效果就远不及尖头的避雷针了。

● 交朋友的智慧。富兰克林年轻的时候，曾在一家小印刷厂里工作，他特别想谋得为议会印文件的工作，但这却遭到了一个议员的干涉。这个议员是议会的重要人物，他非常讨厌富兰克林。

面对这样的情况，富兰克林并没有灰心，他下决心要让对方喜欢自己。

富兰克林听说这个人的图书室里藏有一本很奇特的书，于是他便给那个人写了一个便笺，假装很诚意地想看那本书，并希望他能把书借给自己几天，以便自己能细细地品味一下这本书的奇特之处。果然不出富兰克林所料，那人看过便笺之后，立刻派人把那本书送了过来。一个星期之后，富兰克林把那本书还了回去，并特意附带一封信，强烈地表达了对议员的谢意。

事情过后不久，他们二人在会议室里相见了，以往这个人对富兰克林是爱搭不理的，可这次却与以往不同，他不但主动跟富兰克林打招呼，而且还很有礼貌。从此以后，对于富兰克林的每一件事，他都乐意帮忙，久而久之，两人成了很好的朋友，这种友谊一直持续到这个人去世。

你知道吗?

你知道雷电的威力有多大吗?

随着夏季的来临，雷雨天气增多了。和雷雨一起到来的还有闪电，闪电和雷声几乎是同时发生的，只是由于光在空气中的传播速度远远快于声音在空气中的传播速度，导致我们先看见闪电，后听见雷声。

闪电的威力是很强大的，其产生的温度可高达几万摄氏度，使得空气受热，急速膨胀，发出“咔咔”的恐怖声音。而闪电的平均电流达 3 万安培，最大电流可达 30 万安培，电压约为 1 亿至 10 亿伏特，一个中等雷暴的功率可达 1 千万瓦，相当于一座小型核电站的输出功率。

对雷电和避雷针有一定的了解之后，我们就比较容易理解为什么人们总在说打雷闪电的时候不要躲在树下和那些高耸的建筑物旁了吧。在雷雨天气里，即便是大树也有可能产生尖端放电现象，并不是整个一棵树所产生的，而是那些树叶的尖端。同理那些高耸的建筑物也是可以产生尖端放电现象的，从而引发雷击。

手机或座机都是靠电磁波来通信的。在雷雨天气中，应避免玩手机或打电话，因为闪电可根据电磁波建立的电磁场进行传播，可能引发雷击伤人。此外，雷雨天，我们还应该把家里的电路断开，尤其是电脑、电视等靠电磁波通信的电子设备一定要关闭。

据说，当年富兰克林用风筝在云层中取电成功后被很多人夸张地传为富兰克林是用闪电和雷取电的，第二年还有一位俄国科学家为了验证这个实验，因为选择了雷雨天而不幸被雷电击死。

第 3 章

生物电的发现

本杰明·富兰克林将风筝送入云层，由此证明了闪电也是电的一种形式，不过直到现在，人类还是没有成功驯服闪电。要想研究“电流”的性质，科学家必须设法制造出持续的小剂量电流。

在 18 世纪的最后几年，两位意大利科学家伽伐尼和伏特完成了一项极其重要的发现，即电可以长期持续地沿着一条闭合的电路流动。这种现象是伽伐尼首先观察到的，但它的正确解释却是伏特给出的。伏特还创制了产生电流的第一个装置。从那时候起，人类开始了科技史上的一个新时代。

图 3-1　路易吉·阿罗西奥.伽伐尼

路易吉·阿罗西奥·伽伐尼（图 3-1）是意大利医生、物理学家与哲学家，现代产科学的先驱者。在 1780 年，他发现死青蛙的腿部肌肉接触电火花时会颤动，从而发现神经元和肌肉会产生电力。他是第一批涉足生物电领域的人物之一，这一领域的科学家在今天仍然在研究神经系统的电信号和电模式。

● 早期生活。伽伐尼出生于意大利的博洛尼亚。他的父亲多梅尼格·伽伐尼是一名金匠，母亲芭芭拉·福斯基·伽伐尼是多梅尼格的第四任妻子。尽管伽伐尼家不是贵族，但足够支付家里至少一个儿子在大学学习的费用。起初，伽伐尼希望进入教会，因此 15 岁时他进入一家宗教机构——菲力彼尼神父礼拜堂学习。他即将进行宗教誓言的前夕，他的父母说服了他。1756 年，伽伐尼进入博洛尼亚大学的理工学院攻读医学课程，开始临床医师的学习，他注重外科的理论与实践。正是这一经历使得他对动物实验得心应手，他的解剖手法娴熟老道。

1759 年，伽伐尼获得了医学和哲学学士学位。他申请了该大学的讲师职位。1762

年他以论文《关于骨骼形成和发展的机理》获得了博士学位，他成为该大学理学院的签约解剖学讲师，并签约为外科学荣誉讲师。

1762 年，对于 25 岁的伽伐尼来说，是非常重要的一年。这一年他不仅通过了学位论文，获得了新的工作职位，还迎娶了爱妻露西娅——博洛尼亚理学院的著名教授，他的解剖学指导老师的漂亮女儿。于是，伽伐尼搬入老丈人家，安家落户。他帮助老师做起了解剖学研究。他们在一起进行了多年的鸟类、四肢动物和人类的听觉系统的研究。随后几年里，伽伐尼成为理学院的外科学、内科学和产科学教授，并于 1772 年担任了博洛尼亚大学理学院的院长，其研究领域从解剖学转入了生理学。

此后，伽伐尼开始对医用电学产生兴趣。18 世纪中叶，人们进行电学研究，也发现了电力对人体的影响，医用电学这一领域因此而诞生。

● 生物电的发现。18 世纪 80 年代深秋的一天，实验室里伽伐尼正在一张桌子上给青蛙剥皮，此前他曾在这张桌子上用摩擦青蛙皮产生的静电进行电学实验，这时青蛙下肢已经分离，就在此刻，发生的一件事令人惊奇不已，伽伐尼用一根带电荷的金属解剖刀触碰到暴露在外的、从脊骨的下端通向青蛙腿部的神经的时候，眼前闪过一道电火花。与此同时，青蛙腿立即颤动，如同剧烈的抽搐一般。蛙腿的肌肉全都在收缩，表现为强直性的痉挛。伽伐尼和在场的人都惊讶了。因为这次实验，伽伐尼成为第一个研究电和运动 / 生命联系的研究者。

图 3-2　伽伐尼做青蛙解剖实验

惊悚的现象，神奇的特性，伽伐尼震撼了！未知的理论，诱人的挑战，此等机遇，岂容放过？在之后的近 20 年时间里，伽伐尼一直在为揭示这一现象的奥秘而努力。

伽伐尼的研究分几个阶段：重复这一实验；摸索产生蛙腿颤动的条件，包括替代条件；参考外界的质疑，重新设计实验；基于实验观察，提出生物电假说。

● 实验研究。首先，伽伐尼把这个实验一再重复，同样的现象被观察到了。伽伐尼与妻子露西娅分享着由此而来的兴奋与激动。露西娅始终鼓励伽伐尼进行独创性探索。研究出现难题时，她是顾问；蛙腿实验进行时，她是帮手。

伽伐尼相信，在蛙腿实验中，肌肉收缩、电火花的出现，这些现象是由电引起的。伽伐尼想方设法得到了一台起电机和一只莱顿瓶，分别用于产生和储存静电（图 3-3）。想当年，这些可都是高档且昂贵的实验仪器。实验中采用了电刺激，电火花明显了，蛙腿抽搐强烈了。伽伐尼想既然起电机放电（人工电）能使蛙腿抽动，那么雷电（自然电）是否也会使蛙腿抽动呢?

图 3-3　伽伐尼做实验的一些装置

在一个雷电交加的下午，他把实验搬到屋顶的露天阳台上（图 3-4），证实了雷电能引起蛙腿的肌肉收缩。他想若在晴天没有雷电时蛙腿是否也会抽动呢？于是他找到了一个密封的房间，也就是没有“大气电”了，将蛙腿放在铁板上，用铜丝接触它，结果像以前一样，蛙腿发生了痉挛性收缩。这就排除了“大气电”的可能性。

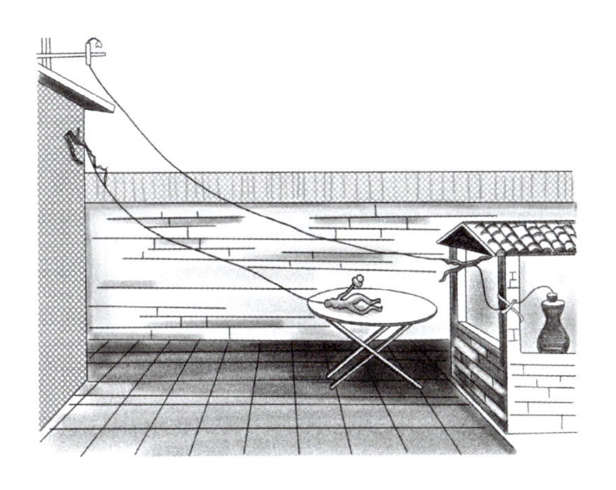

图 3-4　露天阳台实验

两种不同的金属与蛙腿神经和肌肉接触，蛙腿也能抽动？于是伽伐尼设计了由两种不同金属构成的金属弧（图 3-5）。金属弧的一端连着青蛙神经，另一端连着肌肉，不出所料，青蛙腿肌肉依然收缩。

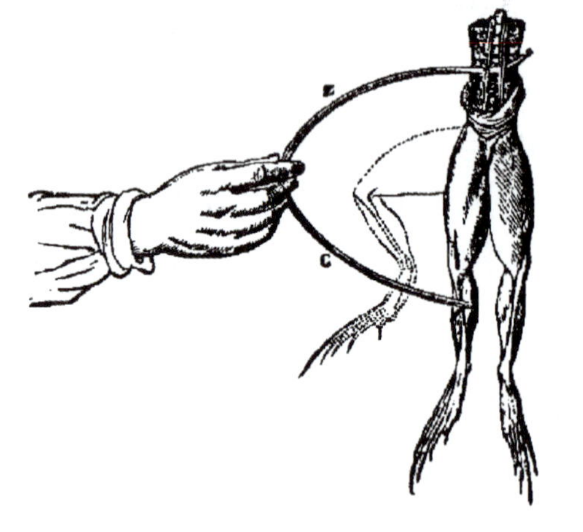
图 3-5　伽伐尼用金属弧使蛙腿痉挛

伽伐尼还想到，两种不同的金属接触蛙腿神经和肌肉，蛙腿就会抽动，那么用两种不同的非金属来接触，蛙腿是否也会抽动呢？于是他尝试用诸如玻璃、松香、橡胶、石头、干木炭等来代替金属导体进行实验，结果蛙腿并未发生抽动现象。

固态的金属能引起蛙腿反应，液态的金属是否也可以？伽伐尼用液态金属水银来接触蛙腿神经和肌肉，也引起肌肉收缩。

伽伐尼于 1791 年发表论文《论肌肉运动中的电作用》。在论文中，他公布了蛙腿实验的步骤、实验的过程以及实验的结果。论文阐述了他关于生物电的假说，伽伐尼推断，这种生物电是在受到刺激后，由大脑分泌出的“流”，正是这种“流”通过神经传导，到达局部位置，激活肌肉功能，产生收缩、抽搐。神经是外部电位微小变化的探测器，而动物的组织和流体必然本身是拥有电的，这种动物电不同于闪电这样的自然电，也不同于静电发生器产生的人工电。

● 伽伐尼的晚年。随着拿破仑的军队占领意大利的北部，并建立起新的共和国，学校根据当局指令要求每位教授签署一份效忠的文件，这就违背了伽伐尼教授的良心。作为一个执着、正直的人，他拒绝了占领者要求他作口头宣誓效忠的要求，随后被迫离职，最后，被剥夺了教授职位，还失去了养老金，没有了生活来源。特别是他那心心相印，一直支持他、鼓励他的妻子，他恩师的女儿，露西娅已于 1790 年逝世，一时间，贫病交困，伽伐尼的身体每况愈下。

伽伐尼的朋友们，四处奔走，多方呼吁，想方设法为其争取豁免口头宣誓效忠，并且希望他能以退休教授的身份回到学校。政府当局考虑伽伐尼崇高的科学声望，也惧怕来自黎民百姓的呼声，不得不试图为其恢复职务。但，一切都太迟了，就在相关签约生效前夕，伽伐尼教授带着对生物电的痴迷，永远地离开了人世。这一年，他才 61 周岁。

● 伽伐尼的影响。一个极为偶然的现象，引起了伽伐尼的思考。伽伐尼解剖室内桌子上一只青蛙腿发生了痉挛。严谨的科学态度使伽伐尼没有忽略这个“偶然”的奇怪现象，他花费了十几年的时间，研究青蛙腿肌肉运动中的电作用。最后，他发现如果使

神经和肌肉分别同连在一起的两种不同的金属（例如铜丝和铁丝）接触，青蛙腿就会发生痉挛。这种现象是在一种电流回路中产生的现象。在这里，蛙腿的肌肉是导体回路的一部分，肌肉和连在一起的两种不同的金属丝构成了世界上第一个电流回路。肌肉的痉挛表明有电流通过，起到了电流指示器的作用。

伽伐尼的看法在当时的科学界引起了巨大的反响，人们自然地联想到海洋当中的一些带电的鱼，如电鳗。人们在海中如果被这种鱼触及身体，也会有电击的感觉。这说明在一些动物体内也贮存着电。但是，另一位意大利科学家伏特不同意伽伐尼的看法，他认为电存在于金属之中，而不是存在于肌肉中，他于 1782 年在写给朋友的信中说："关于所谓动物电，您是怎样考虑的呢？我相信一切作用都是由于金属与某种潮湿的东西相接触才发生的。"两种明显不同的意见引起了科学界的争论，并使科学界分成两大派，双方的论战十分激烈，每一方都指责对方是异端邪说，标榜自己观点的正确。争论的结果是伏特的见解占了优势。但很可惜，因为伽伐尼于 1798 年就因病去世了，他再也听不到争论的结果了。

在科学探究的领域中，没有绝对的对和错，无论是成功的还是失败的实验和理论都是科学前进的基石。

● 科学史上的佳话。伽伐尼的一个偶然发现，引出伏特电池的发明和电生理学的建立，这在科学史上一直传为佳话。伏特真诚地赞扬说，伽伐尼的工作"在物理学和化学史上，足以称得上是划时代的伟大发现之一"。为了纪念伽伐尼，伏特还把伏特电池叫作伽伐尼电池，引出的电流称为伽伐尼电流。

你知道奇妙的生物电吗?

如果有人告诉你，你全身上下充满了电，你信吗？花园里美丽的花朵、玻璃缸中优哉游哉的金鱼、花盆里婀娜多姿的吊兰，也都带有电，你会对此感到惊讶吗？事实上，自然界里所有生物都或强或弱地呈现出电现象。大至鲸鱼，小到细菌，无不闪烁着生物电的"火花"。

科学研究发现，几乎所有生物都会有生物电现象。生物电是指生物在生命过程中产生的电流或电压。而最早发现生物电的是意大利一位叫伽伐尼的科学家。伽伐尼发现：当金属刀的刀尖碰到被解剖的青蛙腿外露的神经时，青蛙的腿就会发生抽搐现象，这是为什么呢？当时他理解为可能是痛感。后来，他在伦敦的博物馆看到一种叫作电鳗的鱼。他了解到：电鳗能够放电，人触碰电鳗手就会产生一种被电麻的感觉，电鳗放电甚至可以电翻鳄鱼。伽伐尼又对之前蛙腿的反应有了新的思路，蛙腿的抽搐是不是也证明青蛙体内也存在着一种生物电呢？经过长期的研究，伽伐尼终于证实了生物电的存在。如今经过众多科学家前赴后继地研究发现，不仅动物，其实所有生物都有生物电，生物电现象在自然界中是普遍存在的。

就人而言，心跳、呼吸、消化、吸收、排泄、生殖、肌肉收缩、神经传导、腺体分泌等各种机能活动，乃至物质的新陈代谢、能量的转移输送，都留下了电的踪迹。感觉、记忆、语言、思维、情感、想象等大脑的高级功能，也无不与电结缘。我们的身体内如果发生“停电”，那便意味着死亡的降临。

那么，生物电产生的原理是什么呢？目前被学术界公认的一种观点是：生物电来源于细胞的功能。我们知道，细胞是由细胞膜、细胞核和细胞质组成。细胞膜的结构很复杂，实验测得活细胞的细胞膜外部带正电、内部带负电。

在大自然中，电鳗可谓是使用生物电的高手，电鳗能随意放电，自己掌握放电的时间和强度，可以击昏或击死猎物。世界上有好多种电鳗，其发电能力也各不相同。非洲电鳗一次发电的电压在 200 伏左右，中等大小的电鳗一次发电的电压在 70 ~ 80 伏，较小的南美电鳗一次发电的电压只有 37 伏。美洲电鳗发电的最大电压达 800 伏，足以电死一头牛。更有趣的是，电鳗的放电能力跟身长也有很大关系。电鳗的身长不到 1 米时，电压随着电鳗的成长而增加。当它长到 1 米后，随着它的成长，电压不再增加，只增加电流的强度。电鳗每秒就能放电 50 次，但连续放电后，电流逐渐减弱，10 ~ 15 秒后完全消失。休息一会儿后它又能重新恢复放电能力。

随着对生物电的研究不断深入，我们可以通过生物电现象对人体的疾病进行检测。当生物体发生病变时，生物体的电现象也会发生相应的病理性改变，这也为医学诊断和治疗提供了有力的依据。相信以后有越来越多我们无法测知的问题，会通过科学发现得到解决。

第 4 章

给电定量的人

在物理学发展的前期，人们对微弱作用力的测量感到十分困难，因为这些微弱的作用力人们通常都感觉不到。后来，物理学家们想到了悬丝，要把一根丝拉断需要较大的力，而要使一根悬丝扭转，有一个很小的力就可以做到。根据这个设想，法国物理学家库仑和英国科学家卡文迪许于 1785 年和 1789 年分别独立地发明了扭秤（图 4-1 和图 4-2）。

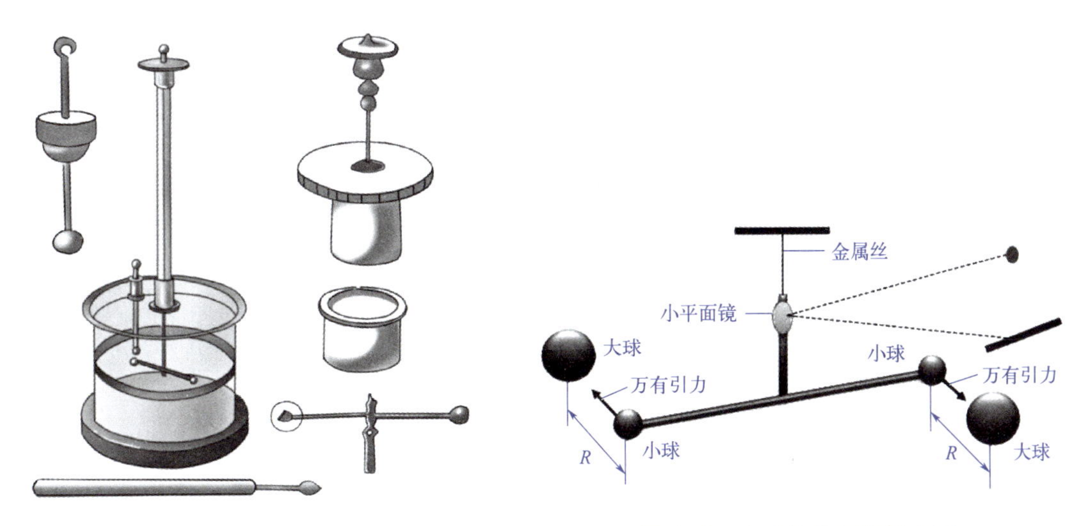

图 4-1　库仑扭秤示意图　　图 4-2　卡文迪许扭秤示意图

扭秤实验可以测量微弱的作用力，关键在于它把微弱的作用力效果经过了两次放大：一方面微小的力通过较长的力臂可以产生较大的力矩，使悬丝产生一定角度的扭转；另一方面在悬丝上固定一面小平面镜，它可以把入射光线反射到距离平面镜较远的刻度尺上，从反射光线射到刻度尺上的光点的移动，就可以把悬丝的微小扭转显现出来。

库仑扭秤与卡文迪许扭秤实验都实现了微小力的测定，并且证明了电力和引力的平方定律。两者都以其结构简单、设计精巧、测定准确而著称于世。

- 电荷间的作用力。1759 年，德国人艾皮努斯曾假设电荷之间的作用力随距离的

减小而增大。1760 年，研究流体力学的瑞士人伯努利曾猜测，电荷之间的作用力和万有引力一样。

1755 年，富兰克林曾做过一个空罐实验：用摩擦的方法使一个银罐带电，然后用丝线把一个软木球吊入罐内，与底部接触，结果软木球既不被罐的内表面吸引，也不带电，而软木球接触罐的外面会带电，而且球和罐之间有排斥现象。富兰克林不清楚这是为什么，于是写信请教他的朋友——英国化学家约瑟夫·普里斯特利（图 4-3）。

图 4-3　英国化学家约瑟夫·普里斯特利

普里斯特利是氧气和其他许多气体的发现者，被称为气体化学之父，对电学也很有研究。普里斯特利重复了富兰克林的实验，他认为电荷的吸力和万有引力一样。根据万有引力可以推知，一个质量均匀的球壳，内部没有引力，因为距离无法计算；在罐的外部是存在电的作用力的，因此有排斥和吸引现象。不过普利斯特利仍然停留在猜测阶段，并没有用实验证明。

● 查尔斯·奥古斯丁·库仑。库仑（图 4-4）1736 年生于法国昂古莱姆一个富裕的家庭里。在青少年时期，他就受到了良好的教育，是法国的一名工程师。他后来到巴黎军事工程学院学习，毕业后，在工兵部队任中尉，负责工程技术工作。退役后的库仑开始从事科学研究工作，他把主要精力放在研究工程力学和静力学问题上。曾担任过公共教育总监，为法国建立系统的中学教育做出过努力。

图 4-4　查尔斯·奥古斯丁·库仑

库仑是人类工程学的第一个尝试者。他的最大贡献是研究静电力和静磁力方面的成就。他发明了一种可以精确测量微小力的扭秤。1785—1789 年他用扭秤非常精确地测量了静电力和静磁力，并总结出静电或磁的吸引或排斥力都与距离的平方成反比，即库仑定律。在力学上，他发现了摩擦定律，即摩擦力的大小与速度无关，摩擦系数和接触面积无关。

● 库仑扭秤的发明。1773 年，巴黎科学院想设计一种抗干扰性能好、指向力强的指南针，来代替在航海中普遍使用的有轴指南针，以“什么是制造磁针的最佳方法”为题，悬赏鼓励人们参与，优胜者可以获得奖金。

库仑参加了这次应征，他在论文中提出了一种用丝线悬挂磁针的办法。库仑认为磁针架在轴上，必然会产生摩擦，要改良磁针，必须从这一根本问题着手。库仑获得了头等奖，并得到了 1600 法郎的奖金。在论文中他预言，悬丝的扭力能够为物理学家提供一种测量很小的力的方法。在论文中，库仑还证明了扭力的大小和扭转角度的关系，即扭力和扭转角度成正比，扭力越大，扭转的角度也越大。当时，库仑制作了一台十分精巧的丝悬磁针装置，并在用放大镜观察磁针时偶然发现它还在发生微小的振动，这启发了他的灵感，想到可用悬丝制造灵敏的测力仪器，通过大量的实验，终于他发明了扭秤。

库仑扭秤的结构是由一根悬挂在细长线上的轻棒和在轻棒两端附着的两只平衡球构成的，如图 4-5 所示。当球上没有力作用时，棒处在平衡位置。如果两球中有一个带电，这时如果把另一个带同种电荷的小球放在带电小球的附近，则会有电力作用在这个球上，球可以移动，使棒绕着悬挂点移动，直到悬线的扭力与电的作用力达到平衡为止。因为悬线很细，很小的力作用在球上就能使棒显著地偏离其原来位置，转动的角度与力的大小成正比。库仑让可移动的球和固定的球带上不同量的电荷，并改变它们之间的距离，经过巧妙安排，仔细实验，反复测量，并对实验结果进行分析，找出误差产生的原因，进行修正，终于测定了带等量同种电荷的小球之间的斥力，并发现：两电荷间斥力的大小与距离的平方成反比。

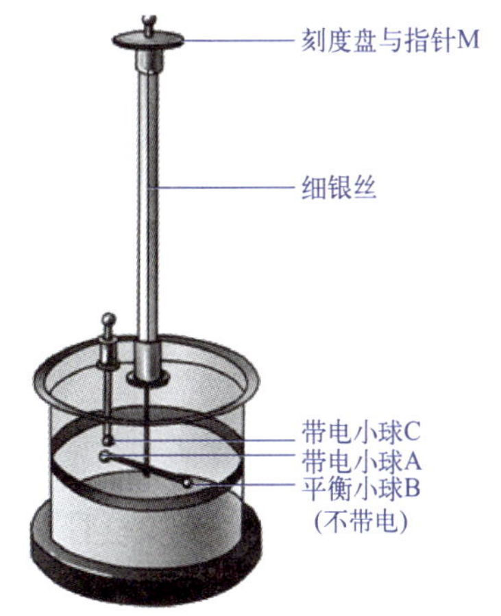

图 4-5　库仑扭秤的结构

● 库仑的电摆实验。对于异种电荷之间的引力，用扭秤来测量就会遇到麻烦。因为金属丝扭转的回复力矩仅与角度的一次方成比例，这就不能保证扭秤的稳定，相吸的结果常常是相互接触而中和，使实验无法进行下去。经过反复思考，库仑发明了电摆

（图 4-6）。类比牛顿单摆的推论：由于地球对物体的作用力反比于两者之间距离的平方，所以地面上的单摆的摆动周期正比于摆锤离地心的距离。库仑猜测，若电荷间的引力也遵循距离平方的反比关系，则由带电体间引力产生物体的摆动，其摆动周期 T 必定也正比于两带电体之间的距离 r，从而设计了电摆实验。

图 4-6 中 G 为绝缘金属球，lg 为虫胶做的小针，悬挂在 7 ~ 8 尺（1 米 = 3 尺）长的蚕丝 sc 下端，l 端放一镀金小圆纸片，G、l 间的距离可调。实验时使 G、l 带异号电荷，则小针受到电引力作用可以在水平面内做小幅摆动，测量出 G、l 在不同距离时，lg 摆动同样次数的时间，从而计算出每次振动的周期。当 3 次测量纸片与球心距离之比为 3 ：6 ：8 时，实验的电摆周期之比为 20：41：60，而理论计算结果为 20 ：40 ：53。实验结果与理论计算之间存在差异。但库仑坚信引力的平方反比关系是成立的。经过认真分析，他认为实验误差的产生是由漏电引起的。经过对漏电原因的修正，实验值与理论值基本符合。于是，他得出电的引力和斥力都遵守平方反比定律。并于 1785 年，他在给法国科学院上交的论文《电力定律》中详细地介绍了扭秤的实验装置、测试经过和实验结构，提出了著名的库仑定律。

库仑定律：如图 4-7 所示，在真空中两个静止的点电荷 q_1 及 q_2 之间的相互作用力的大小和 q_1、q_2 的乘积成正比，和它们之间的距离 r 的平方成反比，作用力的方向沿着它们的连线，同性电荷相斥，异性电荷相吸。其表达式为

$$F=kq_1q_2/r^2$$

式中，q_1 是第一个物体所带电量；q_2 是第二个物体所带电量；r^2 为距离的平方；k 为静电力常量。

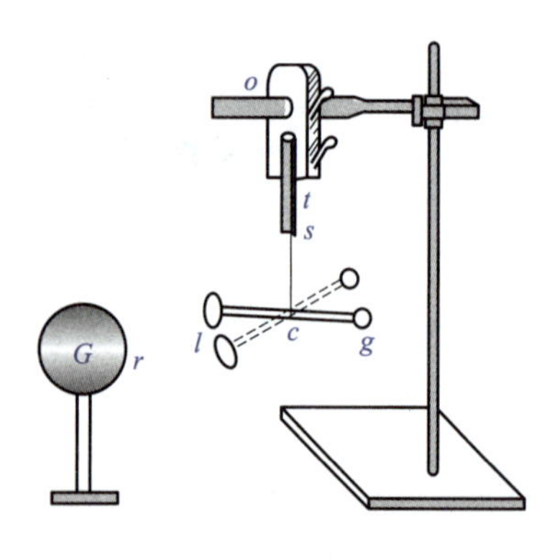

图 4-6　电摆实验

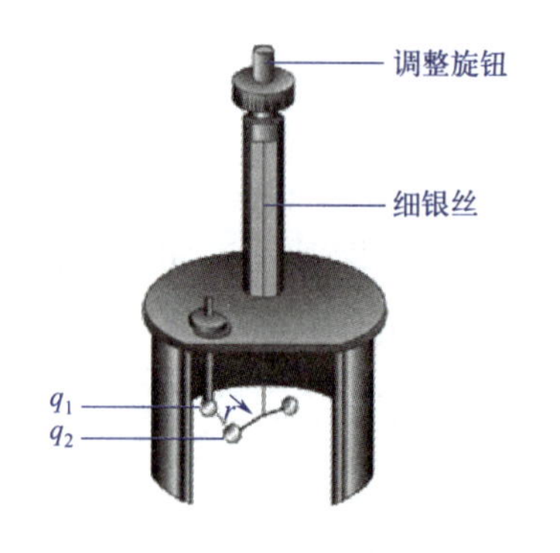

图 4-7　库仑定律

从公式可以看出，库仑定律和万有引力定律很相似，只是库仑定律中的作用力，

既有引力也有斥力，而万有引力定律中的作用力，都是引力，没有斥力。用万有引力定律公式可以计算出，在库仑的实验中两球之间的万有引力非常小，可以忽略不计，不会影响实验结果。

库仑定律是科学家在电学领域发现的第一个基本定律，直到今天，人们还没有发现它与事实不符的地方。为纪念库仑——这位探索电的先驱，人们把电量的单位称作“库仑”。

大约五十年以后，德国数学家、物理学家约翰·卡尔·弗里德里希·高斯（图 4-8）对库仑定律进行了深入研究，取得了高斯定理。高斯定理后来成为麦克斯韦建立电磁学方程的基础之一。

图 4-8　约翰·卡尔·弗里德里希·高斯

● 卡文迪许扭秤实验——引力常量的测量。英国科学家卡文迪许（图 4-9）受库仑实验的启发，也利用扭秤测量了万有引力，从而确定万有引力常数 G 值（图 4-10）。他用实验测出电荷之间的作用力与它们之间的距离的 n 次方成反比，n 的数值应该在 1.98 ~ 2.20 之间。但是万有引力要比电力小了将近 40 次方，一般物体间的引力实在太弱了，比如两个 1 千克的铅球，当它们相距 10 厘米时，相互之间的引力不足 10^{-6} 克力，即使是空气中的尘埃，也能干扰测量的准确度。

图 4-9　亨利·卡文迪许

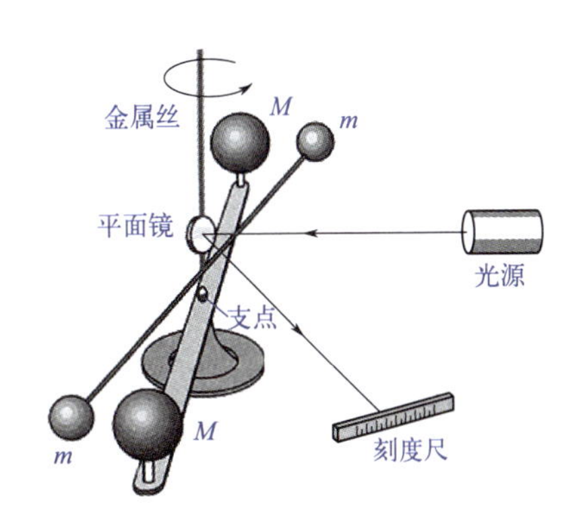

图 4-10　卡文迪许扭秤结构图

由于卡文迪许没有发表他的成果，所以，直到库仑定律发表以后，电荷之间的作用力问题才被公认解决。

库仑和上面提到的几位先行者一样，都是按万有引力的模式来探讨电力的规律性。他曾写道：“我们必须归结于人们为了解释物体重量和天体物理现象时不得不采用的吸引力和排斥力性质。”

从库仑定律的发现过程，我们可以看到类比在科学研究中所起的重要作用。如果不是先有万有引力定律的发现，单靠实验具体数据的积累，不知要到何年何月才能得到严格的库仑定律表达式。实际上，整个静电学的发展，都是在借鉴和利用引力理论的已有成果的基础上取得的。

● 库仑认识到两个大小相同的金属球，一个带电，一个不带电，两者互相接触后，电量被两个球等分，各自带原有总电量的一半。库仑用这个方法依次得到了带有原来电量 1/2、 1/4、1/8、1/16……的金属球。

● 卡文迪许实验室。19 世纪末，电磁学之父麦克斯韦受剑桥委托筹建物理实验室，他在整理资料时发现了 20 捆尘封已久的神秘手稿，手稿中记录了卡文迪许的许多惊为天人的结论与猜想。曾是“物理学界半壁江山”的卡文迪许实验室就是以卡文迪许的名字命名的。

卡文迪许一生勤俭，逝世后留下了大笔遗产，其中一部分由他的家族捐赠给剑桥大学创办卡文迪许实验室。负责创建卡文迪许实验室的是著名物理学家、电磁场理论的奠基人麦克斯韦。他还担任了第一届卡文迪许实验室物理学教授，实际上就是实验室主任或物理系主任，直至他 1879 年因病去世。在他的主持下，卡文迪许实验室开展了教学和多项科学研究。这个实验室曾经对物理科学的进步做出了巨大的贡献，近百年来卡文迪许实验室培养出 20 多位诺贝尔奖获得者。卡文迪许实验室的建立，是科学实验史上的一个里程碑，标志着科学研究由个体的自由式的研究转变成集体的合作式研究。

● 电量单位库仑。电量单位库仑是为纪念法国物理学家库仑而命名的，简称库，用 C 表示，是国际标准单位制的导出单位。1 库仑 =1 安倍 · 秒，即，若导线中载有 1 安培的稳定电流，则在 1 秒内通过导线横截面积的电量为 1 库仑。

一个电子所带负电荷量 e=1.6021892× 10^{-19} 库仑，也就是说 1 库仑相当于 6.24146×10^{18} 个电子所带的电荷总量。

● 什么是万有引力。地球上的物体在受到万有引力作用的同时，还受到地球自转所产生的离心力的影响，离心力抵消着万有引力的作用，它们的合力就称为重力。

● 什么是万有引力定律。万有引力定律：自然界中任何两个物体都是相互吸引的，引力的大小跟这两个物体的质量乘积成正比，跟它们之间的距离的二次方成反比。如图 4-11 所示，如果用 m_1、m_2 表示两个物体的质量，r 表示它们间的距离，则物体间相互吸引力为

$$F=Gm_1m_2/r^2$$

式中，G 为万有引力常数。

m_1　F_1　F_2　m_2

r

$$F_1=F_2=G\frac{m_1\times m_2}{r^2}$$

图 4-11　万有引力定律

17 世纪早期，人们已经能够区分很多力，比如摩擦力、重力、空气阻力、电力和人力等。牛顿（图 4-12）首次将这些看似不同的力准确地归结到万有引力概念里：例如苹果落地（图 4-13）、人有体重、月亮围绕地球转等，所有这些现象都是由相同原因引起的。

图 4-12　英国科学家牛顿

图 4-13　为什么苹果会往地上掉

万有引力的发现是 17 世纪自然科学最伟大的成果之一。它把地面上物体运动的规律和天体运动的规律统一了起来，对以后物理学和天文学的发展产生了深远的影响。

第 5 章

电池的发明者

无论是摩擦起电机，还是莱顿瓶，它们产生的电瞬间就会放掉，都不能作为稳定的、恒定的电源使用。直到电池发明以后，电才真正得到了实际应用。电池起源于生物学教授伽伐尼对青蛙的研究，随后，伏特进行了进一步的研究，发明了最早的电池——伏特电堆。伏特和伽伐尼的实验是科学史上比较重大的发现。

● 亚历山德罗·伏特。伏特全名是伯爵亚历山德罗·罗西朱塞佩·安东尼奥·安纳塔西欧·伏特（图 5-1），1745 年出生于意大利科莫一个富有的天主教家庭里。伏特的父亲有三位担任圣职的兄弟，他的九个儿女中有五个加入教会。少年伏特也想成为牧师，但他更钟情自然科学，热爱电，遂毅然决然走上科学道路。伏特生性开朗，乐于交友。一生之中，特别是成名后，多次游学，几乎遍访全欧洲的顶级科学家，观摩切磋，交流信息，分享创意。

图 5-1　伏特

伏特对科学的爱好似乎是自然而然发生的。伏特 16 岁时开始与一些著名的电学家通信，其中有巴黎的诺莱和都灵的贝卡里亚。贝卡里亚是一位很有成就的国际知名的电学家，他劝告伏特少提理论，多做实验。伏特在青年时期就开始了电学实验，他读了许多书，他的好友加托尼送给他一些仪器，并在家里让出了一间房子来支持他的研究。

1768 年，当时还只有 23 岁的伏特第一篇论文就打动了招聘单位，使他获得第一份工作，他成为了家乡预科学校的一名物理教师。青年伏特对新科技有着天生的敏感，在读了北美的大科学家富兰克林的专业论文后，立马行动为科莫安装了第一个避雷针，并很快带动意大利乃至整个欧洲都安装起避雷针。1774 年，伏特因发明起电盘而被聘为科莫皇家学院的物理学教授。1779 年，伏特成为帕维亚大学物理学教授。他的名声开始扩展到意大利以外。苏黎世物理学会选举他为会员。

1827 年，伏特去世。为了纪念他，人们将电压的单位命名为伏特。

● 伏特起电盘。1775 年伏特发明了一种起电盘，这是一种能产生静电的装置。如图 5-2 所示，先制作一个由硬橡胶做的圆板，再制作一个装有绝缘把手的木盘，木盘外面包上锡箔。使用时，先摩擦硬橡胶圆板，使它带电，然后放上包着锡箔的木盘，再用导线使锡箔接地后，拿起木盘锡箔就带上电（与硬橡胶圆板相反的电），接触莱顿瓶，就可以给莱顿瓶充电。不断地把木盘放上、取下，就可以得到电，这种起电盘可以使许多个莱顿瓶充满电，且不会减少原来硬橡胶圆板上的电量。这一发明非常精巧，以后发展出了一系列的静电起电机。

图 5-2　伏特起电盘

● 伏特电堆。1780 年，伽伐尼在做青蛙解剖时，发现用金属刀的刀尖碰到青蛙腿的神经时，青蛙腿部的肌肉抽搐了一下，仿佛受到电流的刺激，伽伐尼认为，出现这种现象是因为动物躯体内部产生的一种电，他称之为生物电。

伽伐尼的发现引起了物理学家们的极大兴趣，他们竞相重复伽伐尼的实验，企图找到一种产生电流的方法。意大利物理学家伏特在多次实验后认为，伽伐尼的生物电之说并不正确。为了论证自己的观点，伏特把两种不同的金属片浸在各种溶液中进行实验。结果发现，这两种金属片中，只要有一种与溶液发生了化学反应，金属片之间就能够产生电流。

于是，伏特把一个金属锌环放在一个铜环上，再用一块浸透盐水的纸或呢绒环压上，再放上锌环、铜环，如此重复下去，10 个、20 个、30 个叠成了一个柱状，便产生了明显的电流。这就是后人所称的伏特电堆或伏特电池。这个柱叠得越高，电流就越强。如图 5-3 所示，伏特电堆由几组圆板对堆积而成，每一组圆板对包括两种不同

的金属板。所有的圆板之间夹放着几张盐水泡过的硬纸板，潮湿的硬纸具有导电的功能。

伏特经过实验创立了电位差理论，只要有了电位差即电压，就会有电流。就是说不同金属接触，表面就会出现异性电荷，也就会有电压。他还找到了这样一个序列：铝、锌、锡、镉、锑、铋、汞、铁、铜、银、金、铂、钯。在这个序列中任何一种金属与后面的金属相接触时，总是排位靠前的金属带正电，排位靠后的金属带负电。这是世界上第一个电气元素表。

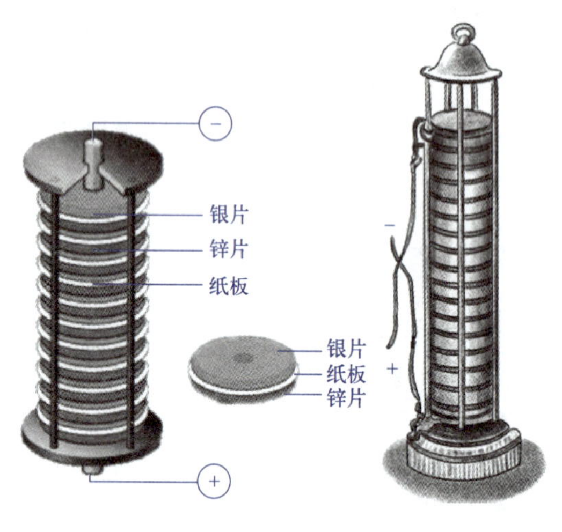

图 5-3　伏特电堆结构图

从此，人们对电的认识一下子就跃出了静电的领域，就不再限于摩擦毛皮上的电、莱顿瓶里的电、动物身上的电，也包括能控制流动的电。

1800 年 3 月，伏特正式对外宣布：电荷就像水，在电线中流动，会由电压高的地方向电压低的地方流动，产生电流，即电势差。同年 11 月，法国皇帝拿破仑在巴黎召见伏特，当面观看电堆实验（图 5-4）。激动的拿破仑当场命令法国学者成立专门的委员会进行大规模的相关实验，并奖励伏特 6000 法郎、授予伏特勋章，批准发行了以伏特像为主题的纪念金币。

图 5-4　伏特向拿破仑解说电堆原理

● 电池的发展。1836 年，英国的丹尼尔对伏特电池进行了改良，伏特电池的最大缺点是铜片表面附着化学反应产生的氢气泡时，电压就会逐渐下降，严重影响电流的流动（此现象又称分极）。如图 5-5 所示，丹尼尔使用稀硫酸作电解液，解决了电池极化问题，制造出第一个不极化，能保持平衡电流的锌 - 铜电池，弥补了伏特电池的缺点，成功地研发出丹尼尔电池。

此后，又陆续有去极化效果更好的本生电池和格罗夫电池等问世。但是，这些电池都存在电压随使用时间延长而下降的问题。

1859 年，法国普朗特（图 5-6）经过大量实验，发现直流电通过浸在稀硫酸中的两块铅板时，在这两块铅板上能够重复地产生电动势，以此制成了铅酸蓄电池。这种电池，不仅储能密度高，而且可以通过充电多次使用，从而翻开了电池发展的历史新篇章。在此后的 100 多年间，铅酸蓄电池一直是电池领域应用最广泛的产品，如汽车、摩托车、轮船、飞机……的供电设备都是使用铅酸蓄电池。

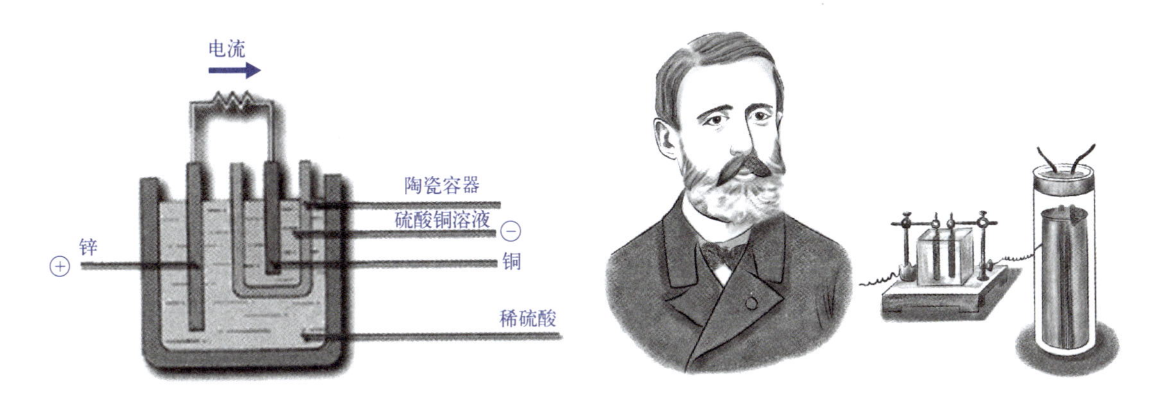

图 5-5　丹尼尔电池　　图 5-6　法国的普朗特和用铅作电板的电池

1860 年，法国的雷克兰士还发明了被广泛使用的碳锌电池的前身——“湿电池”。它的负极是锌和汞的合金棒，而它的正极是以一个多孔的杯子盛装着碾碎的二氧化锰和炭的混合物。在此混合物中插入一根炭棒作为电流收集器。负极和正极都被浸在作为电解液的氯化铵溶液中。雷克兰士制造的电池虽然简陋但却便宜，所以一直到 1887 年才被改进的“干电池”取代。英国人赫勒森发明的干电池，负极被改进成锌罐（即电池的外壳），电解液变为糊状而非液体，由于便于携带，碳锌电池获得了广泛应用。

● 发明电池的灵感。伽伐尼的青蛙电学实验引起了伏特的注意，但他的兴趣点不是那只可怜的青蛙，而是伽伐尼手上的金属刀片。伏特尝试着把不同的金属片放在一起，然后发现了

一件神奇的事情——不同的金属接触会造成电势差，也就是说，起电的方法很简单，就是把两块不同的金属叠在一起，自然就有了电！伏特号称他的发现“超出了当时已知的一切电学知识”。伏特把一大堆锌板、铜板和布片浸在酸溶液中，并称其为“电堆”（后被人称作伏特电堆或伏打电堆）。有了电堆，就等于有了一个持续输出的电源，电学研究从此告别摩擦生电或抓电的时代，同时也朝着应用迈出了坚实的一步。

伏特发明电堆时，已经 50 多岁，临近退休了。1800 年，伏特带着他发明的电堆到欧洲各国做巡回秀，在法国巴黎表演的时候，还吸引了拿破仑皇帝来观看。后来伏特想退休，拿破仑不仅不同意，还给他加封爵位挽留。只是，伏特觉得科学家从政太危险，之后很长一段时间都是在隐居的状态中度过的。伏特于 1827 年去世，享年 82 岁。后人为了纪念伏特的科学贡献，把电动势（电势差、电压）的单位取为伏特，简称伏，符号为 V。

● 金属“三明治”。伏特将一片锌和一片银放在一起，然后用舌头轻轻舔了舔。与两种金属接触的瞬间，他感觉舌尖微微有些刺痛。为了获得更强的效果，伏特想出了个好主意，他制造了许多个这样的金属“三明治”，然后把它们叠到了一起。

不过，锌 - 银 - 锌 - 银的组合无法达到理想的效果，因为每组金属产生的电很快就会被下一组反向叠放的金属抵消，所以伏特需要用能够导电的非金属介质把这些金属片两两隔开，换句话说，他需要的是某种非金属导体。伏特选择了泡过盐水的纸板。所以，“三明治”的结构变成了锌 - 银 - 纸板 - 锌 - 银 - 纸板……如此排列下去。他称之为“伏特电堆”，又叫“伏特电池”。

● 伏特电堆的实验（图 5-7）。1800 年 3 月，伏特写了一封长信给英国皇家学会的会长约瑟夫·班克斯爵士，详细介绍了自己的实验。6 月，班克斯在皇家学会大声朗读了这封法语信的英文译本，“我把几十个小圆片叠了起来，银片的直径大约是 1 英寸（约 2.54 厘米），锌片的大小和它差不多，数量也完全相同。我还准备了一些圆形的纸板，它们可以吸收并储存大量盐水。”伏特在信中写道：“可以用一根粗导线将电池组与一碗水连起来。现在，如果把一只手浸到碗里，再用金属片轻轻触碰金属堆的另一头，浸在水里的那只手就会感觉到明显的电击和刺痛，直达手腕，有时候刺痛甚至会传播到手肘的高度。”他还说：“如果在这套装置的两头分别接上一根探针，然后把两根探针放进耳朵里，那么你的听力就会大受影响。”

图 5-7　伏特电堆

你知道伏打与伏特的关系吗？

你知道吗？

伏打（AlessandroVolta，1745—1827 年）是意大利帕维亚大学物理学教授，他在电学方面的主要贡献是：发明了一种能够测量微量电荷的验电器；利用静电感应的原理发明了起电盘；发明了“伏打电堆”。伏打电堆的发明，为人们获得稳定、持续的电流提供了一个方法，使电学从对静电的研究进入到对动电的研究，对电学的研究具有深远的意义。后人为纪念这位物理学家，把电压的单位规定为 Volt（少字母 a），音译为伏特。原来，人名 Volta 音译为伏打，单位名 Volt 音译为伏特。问题就出在从人名到单位名少了个字母 a。出于习惯，在我们国家，物理上称他为伏特，化学上称他为伏打。所以伏特和伏打指的是同一个人。

第6章

戴维和他最伟大的发现

汉弗莱·戴维（图6-1），英国化学家、发明家，电化学的开拓者之一，他一生的成就十分丰富。他17岁开始当学徒时就自修化学，阅读了大量的化学书籍。他思维敏捷，富于创造和实践的能力。他发现了“笑气”的麻醉作用，并开始关注“笑气”。在化学上，他的最大贡献是开辟了用电解法制取金属元素的新途径，即用伏特电池来研究电的化学效应。电解了之前不能分解的苛性碱，从而发现了钾和钠，后来又制得了钡、镁、钙、锶等碱土金属。他被认为是发现元素最多的科学家。戴维把2000个伏特电池连在一起，进行了弧光放电实验。戴维还发明了安全矿灯，这是电用于照明的开始。1820年，戴维当选英国皇家学会主席。

图6-1　英国化学家汉弗莱·戴维

● 少年时代的戴维。1778年，戴维出生在英国西南端一个叫彭赞斯的小城。他的父亲是一位木雕师，母亲十分勤劳，但他们的生活并不富裕。父母含辛茹苦地养育着戴维和他的四个弟弟妹妹，并希望他们都能受到良好的教育。

戴维幼年时活泼好动，爱好讲故事和背诵诗歌，还时常编些小诗取笑小伙伴和老师。比起功课，戴维更热爱钓鱼、远足，有时玩得高兴，竟忘记了上课。但是母亲对他的学习非常重视，且很有耐心，使他能够较好地完成学业。

在这种自由、愉快的童年生活中，戴维有足够的时间思考、想象，这让他形成了热情、积极、独立、不盲从、富于创造的个性。他所在的学校是18世纪末康沃尔一所较好的中学，戴维在这里学到了多方面的知识，例如神学、几何学、外语和其他学科知识。他还阅读了大量的哲学著作，例如康德的有关先验主义的书籍。

16 岁那年，戴维的父亲去世了，他的生活发生了巨大变化。作为长子，戴维感受到了责任的重大，他需要挣钱养家糊口。

经人介绍，戴维到当地一位名叫博尔拉斯的药剂师那里去做学徒。博尔拉斯是一个不讲理论、专注实践的药剂师，他所有的本领都是花了很多年一点一滴掌握到的，他所有的药品也都是自己配制出来的。小戴维跟着他，从研磨粉末、溶解盐类、制备酸碱开始，进入了神奇的化学世界（图 6-2）。

戴维居住在老师的阁楼上，经常在夜里搞出一些爆炸，让他的老师大吃一惊，跳下床来。这是痴迷到疯狂的学徒在一点一滴地探寻化学的奥秘。

戴维到这时才发现自己毫无学识，他给自己制订了一个自学计划：学会至少七门语言（包括现代的和古代的）；仔细研究二十多种学科（甚至包括解剖学和哲学）。这对于一个 17 岁的孩子来说实属不易，可是戴维天赋异禀，不管多厚多艰深的著作，他都是如饥似渴地读完。

就这样，一两年以后，戴维再也不是那个淘气包了，他的学识和实验技能传遍了彭赞斯小城。他还写了一本书——《天才之子》，并得以出版。书中优美的文笔可以很明显地看出，他不仅博览群书，具有文学功底，而且痴迷科学。他研究了电化学腐蚀，为后来用铜包覆来解决船舶腐蚀问题打下了基础。

- 戴维发明安全矿灯（图 6-3）。矿灯的发明不仅拯救了无数矿工的生命，而且促进了英国煤炭工业的大发展。

图 6-2　小戴维如饥似渴地学习化学知识

图 6-3　戴维发明安全矿灯

照亮生命的发明——安全矿灯。早在 18 世纪时，英国的煤炭工业就已蓬勃地发展起来，许多煤矿被开发，矿工的人数也与日俱增。但因设备和技术问题，井下事故屡见不鲜，特别是被矿工们视为洪水猛兽的瓦斯爆炸事故也时有发生。瓦斯是指从煤和围岩中逸出的甲烷、二氧化碳和氮等组成混合气体。当时，爆炸发生后唯一的解决办法是马上堵塞巷道，以阻止火势蔓延。这样做，常常使大量矿工被活活埋葬于矿井中，其情景惨不忍睹。

煤矿爆炸这个非常严重而又亟待解决的问题，被作为头等大事提交英国国会讨论。国会认为，还是请科学家尽快解决。

矿井挖深之后，由于通风不好，井内会聚集大量瓦斯，这些气体易燃易爆，遇火不是爆炸，就是燃烧。而在井下挖煤又不可能不点灯，因此解决这个问题的办法之一就是发明一种适合煤矿使用的安全灯。当时使用的矿灯有两个弊病，一是玻璃罩易爆破，二是灯罩上方的出气孔易蹿火苗。这两个弊病都有可能引起爆炸和火灾。早年，也有不少人想改进矿灯，但均未实现。

尽管英国国会做出了“决定”，但很长时间内并没有什么人自告奋勇接受任务，因为前车可鉴，失败者很多。

1814 年，英国纽卡斯尔、卡尔迪弗等煤矿相继发生了几起由矿灯火焰引起的瓦斯爆炸事故，矿工死亡数千人，英国宣布全国哀悼。事发时，英国化学家戴维正在国外访问。1815 年 4 月，他回国得知这一情况后，心情格外沉重。他找到助手法拉第说：“矿工急需安全灯，我们来研制吧，不能眼睁睁地看着矿工一批又一批地活活送死啊！”

法拉第赞同导师戴维的想法，他们就准备承担这一任务了。说也巧，没等戴维出门，煤矿公司已先行一步，以公司总经理为首的代表团找上门来了。为了研究方便，公司还专门送来了各种矿井的气体，以供试验之用。

法拉第建议：“ 戴维先生，我们应该先试验灯火引起的气体爆炸情况，您说是吗？”“我赞成。但是，点火试验时玻璃瓶子会炸碎，那飞溅的玻璃碴有可能伤人，怎么避免呢？”戴维以前做试验时，由于气体爆炸，伤过右眼，惨痛的教训记忆犹新。

法拉第稍加思索后说：“用一块铁板挡着，玻璃碴不就伤不着人了吗？”“这样是伤不着人，可我们怎么观察呢？”两人深思了一会儿，都没想出可行的办法。但不解决这个问题，试验将无法进行。戴维日思夜想，每想出一个办法，就马上试验，但都不能令其满意。

一天天过去了，矿井里的事故照样在发生，可试验仍没有头绪，两人都急得团团转。转眼夏天来了，戴维仍将自己关在闷热的房子里，守着孤灯，苦苦思索。

突然，“砰”的一声，打断了戴维的思维。他抬头一看，是一只金龟子飞撞在窗纱上。由撞声之响，可想象到撞劲之大，但金龟子却被挡在窗外。因为窗纱的眼很细，那些企图扑灯的飞蛾统统被拒之于窗外。

眼前的这番情景，令戴维惊叹不已，仿佛发现了奇迹一般。由此，他马上联想到那道难题：“用窗纱似的铁网代替铁板，飞来的玻璃碴不就能被挡住了吗？这样既能观察，又十分安全，真是太好了！”他甚至埋怨起自己来：“我真傻，不是天天都坐在这窗前吗？怎么就从未想到窗纱呢？真感谢这只可爱的金龟子！”

兴高采烈的戴维，赶忙去找法拉第。法拉第听后非常高兴。他们找来铁丝网，马上进行试验，果然不出所料，碎玻璃飞不出来。他俩对所有的矿井气体一一进行试验，发现有三种情况：有的见火就爆炸，有的只起火，有的根本没有反应。接着，他俩动手改进原来的矿灯，但试验全部失败了。

做试验用的铁丝网总爱生锈，已换过好几次了。戴维说：“铁丝网老生锈，能否找到别的金属来代替呢？”“可以找到。”法拉第回答说。一天晚上，戴维正在书房里设计矿灯，法拉第来了，客气地说：“戴维先生，我们今后就用铜丝网代替铁丝网，您看这样行吗？”法拉第说完，将铜丝网板双手递给戴维。

戴维接过铜丝网板，想仔细看看，但烛光太暗，加上他长期看书写字视力已经衰退，只好靠近烛光细瞧，不小心将网板压到了烛火上，一寸多长的火苗被压得只剩下半寸。既然如此，他干脆将网板再稍稍下压，奇怪的是，火苗总在网下燃烧，并不钻出网眼。这一意外发现，使戴维兴奋不已。他放下网板，火苗马上恢复原状。严肃的科学家一下变得像个小孩似的，高兴地叫了起来：“真有趣！法拉第，你快试试看！”法拉第接过铜丝网板试验了几下，结果仍然如此。“办法终于找到了！”这意外的发现使两人激动地拥抱在一起。

为什么会出现这种现象呢？经过研究得知，原来铜丝易于散热，火苗遇到铜丝网，热量很快沿着铜丝网向四周传开，火焰转换成部分热量散发了，网板外面的温度不高，所以上面也就不可能有火焰了。这是一个了不起的发现，用细密的铜丝网做灯罩，既可使氧气进入，又可使二氧化碳排出，而灯火也不会冒出来引起瓦斯爆炸。美中不足的是，用铜丝网做灯罩，尽管安全，但火苗被密网挡着，不怎么亮，而且一经风吹，便会熄灭。

戴维与法拉第对他们的矿灯进行了反复改进与试验，并对传统矿灯进行解剖，发现矿灯的高温部位在上方，于是，就在火苗周围照样装上玻璃罩，在灯的上部装上铜丝网罩，这样制成的矿灯，既亮又不怕风，还十分安全。1815 年 12 月，第一盏安全矿灯问世了，其结构如图 6-4 所示。由于灯上装了铜丝网罩，用于吸收火焰四周的热量，因此防止了明火直接与外界空气接触。图 6-5 所示是戴维在井下和工人们试验安全矿灯。

为了祝贺安全矿灯的发明，英国政府在矿区举行了隆重的祝贺大会，戴维受到工人们的赞扬。

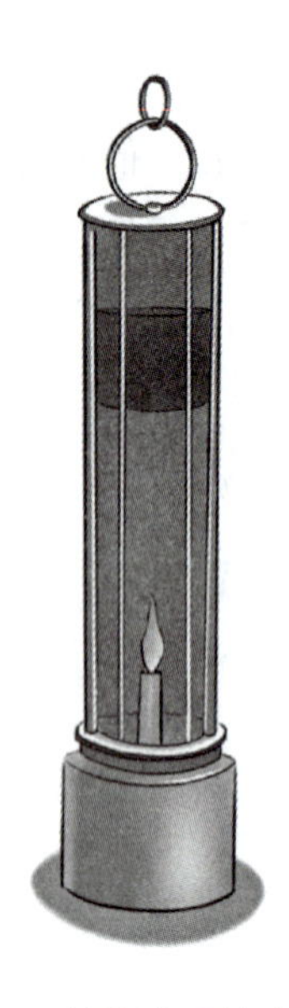

图6-4　戴维发明的安全矿灯

图6-5　戴维在井下和工人们试验安全矿灯

● 戴维发明了弧光灯。古人发现了火，火为人类带来温暖和光明。随着社会的进步，人们又发明了煤油灯和煤气灯，用来照明。但这种灯会发出浓烈的黑烟和刺鼻的臭味，还必须经常添加燃料，擦洗灯罩也很不方便。多少年来，很多科学家都想发明一种既安全又方便的灯。

戴维热衷于电学实验，他在一次做电学实验时发现，两个电极靠得太近的时候会产生电火花。科学家和一般人的差别就在于不愿意放过任何蛛丝马迹。戴维就想：如果将电极距离增加是否还会产生更长的火花呢？但实际情况却是，当他把电极的距离延长了，火花就不见了。戴维颇为失望，因为如果电极的距离太近，火花的光线太弱，没有用途。当时电学才刚刚发展起来，戴维还不懂得欧姆定律，不过他发现如果将多个电池串起来（电压升高），火花放电的距离就会长一些。由于放电的火花形成弧线，戴维就把这种灯称为弧光灯，如图6-6所示。

弧光灯可以在两个电极之间产生强烈的弧光。弧光可以用来照明，或在夜间给船舶导航。但这种弧光灯光线太强，只能用在街道或广场上，普通家庭无法使用。而且电池的电很快就用没了，要知道电池在当时相当贵，这种灯根本没法实际使用，只进行过实验。不过戴维还是作为最早发明电灯的人被载入了史册。

随着电越来越便宜，英国和美国一些城市里出现了弧光灯照明，但是很快它们被白炽灯取代。今天在一些特殊的应用场合依然采用弧光灯，比如高强度的紫外线灯。

图 6-6　戴维发明的弧光灯

弧光灯是在白炽灯之前第一次将电能转化为光能的灯。他的这一发明启发了美国的发明大王爱迪生。在此基础上，爱迪生发明了电灯。

● 戴维发现新元素（图 6-7）。目前，人类所掌握的化学元素，连同人工合成的元素加在一起已有一百多种。在寻找新元素的道路上，许多科学家贡献了毕生的精力。

在研究中，戴维萌生了一个想法，伏特电池的电解作用能将水分解成氢和氧，那么能不能通过电解作用从其他物质中分解出未知的新元素来呢？当时苛性碱是化学实验最常用的物品，戴维决定拿它来试一试。

图 6-7　戴维发现新元素

他把这个想法告诉了助手埃德蒙得，并让他把皇家学院里所有的电池统统集中起来连成一个庞大的电池组。然后，他们先将一块白色的苛性碱配成水溶液，再把电池组的两根导线插入溶液中，溶液很快发热沸腾，两根导线附近都冒出了气泡。他们非常高兴，但很快就发现，跑出来的气体不过是氢气和氧气，被分解的是水而不是苛性碱。

水攻不成，便用火攻。戴维在科学研究上真有一股子倔劲，他决不会轻易投降。这回他将一块苛性碱放在白金勺里用高温将它熔化，又立即将一根导线接上白金勺，将另一根导线插入熔液中，电流接通了，插入熔液的导线头上闪出了紫色的火舌。戴维大叫道："埃德蒙得，快看！这紫色的火，便是新元素在燃烧。"

埃德蒙得也极兴奋，可是很快，他就沮丧地说："我们总不能把火苗藏在瓶子里啊！我们怎么收集这一新发现的元素呢？"埃德蒙得的话像一盆凉水浇在戴维头上，让他一下子从极度的兴奋中清醒过来。戴维又犯愁了，看来这东西十分易燃，用火来熔融，温度太高，使它一分解就着火了。看来，火攻也不是一个好办法。

他冥思苦想了十几天，前前后后用了十几种不同的方法，都失败了。但"山重水复疑无路，柳暗花明又一村"，这一天，突然有一个念头冒了出来："我为什么不把苛性碱打湿了来试试呢？"

戴维将一块苛性碱放在空气中，片刻它就吸收了空气中的水分，表面成了湿乎乎的一层。他在苛性碱块下垫上一片接通电源的白金片。埃德蒙得把另一根导线插进碱块里。只听"啪"的一声，像炸了一个小爆竹似的，在导线的附近，碱块开始熔化，渗出一滴滴亮晶晶的"泪珠"来。有的刚一流出，就爆出一团紫色的火焰，瞬间化为乌有，也有的侥幸保存了下来。戴维小心翼翼地把这些金属珠子一颗颗用钳子夹进一个盛有煤油的瓶子里。他把瓶子举得高高的，大声喊道："我们成功了，我们成功了，这就是新元素——锅灰素。"

因为那时英国人把苛性碱叫"锅灰"，所以戴维给新元素取了这样一个名称，这种元素就是"钾"。后来，戴维又用同样的方法电解出了钠。

这是1807年，戴维才29岁。

第二年他又成功地制得了镁、钙、锶、钡四种新元素，还用还原性强的钾制出了硼。他还证实了氯气是一种元素，证实了盐酸中不含氧，提出了凡酸必含氢的理论。

1813年，戴维发现了碘元素。这个在海藻里含有的元素后来被发现对甲状腺疾病有神奇的预防作用，人体缺乏碘就会得这种病。因此，我们的食用盐中常加有微量的碘。

1825年，受电解实验的启发，戴维发现了用锌板附在船的底部可以防止金属船底被腐蚀。

● 戴维最伟大的发现。英国著名化学家戴维去世前，有一位前去探望的朋友问他一生中最伟大的发现是什么，他的回答是"我最伟大的发现是法拉第。"是的，是戴维发现了法拉第。

1791年，法拉第出生在一个贫苦的家庭。他除了偶尔上过阅读、写作和算术等课程外，没有受过正规的教育。13岁开始，法拉第在伦敦书商里波先生的铺子里做学徒，他的工作是把客人向书店租借的报纸按时送到他们的住所。这个书店也兼做一些书籍装订的业务，法拉第送报之余，就悄悄地观察店里的师傅摆弄那些铜尺、胶

水、裁纸刀、纸面、布面，他很快就学会了书籍装订技术，手艺还超过了店里的老师傅。

于是，店里的许多工作里波先生总喜欢让他去做。在里波先生不反对的情况下，他借机读了《化学漫谈》《大英百科全书》，并因此爱上了自然哲学。

也是在征得里波先生的同意后，法拉第利用空余时间去听了学者塔特姆的讲演。他一共听了十几次，每次听完回来，都认真地把听课笔记誊抄清楚装订起来。后来，他把自己装订的《塔特姆自然哲学讲演录》送给里波时，被到店里联系事务的英国皇家学院的当斯发现，当斯看到了法拉第对科学的热爱，就把四张到皇家学院听课的入场券给了他。

而当时，正逢化学家戴维在皇家学院讲演。戴维的四次讲演加在一起才四个多小时，而法拉第却整理了 300 多页的笔记。戴维讲过的内容，他全记了，没有讲到的内容，他也做了相关的补充，并配了精美的插图。他把笔记装订成了《戴维爵士讲演录》。

后来，法拉第把《戴维爵士讲演录》寄给了戴维，并在信上说明了自己的境况，而且表达了自己对皇家学院的向往、对科学的热爱。

戴维看到《戴维爵士讲演录》，他从法拉第记录、整理、誊抄、装订的技术看到了法拉第那有条不紊、严密细致的做事风格，戴维知道科学研究不可或缺的就是这种精神。戴维感慨万分，联想到自己的身世，他马上给法拉第写信，约他一个月后会面。于是戴维接见了法拉第，并向皇家学院举荐了他。

不久，戴维安排法拉第在他的实验室当助理。虽然有很多清理和洗刷仪器等勤杂工作，法拉第却能耳濡目染地参与戴维和他的助手们有关科学的谈论以及他们的实验过程，他感到很高兴。戴维很快就看出了法拉第的才能，逐渐放手让他多参与实验甚至独立工作。

当时蒸汽机已广泛使用，煤炭开采供不应求，矿井的瓦斯爆炸事件频繁。戴维响应“预防煤矿灾祸协会”的号召，在法拉第的协助下，研制出安全矿灯。这种安全矿灯使用了一百多年，拯救了全世界千千万万矿工的生命。

1813 年秋天，戴维带着法拉第到欧洲其他国家旅行兼学术访问，历时一年半。这让法拉第有机会结识了许多著名的科学家，如安培、切夫路尔、盖·吕萨克和伏特等，聆听他们的演讲和谈话，了解他们的科学研究活动，开阔了科学视野。正如熟悉法拉第的英国化学家武拉斯顿所说：“法拉第的大学是欧洲，他的老师是他所服侍的主人——戴维，以及由于戴维的名气而使法拉第得以结识的那些杰出科学家。”

在同戴维一起工作的几年中，法拉第发表的论文几乎涉及化学的各个领域。他成功地获得了液态氯；较早地冶炼出不锈钢；研究了银化合物与氨的反应；分离出多种有机物，其中最重要的是苯；发现了电解当量定律。当然法拉第最伟大的贡献在电磁学方面，他通过实验发现了发电机和电动机的原理，极大地推动了社会的进步。

法拉第是以其科学贡献闻名于世的，但他被戴维先生发现时，他所打动戴维的却是他对科学的热爱。其实，一个人做某些细碎的小事时，他的做事风格照样会显露出来，而这种风格往往能左右此人的命运。

法国科学家巴斯德说：“机遇只偏爱那种有准备的头脑。”法拉第做学徒时精湛的书籍装订技术也是他人生中的一种准备吧，所以，英国著名化学家戴维发现了他。

趣闻轶事

●“笑气”的发现。1798年，戴维20岁，他应邀来到英国西南部比较大的城市——布里斯托尔，进入气体力学院工作。在这里他认识了贝杜思教授，这位贝杜思教授异想天开地想用一些新发现的气体，比如氢、氮、氧，给病人治病。戴维和他一起做了很多有趣的实验。

有一天，戴维牙疼得厉害，当他走进一间充有一氧化二氮气体的房间时，牙齿忽然不感觉疼了。好奇心使戴维做了很多次试验，从而证明了一氧化二氮具有麻醉作用。因为戴维闻到这种气体时感到很爽快，于是称之为“笑气”。

戴维研究的第一种气体就是一氧化二氮（又名笑气）。有人认为它是一种有毒气体，贝杜思认为它能治疗瘫痪病。究竟怎样呢？戴维决定亲自试验一下。许多朋友都劝他，这样做太危险。勇于探险的性格使戴维不惧危险，他立即投入试验，事后在记录本上他写道：“我知道进行这实验是很危险的，但从性质推测可能不至于危及生命。……当吸入少量这种气体后，觉得头晕目眩，再吸，如痴如醉，再吸，四肢有舒适之感，慢慢地筋肉都无力了，脑中外界的形象在消失，而出现各种新奇的东西，一会儿又像发了狂那样又叫又跳……”醒来后，他觉得很难受。通过亲身的体会，他知道这种气体显然不能过量地吸入体内，但可少量地用在外科手术中做麻醉剂，这可能是西医使用得最早的麻醉剂。

戴维关于一氧化二氮对人体的作用的论著在1800年出版，书中对一氧化二氮的麻醉作用进行了全面的评价，认为它是有历史记录以来最好的麻醉剂。从此，牙科和外科医生开始利用一氧化二氮做麻醉剂。

你知道谁发明了人类最早的麻醉剂吗?

麻醉剂是中国古代外科成就之一。东汉末年，即公元 200 年左右，我国古代著名医学家华佗（图 6-8）发明了麻沸散。

据《后汉书》记载，华佗发明了麻沸散作为外科手术时的麻醉剂："若疾发结于内，针药所不能及者，乃令先以酒服麻沸散，既醉无所觉，因刳破腹背，抽割积聚。"这段关于割除肿瘤的描述与现代外科手术的情景惊人地一致，也难怪华佗一直被尊为世界上第一个使用麻醉药进行胸腔手术的人。中药麻醉剂——麻沸散的问世，对外科医学的发展起了极大的推动作用。

图 6-8　华佗

华佗发明和使用麻醉剂，比西方医学家使用麻醉剂进行手术要早 1600 年左右。因此，华佗是世界上第一个麻醉剂的研制者和使用者。遗憾的是华佗的著作及麻沸散的配方均已失传。

近代最早发明全身麻醉剂的人是 19 世纪初期的英国化学家戴维。

第7章

奥斯特发现了电流的磁效应

在历史上相当长的一段时间里，人们认为电现象和磁现象是互不相关的，磁现象与电现象是被分别进行研究的，特别是吉尔伯特，他对磁现象与电现象进行深入分析对比后断言电与磁是两种截然不同的现象，没有什么一致性。之后，许多科学家都认为电与磁没有什么联系，连库仑也曾断言，电与磁是两种完全不同的实体，它们不可能相互作用或转化。但是电与磁是否有一定联系的疑问一直萦绕在一些科学家的心头。直到19世纪，一些哲学家和科学家开始意识到，各种自然现象之间应该存在着相互联系。

图7-1　汉斯·克里斯蒂安·奥斯特

● 汉斯·克里斯蒂安·奥斯特（图7-1）。奥斯特是丹麦物理学家，一直致力于研究电和磁的关系。奥斯特1777年出生于丹麦兰格朗岛鲁德乔宾小镇，他的父亲是一位受人尊敬的药剂师，在小镇里开了一个药店。由于小镇里没有正式的学校，童年的奥斯特只能跟别人学习各方面的知识。他12岁就在父亲的药房里干活，开始接触化学。1794年，他以优异的成绩考入了哥本哈根大学，在校期间他勤工俭学，努力学习药物学、天文、数学、物理、化学，并于1799年获博士学位，毕业后成为大学讲师和药店的配药师。1820年4月，他发现了电流对磁针的作用，即电流的磁效应。同年7月以“关于磁针上电冲突作用的实验”为题发表了论文。这篇短短的论文使欧洲物理学界产生了极大震动，之后大批实验成果出现，从此开辟了物理学的新领域——电磁学。

● 奥斯特发现电和磁的关系。有一天，奥斯特在报纸上看到，一艘航行在大西洋的商船被闪电击中，结果船上的3个罗盘全部失灵，其中两个退磁了，另一个指针的南北指向颠倒了。这引起奥斯特极大的兴趣，他陷入了深深的思考中。闪电和罗盘失灵有关系吗？奥斯特很苦恼，但他却没有找到答案。

奥斯特是康德哲学思想的信奉者，深受康德等人关于各种自然力相互转化的哲学思想的影响。奥斯特坚信客观世界的各种力具有统一性，并开始对电、磁的统一性进行研究。1751 年，富兰克林用莱顿瓶放电使钢针磁化的办法对奥斯特启发很大，他认识到电向磁转化不是能不能实现的问题，而是如何实现的问题，电与磁转化的条件才是问题的关键。一开始，奥斯特根据电流通过直径较小的导线会发热的现象推测：如果通电导线的直径进一步缩小，那么导线就会发光，如果导线直径缩小到一定程度，就会产生磁效应。但奥斯特沿着这个思路实验并未能发现电向磁的转化现象。但他没有因此灰心，仍在不断实验，不断思索。他不甘心失败，坚信自己的目标是正确的，尽管走了许多弯路，但他从未动摇过。

奥斯特想，莫非电流对磁体的作用根本不是纵向的，而是一种横向力，于是奥斯特继续进行新的探索。1820 年 4 月的一天晚上，奥斯特在为一些哲学及物理学者讲课时，突然来了灵感，他说：“让我把通电导线与磁针平行放置试试看！”于是，他在一个小伽伐尼电池的两极之间接上一根很细的铂丝，在铂丝正下方放置一枚磁针（见图 7-2），当奥斯特接通电源时，奇迹发生了，小磁针微微地跳动，转到与铂丝垂直的方向。由于他实验的电流很小，磁针的摆动不大明显，然而奥斯特却大喜过望，小磁针的摆动，对听课的听众来说并没什么，但对奥斯特来说实在太重要了，多年来盼望出现的现象，终于看到了，他当时简直愣住了。因为他知道，这是人类有意识地发现了电和磁的关系。接着他又改变电流方向，发现小磁针向相反方向偏转，说明电流方向与磁针的转动之间有着某种联系。

图 7-2　奥斯特的实验

奥斯特为了进一步弄清楚电流对磁针的作用，做了 60 多个实验，他把磁针放在导线的上方、下方，考察电流对磁针作用的方向；把磁针放在距导线不同距离处，考察电流对磁针作用的强弱；把玻璃、金属、木头、石头、瓦片、松脂、水等放在磁针与导线之间，考察电流对磁针的影响。奥斯特终于弄清楚了，在通电导线的周围，确实存在一个环形磁场。

奥斯特实验表明，通电导线周围和磁铁周围一样都存在磁场。1820 年 7 月，奥斯特

在某刊物上发表了题为《关于磁针上电流碰撞的实验》的论文，这篇论文只有薄薄的四页，十分简洁地报告了他的实验，没有数学公式，也没有示意图，只是向科学界宣布了电流的磁效应，却在欧洲物理学界引起轰动。它揭开了电磁学的序幕，标志着电磁学时代的到来。

奥斯特因这一杰出发现，获得英国皇家学会科普利奖章。

● 奥斯特实验。奥斯特利用如图 7-3 所示的装置研究电与磁的关系。

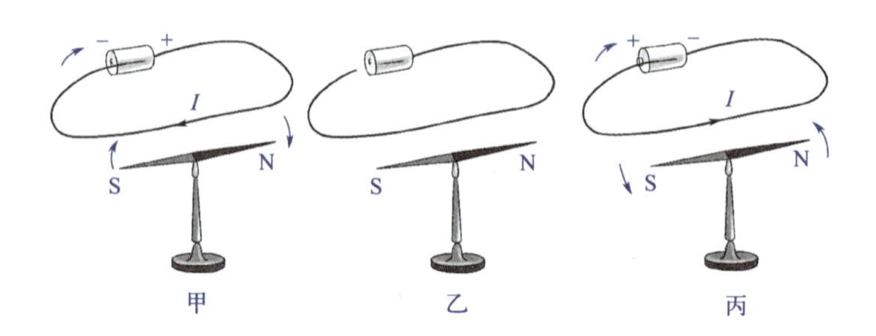

图 7-3　奥斯特实验的原理

奥斯特将一根导线平行地放置在静止小磁针上方，观察导线通电时小磁针是否偏转，改变电流方向，再观察一次（见图 7-4）。

实验现象：导线通电时小磁针发生偏转，切断电流时小磁针又回到原来位置，当电流方向改变时，磁针的偏转方向也相反。

结论：比较图 7-3 中甲、乙两图说明通电导体周围存在着磁场；比较甲、丙两图说明磁场方向与电流方向有关。这种现象叫作电流的磁效应。

图 7-4　奥斯特做实验

奥斯特实验揭示了一个十分重要的本质：电流周围存在磁场，电流是电荷定向运动产生的，所以通电导线周围的磁场实质上是运动电荷产生的。

奥斯特的这个发现使他的名字和一个新纪元联系在一起了，彻底打开了电磁学领域的大门。

● 奥斯特的科学成就。1820 年，奥斯特发现了电流的磁效应。法拉第在评价奥斯特的发现时说，“他猛然打开了一个科学领域的大门，那里过去是一片漆黑，如今充满了光明”。安培也曾写道“奥斯特先生已经永远把他的名字和一个新纪元联系在一起了”。1820 年，奥斯特还发现胡椒中刺激性成分之一的胡椒碱。1825 年，他首次分离出金属铝。

童话作家安徒生就是奥斯特教授的学生，也是他非常亲密的朋友。安徒生的童话《两兄弟》，就是以奥斯特和他的哥哥安德斯・桑多为原型创作的。

● 设立奥斯特奖章。奥斯特是一位热情洋溢、重视科研和实验的教师，他说：“我不喜欢那种没有实验的枯燥的讲课，所有的科学研究都是从实验开始的。”他因此受到学生们的欢迎。他还是卓越的演讲家和自然科学普及工作者，1824 年倡议成立丹麦科学促进协会，创建了丹麦第一个物理实验室。

1908 年，丹麦自然科学促进协会设立“奥斯特奖章”，以表彰做出重大贡献的物理学家。奥斯特的功绩受到了学术界的公认，为了纪念他，国际上从 1934 年起命名磁场强度的单位为奥斯特，简称奥。后来，美国物理教师协会设立“奥斯特奖章”，奖励在物理教学上做出贡献的物理教师。

你知道吗？

● 什么是磁现象。磁现象：磁铁吸引铁、钴、镍等物质的性质称为磁性。它的吸引能力最强的两个部位叫作磁极。

能够自由转动的磁体，例如悬吊着的小磁针，静止时指南的那个磁极叫作南极或 S 极，指北的那个磁极叫作北极或 N 极。

磁极间相互作用的规律是：同名磁极相互排斥，异名磁极相互吸引。

一些物体在磁体或电流的作用下会获得磁性，这种现象叫作磁化。

● 什么是磁场。如图 7-5 所示，如果把小磁针拿到一个磁体附近，它会发生偏移。磁针和磁体并没有接触，怎么会有力的作用呢？

磁体周围存在着的一种物质，能使磁针偏转，它是一种看不见、摸不着的特殊物质，物理学上把它叫作磁场。

在物理学中，许多看不见、摸不着的物质，都可以通过它对其他物体的作用来认识，像磁场这种物质，我们也可以用实验来感知它。

在条形磁体周围的不同地方，小磁针静止时指示着不同的方向。物理学中把小磁针静止时北极所指的方向规定为该点磁场的方向。

为了形象地描述磁场，可以在磁体周围放很多小磁针（图 7-6），这些小磁针在磁场的作用下会排列起来，这样我们就能知道磁体周围各点的磁场方向了。

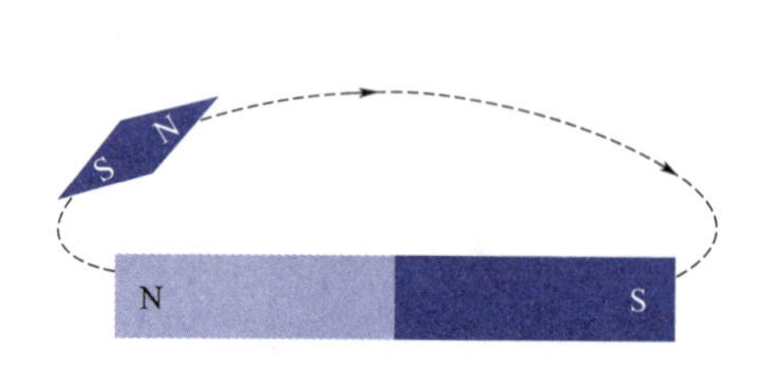

图 7-5　把小磁针拿到一个磁体附近

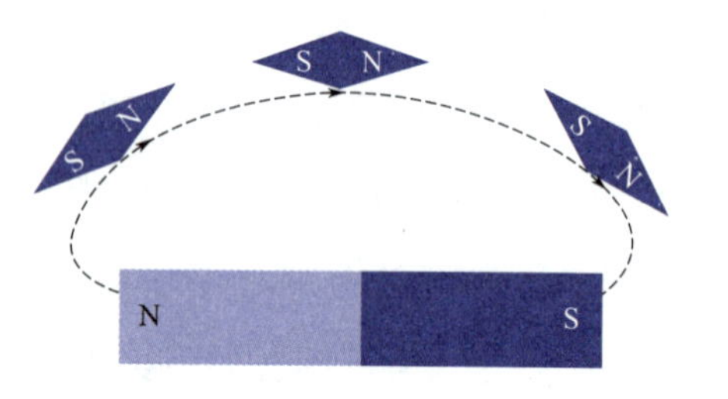

图 7-6　磁体周围放很多小磁针

我们把小磁针在磁场中的排列情况，用一些带箭头的曲线画出来，可以方便、形象地描述磁场，这样的曲线叫作磁力线。

如图 7-7、图 7-8 所示，不论条形磁体还是蹄形磁体，在用磁力线描述磁场时，磁场外部的磁力线都是从磁体的 N 极出发，回到 S 极的。

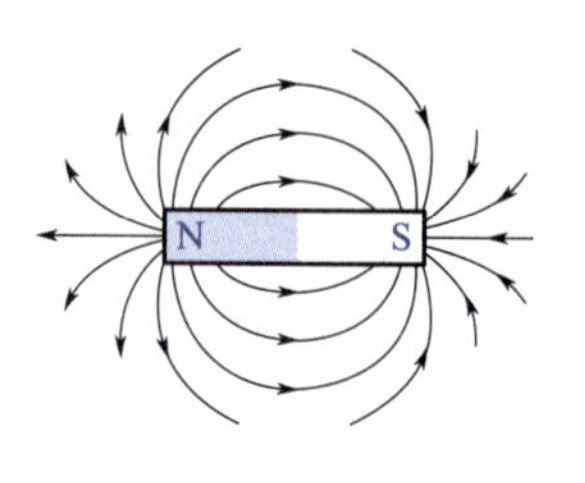

图 7-7　条形磁体

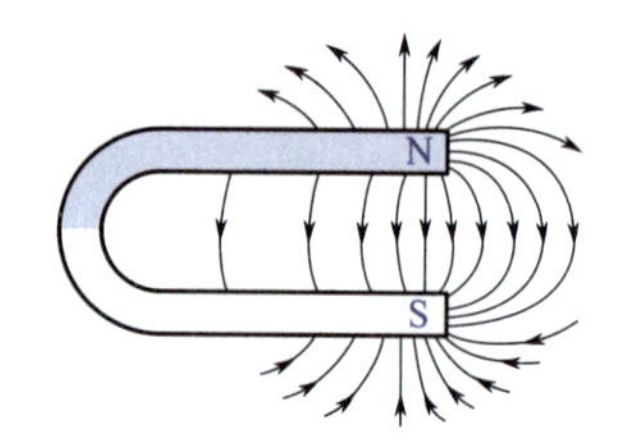

图 7-8　蹄形磁体

● 电和磁之间有哪些关系？在一定情况下，电能生磁，磁也一定能够生电。磁生电的过程，是有条件的，磁生电的条件是磁场的“运动”。电生磁就是使一条直的金属导线通过电流，那么在导线周围将产生圆形磁场，导线中流过的电流越大，产生的磁场越强。

第 8 章

安培定律

你知道手握线圈判断磁针转动方向和电流方向的那个右手定则吗？如图 8-1 所示，我们用右手握住螺线管，让四指指向螺线管中的电流的方向，则拇指所指的那端就是螺线管的 N 极。所以我们把它叫作右手螺旋定则，其实它有一个另外的名字，叫作安培定律，是由法国物理学家安德烈·玛利·安培（图 8-2）在 1820 年提出的。安培定律的建立奠定了电磁理论的基础，安培也因此被誉为“电学中的牛顿”。

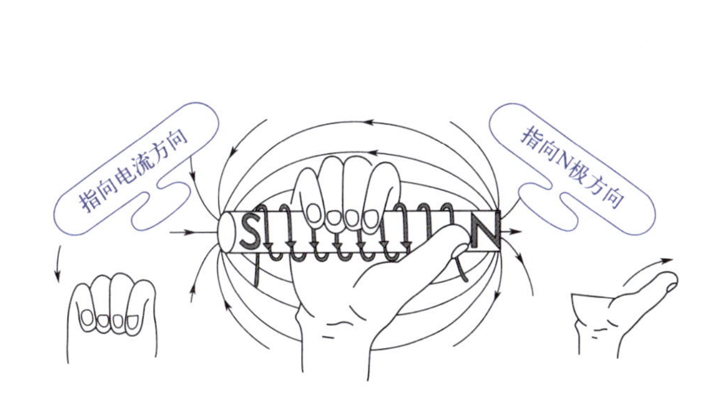

图 8-1　安培定律

图 8-2　安德烈·玛利·安培

● 安德烈·玛利·安培。1775 年，安培出生在法国里昂一个富商家庭。安培自幼聪明好学，具有惊人的记忆力，尤其在数学方面有非凡的天赋。他 12 岁学习了微积分，13 岁就发表第一篇论述螺旋线的数学论文，14 岁时就读完了 20 卷的《百科全书》。这使他获得了广博的知识，并对自然科学产生了极大的兴趣。18 岁时，除了拉丁语，他还通晓意大利语和希腊语。他不仅钻研数学，还研究物理学和化学。在化学方面，安培最先预见了氯、氟、碘三种元素，还独立地发现了阿伏伽德罗定律。安培的兴趣很广泛，在历史、旅行、诗歌、哲学及自然科学等多方面都有涉猎。26 岁时在布格城中心学校教物理学和数学，34 岁任巴黎工艺学校教授，39 岁当选为巴黎科学院院士。1824 年起任法兰西学院教授。

● 电磁学的理论基础——安培定律。奥斯特的发现开启了一扇通向新的研究领域的大门，产生了电磁学探索的激流。长期从事物理研究的安培认识到磁现象的本质是电流，并把涉及电流、磁体的各种相互作用归结为电流之间的相互作用。1820 年 9 月，这位勤奋的科学家向法国科学院报告了关于两条平行载流导线之间相互作用的发现，证明了同向电流相互吸引，异向电流相互排斥。法国科学院表示已收到这份报告，并希望他抓紧时间得出相关理论结果。

从 1820 年 10 月开始，安培像科学家牛顿把质量分解成质量元一样，把电流分成无限多电流元，并用四个精巧的实验，终于得出了两个电流元间的作用力公式。

同年 12 月，安培在法国科学院的会议上报告了电流元相互作用的定律，即两个距离相近、强度相等、方向相反的电流之间的作用力可以相互抵消；在弯曲导线上的电流可被看成由许多小段的电流组成，它的作用就等于这些小段电流的矢量和；当载流导线的长度和作用距离同时增加相同的倍数时，作用力将保持不变。

经过一番定量的分析之后，安培终于发现了安培定律，即可以通过弯曲的右手清晰表示出电流和电流激发磁场的磁力线方向间的关系。直线电流的安培定律：用右手握住导线，让伸直的大拇指所指的方向跟电流的方向一致，那么弯曲的四指所指的方向就是磁力线的环绕方向。环形电流的安培定律：让右手弯曲的四指和环形电流的方向一致，那么伸直的大拇指所指的方向就是环形电流中心轴线上磁力线的方向。

安培定律是磁作用的基本实验定律，它决定了磁场的性质，提供了计算电流相互作用的途径。安培定律的建立奠定了电磁理论的基础。科学家麦克斯韦对安培的工作给予了高度评价：“安培为建立电流间的作用定律而进行的实验研究在科学上是最光辉的成就，整个理论和实验似乎是从‘电学中的牛顿’的头脑中跳跃出来的，它们是无懈可击的。所有电磁现象都可以从这个公式推导出来，这个公式将永远是电动力学的基本公式。”

● 安培发明了电流计。1824 年，安培发现电流在线圈中流动的时候表现出来的磁性和磁铁相似，从而创制出第一个螺线管（图 8-3），由此发明了探测和量度电流的电流计，成为发展测电技术的第一人。

电流计是安培最重要的发明，人们用它能够直接读出电路中流过的电流的量。在进行电学研究的时候，电流计起着举足轻重的作用，因为有了电流计，科学工作者的电学研究才能更加精准和快速。安培发明的电流计对后来的科学研究产生了巨大的影响。

● 安培提出了著名的分子电流假说。安培根据通电螺旋形导线和磁棒的相似性，认为磁棒的磁性是由棒内的电流产生的，用电流可以解释磁石（磁铁）为什么具有磁性。在这里产生了一个问题，电流流过导体时，导体会发热，而磁铁（磁棒）并不比周围环境的温度高，用电流解释磁铁的磁性遇到了困难。安培的好朋友，法国的物理学家奥古斯丁·让·菲涅尔（图 8-4）（1788—1827 年）帮助安培解决了这个难题，他建议安培从分子角度来解释这个问题。虽然当时化学家们已经提出了原子 - 分子假说，但是，科学家对分子的世界还是一无所知。安培接受了菲涅尔的建议。1821 年 1 月，安培提出了著名的分子电流假说，用这个假说，来解释磁铁为什么具有磁性。他假定每个分子都有电流环绕着，当它们排列整齐时，由于磁铁是由许多个磁块分子组成，单个的环绕电流就变成了整个磁铁的环绕电流，因而磁铁就有了磁性。这一假说后来被物理学家麦克斯韦所接受，写进了论述电磁理论的《电磁学通论》中。安培认为，磁来源于电流，一切磁作用的本质就是电流与电流之间的作用，这种作用力称为“电动力”。由此，产生了一门新的学科——电动力学。

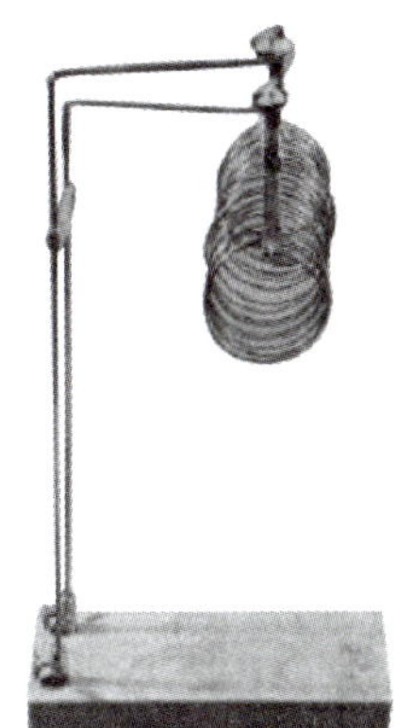

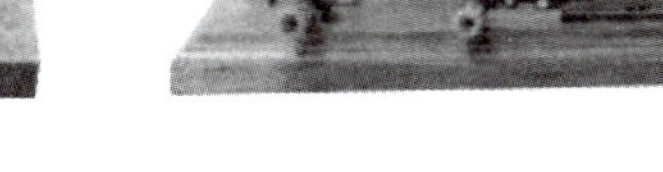

图 8-3　安培实验用的螺线管和电流计

图 8-4　奥古斯丁·让·菲涅尔

安培用这个学说解释了地球为什么具有磁性。地球具有磁性是吉尔伯特发现的，他用一块大的天然磁石磨成一个大的磁球，用铁丝制成小磁针放在球上，发现小磁针的指向和地球上指南针的指向一致。由此，他推断，地球是一块大的磁球。磁石之间也是同性相斥，异性相吸，这样就可以解释为什么指南针的北极（N 极）总是指向北方。吉尔伯特认识到地球具有磁性，而安培用电动力学解释了地球为什么具有磁性。安培认为，地球具有磁性是由于地球内部存在着自东向西转动的环形电流，就像通电的螺旋导线会产生磁性一样，这种环形电流使地球产生磁性。

1827 年，安培将他对电磁现象的研究综合在《电动力学现象的数学理论》一书中，这是电磁学史上一部重要的经典论著。

安培首先区分了“静电学”和“动电学”，采用了“电力学”这一新名词，提出了“电压”“电流”的概念。安培是电动力的创始人，他的研究为电磁理论的发展做出了

巨大的贡献，安培精湛的实验技巧和探索根源的精神也受到后人的称颂。

1836 年，安培以大学学监的身份外出巡视工作，途中不幸染上急性肺炎，医治无效，在马赛去世，享年 61 岁。

趣闻轶事

● 马车车厢作“黑板”（图 8-5）。安培还在童年时，就显示出了很好的数学才能，12 岁时便拜著名数学家拉格朗日为老师，13 岁时就发表了数学论文。安培的可贵之处，在于他善于思索。有一次，他在街上边走边思考，突然想到了一个算式，安培急着想把式子列出来，正巧前面有一辆马车，安培就把马车的车厢当黑板了，马车走他也走，马车越走越快，直到追不上马车时，他才停下来，这时街上许多人都被他这种失常行为引得哈哈大笑。

图 8-5　马车车厢作“黑板”

● 怀表变成鹅卵石。安培思考科学问题时非常专注，据说有一次，安培正慢慢地向他任教的学校走去，边走边思索着一个电学问题。经过塞纳河的时候，他随手拣起一块鹅卵石装进口袋，过了一会儿，又从口袋里掏出来扔到河里。到学校后，他走进教室，习惯性地掏出怀表看时间，拿出来的却是一块鹅卵石。原来，怀表已被安培扔进了塞纳河。

● 安培先生不在家。安培很珍惜时间，为了免受访客打扰，便在自家门口挂了块牌子“安培先生不在家”。一次，他边走边思考问题，走到自己家门口，看到门上的牌子，惊讶地说：“原来安培先生不在家？”扭头就走了。直到很晚，家人才在街头找到安培先生。

你知道吗？

安培是电流的国际单位，简称为安，符号为 A，定义为：在真空中相距为 1 米的两根无限长平行直导线，通以相等的恒定电流，当每根导线上所受作用力为 2×10^{-7} 牛时，各导线上的电流为 1 安培。比安培小的电流可以用毫安、微安等表示，1 安 =1000 毫安，1 毫安 =1000 微安。

第 9 章 著名的欧姆定律

1826 年，欧姆发现了电学上的重要定律——欧姆定律，这是他最大的贡献，这个定律在我们今天看来很简单，然而它的发现过程却并非如一般人想象得那么容易，欧姆为此付出了十分艰辛的努力。在那个年代，人们对电流强度、电压、电阻等概念都还不大清楚，特别是电阻的概念还没有，当然也就根本谈不上对它们进行精确测量了。而且在欧姆本人的研究过程中，也几乎没有机会跟他那个时代其他的物理学家进行接触。

● 乔治·西蒙·欧姆。欧姆（图 9-1）生于德国埃尔兰根城，父亲是锁匠，母亲是裁缝。他年幼时的生活十分艰苦，家里有的兄弟姐妹挨不过饥饿、寒冷和病痛一个个夭折，母亲在欧姆 10 岁时也撒手人寰，最终只有兄妹三人靠父亲的技艺活了下来。锁匠父亲自学了数学和物理方面的知识，并教给少年时期的欧姆，唤起了欧姆对科学的兴趣。16 岁时欧姆进入埃尔兰根大学研究数学、物理与哲学，由于经济困难，中途辍学，去做家庭教师。但他仍然坚持学习，到 1813 年才完成博士学业。他曾在几处中学任教，并在繁重的教学工作之余，坚持进

图 9-1　乔治·西蒙·欧姆

行科学研究。由于缺少资料和仪器，欧姆的研究工作并不顺利，但他在孤独与困难的环境中坚持不懈地进行科学研究。

● 欧姆定律的发现。当欧姆研究电路的时候，库仑定律已经问世 40 年，伏特电池也诞生了 20 多年，电流的磁效应和温差电池也相继被发现、发明，但是当时还没有电压（电势差）、电阻等概念，更谈不上测量这些量的仪器了。

欧姆发现欧姆定律是受了法国人傅里叶的启发。1822 年，法国数学家傅里叶发表了热传导理论。他引入了热流、热阻、热导率等概念。傅里叶发现，导热杆中两点间的热流正比于这两点间的温度差。这一理论给了正在研究电路的欧姆很大启发。欧姆联想到，电的流动和热的流动现象可能是相似的。欧姆设想，导线中两点之间的电流也许正比于两点间的某种推动力之差，欧姆把它称为电张力之差。这里的电张力就是我们后来经常使用的电压（电势差）。

为了证实他的设想，欧姆第一阶段的实验是探讨电流产生的电磁力的衰减与导线长度的关系，其结果于 1825 年 5 月在他的第一篇科学论文中发表。在这个实验中，他遇到了测量电流强度的困难。在德国科学家施威格发明的检流计的启发下，他把奥斯特关于电流磁效应的发现和库仑扭秤方法巧妙地结合起来，设计了一个电流扭力秤，用一根扭丝挂一个磁针，让通电的导线与这个磁针平行放置，当导线中有电流通过时，磁针就偏转一定的角度，由此可以判断导线中电流的强弱。他把自己制作的电流计连在电路中，并创造性地在放磁针的度盘上画上刻度，以便记录实验的数据。欧姆选择了伏特电堆作为电源。欧姆从初步的实验中发现，电流的电磁力与导体的长度有关。其关系式与今天的欧姆定律表达式之间看不出有什么直接联系。当时欧姆并没有把电势差（或电动势）、电流强度和电阻三个量联系起来。

在欧姆之前，虽然还没有电阻的概念，但是已经有人对金属的电导率（传导率）进行研究。1825 年 7 月，欧姆也用上述实验中的装置，研究了金属的相对电导率。他把各种金属制成直径相同的导线进行测量，确定了金、银、锌、黄铜、铁等金属的相对电导率。发现不同的材料有不同的电导率，显然电阻的大小不仅与材料的长度和粗细有关，而且与使用的材料也有关。虽然这个实验较为粗糙，而且有不少错误，但欧姆想到，在整条导线中电流不变的事实表明电流强度可以作为电路的一个重要基本量，他决定在下一次实验中把它当作一个主要观测量来研究。 在以前的实验中，欧姆使用的电池组是伏特电堆，这种电堆的电动势不稳定，这让他大为头痛。

1825 年，欧姆根据实验结果得出了一个公式，欧姆很快就把他的初步实验结果发表了。然而，他随后发现无法重复实验结论，显然之前的研究还有问题。欧姆很后悔，他意识到问题的严重性，打算收回已发出的论文。可是已经晚了，论文已传播出去了。急于求成的轻率做法，让他吃了苦头，一些科学家对他也表示反感，认为他是假充内行。

幸运的是，一位正直的科学家发现这位中学教师非常努力，他鼓励欧姆不要这么快就放弃自己的理想，并给出了一个关键性的建议：伏特电堆的电压并不是特别稳定，这会直接影响电流的测量结果，不如采用更加稳定的温差电池。这种电池是由德国另一位物理学家塞贝克发明的。它的原理是：在钢、铋两种不同的导线连接而组成的电路中，两个接头的温度不同时可以产生电流，温差越大，电流越强。欧姆鼓起勇气，采用了温差电池重新开始做实验。

1826 年，欧姆用图 9-2 所示的实验装置导出了欧姆定律。在木质座架上装有电流扭力秤，DD′ 是扭力秤的玻璃罩，CC′ 是刻度盘，S 是观察用的放大镜，m 和 m′ 为水银杯，abb′a′ 为铋框架，铋、铜框架的一条腿相互接触，这样就组成了温差电偶。实验时把待研究的导体插在 m 和 m′ 两个盛水银的杯子中，m 和 m′ 相当于温差电池的两个极。

欧姆用铜和铋组成的温差电池，一个接头放在沸水里（温度保持 100 摄氏度），一个接头放在冰水混合物里（温度保持 0 摄氏度）。由于温差很大，所以会产生很大的电流，把电池的两极分别插在水银槽中（水银也是导电的），磁针悬挂在导线的上方，欧姆准备了截面相同但长度不同的导体，依次将各个导体接入电路进行实验，观测扭力拖拉磁针偏转角的大小，更换不同的导线，查看不同长度的导线和不同粗细的导线对电流有什么影响。为了追逐自己的科学梦，欧姆天天在条件简陋的实验室进行实验（图 9-3）。经过不懈努力，积累了大量的数据之后，欧姆发现：

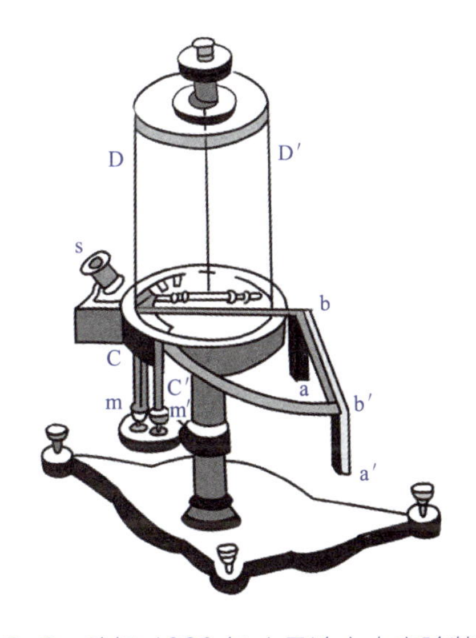

图 9-2　欧姆 1826 年 4 月论文中实验装置

图 9-3　欧姆正在做实验

导线越长，磁针偏转的角度越小，电流越小；

导线越短，磁针偏转的角度越大，电流越大；

导线越细，磁针偏转的角度越小，电流越小；

导线越粗，磁针偏转的角度越大，电流越大。

欧姆共换了 7 根导线，其中 1 根是 4 英寸长的粗导线，其他 6 根是细导线，长度从 1 英尺到 75 英尺（1 英尺 =30.48 厘米）不等。用粗导线作基准，计算出其他导线的电导率，电导率是电阻的倒数，导线电导率越大，说明导线的电阻越小。

欧姆多次实验之后，终于在 1827 年提出了一个关系式：$X=a/(b+x)$。式中，X 表示电流磁效应的强度，相当于电流；x 代表导线的长度，相当于外电路的电阻；a 表示电动势；b 表示电源内部的电阻。这就是欧姆定律，在电学发展史上具有里程碑的意义。

● 科学真理之光。欧姆在 1827 年发表了他的研究成果，书名是《伽伐尼电路的数学论述》。在书中用解方程的方法导出了他所发现的欧姆定律。

欧姆的结论非常简洁漂亮，然而，一些自命不凡的科学家、教授并不认可这位中学老师所做的实验，认为金属导电性质没有那么简单，甚至嘲笑他的著作是“对自然尊严的亵渎”。当然，也有人持赞成态度，比如电流计的发明者施威格就跟他说“是金子总会发光的”。

欧姆本人也因为许多人的不认可而感到非常郁闷，这也使得欧姆在大学谋一个职位的想法落空，他甚至辞去了中学的教师职位，又干起了老本行——收入较高一些的私人教师。1831 年，有位叫波利特的科学家发表了一篇论文，得到的是与欧姆同样的结果。这才引起科学界对欧姆的重新注意。最先接受欧姆定律的是一些年轻的物理学家，如高斯、韦伯、楞次等。高斯和韦伯在研究地磁和制造精密仪器时，就使用过这个定律；楞次是焦耳 - 楞次定律的发现者之一，他在研究磁铁对通电螺旋导线的作用时，也使用了欧姆定律。

1841 年，英国皇家学会才授予欧姆“科普利金质奖章”，并且宣称欧姆定律是“在精密实验领域中最突出的发现”，他得到了应有的荣誉。1845 年，欧姆成为巴伐利亚科学院的院士。1849 年，欧姆任慕尼黑科学院物理部主任，同时任慕尼黑大学教授。此时，欧姆已经 62 岁了。1881 年，国际电学大会决定用他的名字——欧姆作为电阻的单位，简称欧，符号为 Ω。

1854 年，欧姆与世长辞。每当人们使用欧姆这个单位时，总会想起这位勤奋顽强、卓有才能的中学教师。

趣闻轶事

● 灵巧的手艺。欧姆的家境十分困难，但他从小受到良好的熏陶，他的父亲是个技术熟练的锁匠，还爱好数学和哲学。父亲的科学启蒙，使欧姆养成了勤于动手的好习惯，他心灵手巧，做什么都有模有样。物理是一门实验学科，如果只会动脑不会动手，那么就好像是用一条腿走路，走不快也走不远。如果欧姆没有这样的好手艺（木工、车工、钳工样样都能来一手），也许他就不能获得如此高的成就了。在电流随电压变化的实验中，欧姆巧妙地利用电流的磁效应，自己动手制造了电流扭秤，用它来测量电流强度，才取得了较精确的结果。

你知道吗?

● 欧姆定律。欧姆定律——导体中的电流跟导体两端的电压成正比，跟导体的电阻成反比。

欧姆定律的公式：如果用 U 表示加在导体两端的电压，R 表示这段导体的电阻，I 表示这段导体中的电流，那么，欧姆定律可以写成如下公式：$I=U/R$。公式中 I、U、R 的单位分别是安培、伏特、欧姆。

● 电阻器（图 9-4）。电阻是一种使用最多的电子元件，几乎所有的电子设备都含有电阻。电阻的符号是“R”，顾名思义，电阻的作用主要是阻碍电流。

● 电阻率。电阻率是用来表示各种物质电阻特性的物理量。在常温下（20℃时），某种材料制成的长 1 米、横截面积是 1 平方毫米的导线的电阻，叫作这种材料的电阻率。

图 9-4　欧姆研制的电阻器

第10章

法拉第实现了闪光的设想“磁生电”

电磁感应现象是指放在变化磁通量中的导体，会产生电动势，此电动势称为感应电动势或感生电动势。若将此导体闭合成一回路，则该电动势会驱使电子流动，形成感应电流，如图10-1所示。

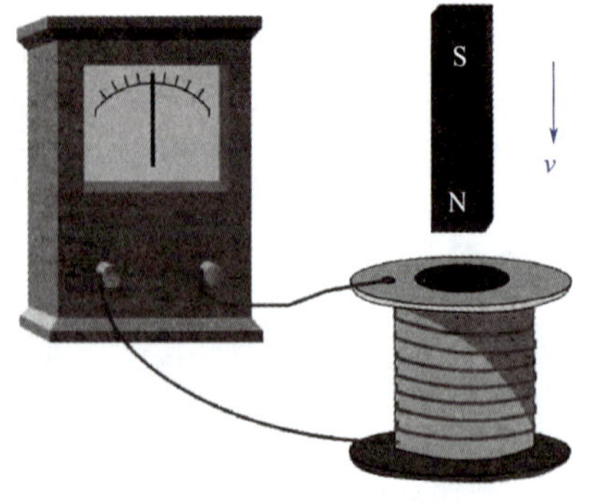

图10-1　电磁感应实验

电磁感应现象的发现，是电磁学领域中伟大的成就之一。它不仅揭示了电与磁之间的内在联系，而且为电与磁之间的相互转化奠定了实验基础，为人类获取廉价的电能开辟了道路，在实用上有重大意义。电磁感应现象的发现，标志着一场重大的工业和技术革命的到来。事实证明，电磁感应在电工、电子、电气化、自动化方面的广泛应用对推动社会生产力和科学技术的发展发挥了重要的作用。

● 迈克尔·法拉第（图 10-2）。法拉第，英国物理学家、化学家，戴维的学生和助手。1791 年生于伦敦郊区。父亲是铁匠，母亲识字不多。法拉第从小生长在贫苦的家庭中，没有受到较多的教育。法拉第 9 岁时，他的父亲去世了；14 岁他到书店当图书装订工，这使他有机会接触到各类书籍。每当他接触到有趣的书籍，就会贪婪地读起来，繁重的体力劳动和贫穷，都没能阻挡法拉第对科学的热爱。

图 10-2　迈克尔·法拉第

法拉第于 1831 年首次发现了电磁感应现象，进而得到产生交流电的方法。由于他在电磁学方面做出的伟大贡献，被称为“电学之父”和“交流电之父”。

● 法拉第实现了磁生电。奥斯特对电和磁的发现给欧洲科学界的震动很大。法国科学家阿拉戈和安培听到这个消息后，都进行了实验。在实验中，阿拉戈发现把铁放在通电的线圈中，铁就会磁化；安培则提出了电流产生磁力的基本定律。在英国，法拉第的恩师戴维也在研究电流磁化的问题。

法拉第想，既然电可以生磁，为什么磁不能生电呢？如果这能成为现实，那么用这种办法来发电，便可以得到很大的发电量，而且电的成本要比电池生电便宜得多。于是，他下决心要把电化磁的反应倒转过来，使磁发出电来。他在自己的笔记本上写了“转磁为电”几个大字，口袋里常装着一块马蹄形磁铁、一个线圈。就这样苦思冥想，反复试验。他先是用磁铁去碰导线，电流计的指针不动，再往磁铁上绕上导线，还是没有电。后来干脆把磁铁装在线圈的肚子里，电流计的指针还是纹丝不动。这样颠来倒去，反反复复地试验，不知不觉消磨了 10 年光阴。这究竟是怎么回事呢？法拉第陷入了极度的困惑和迷惘之中，但他坚信自己的想法不会错，他发誓绝不半途而废。

终于，1831年10月17日，这是人类科学史上重要的一天，法拉第发现在电路接通的瞬间，电流计的指针突然轻轻地动了一下，当他把电路断开时，指针向反方向又动了一下，法拉第的内心立刻明亮了（图10-3）。他干脆把整根磁棒插进线圈，这时，电流计的指针向右动了一下；他再将磁棒抽出，指针又向左动了一下。他以为自己看花了眼，索性将那根磁棒在线圈间不停地抽出插入，只见电流计上的指针像拨浪鼓似的左右摇个不停。法拉第一次又一次地重复着实验，他意识到，由磁产生电流的必要条件是相对运动，他把这样产生的电流叫作感应电流。

法拉第欣喜若狂，大声叫道："磁生电了！磁生电了！"从此，一种由磁感应的电流，在法拉第的手中产生了！就像人类学会使用火一样，人类历史上一个新的时代开始了！法拉第总结出了这次成功的奥秘：磁铁与金属线圈处于相对运动的状态。而在以往失败的实验中，磁铁与金属线圈是相对静止的。

然而，法拉第并没有就此止步，因为只有当磁棒在线圈中做往复运动的时候，才有感应电流，而磁棒的运动一停止，电流也就随之消失，他需要制造出稳定的电源来。

为了验证自己的想法，他进一步做了这样一个实验，如图10-4所示，他先将直棒磁铁改成马蹄形的，将线圈改成一个铜线盘，铜线盘可以连续摇动。当他连续不断地摇动铜线盘时，电流计上的指针也随之不断摆动。这便是世界上第一台产生持续电流的发电机。虽然这还都是实验室的产物，还需要一个完善的过程，但这预告了电能够大规模地产生，并且输送到遥远的地方。电将从实验室走向工厂、矿山、农村，走进每一个家庭。它的重大意义是不言而喻的，发电机的发明使人类从蒸汽时代进入电气时代。

图10-3 电磁感应电流实验

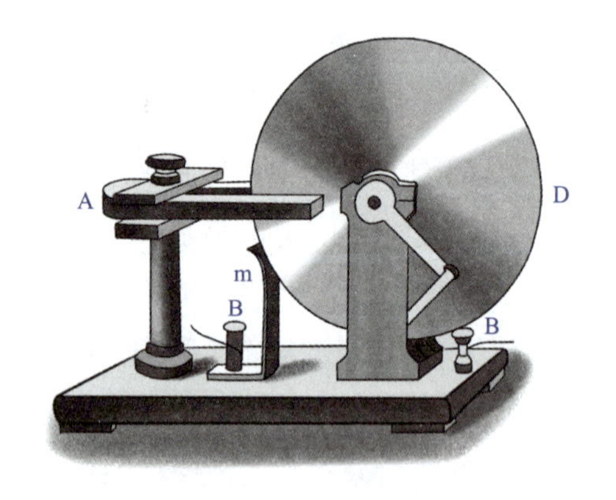

图10-4 世界上第一台发电机

图 10-5　法拉第做实验

● 法拉第提出电解定律。法拉第的名字被全世界传颂着，鲜花和荣誉向他飞来。几乎欧洲所有大学和研究机构都授予过他学位证书和金质奖章。法拉第把所有的证书和奖章都收起来，连最亲近的朋友都没见过。他依旧围着围裙，在实验室里静静地进行着一个又一个新的研究，图 10-5 所示为法拉第做实验。

1825 年他首次从石蜡油中分离出苯，为人们研究苯系物质创造了条件。1833 年他首先提出了电解定律，为电化学、电解、电镀工业奠定了理论基础。

趣闻轶事

● 法拉第与戴维。1812 年的一天，英国青年化学家戴维爵士正在家里养病，仆人把一大堆邮件整整齐齐地放到沙发旁边的茶几上。戴维随手取出一只最大的信封，拆开来一看，是一本厚厚的书，有 300 多页，硬封面上烫了金字《戴维爵士讲演录》。“奇怪，哪个出版商连招呼都不打一声，借了我的名字出书？”戴维想着便翻开了书的内页，原来这 300 多页的书竟是用漂亮的字体手工抄写的，而且附带了不少精美的插图。这下戴维如坠入五里雾中，不明白怎么回事。翻着翻着，书中落下一张信笺，原来是封短信，大意是：我是一个刚刚满师的订书学徒，很热爱化学，有幸听过您 4 次讲演，整理了这本笔记，现送上。如能承蒙您提携，改变我目前的处境，将不胜感激云云。最后的签名是迈克尔·法拉第。戴维将信看了两遍，想自己也是苦出身，小时候挺淘气，多亏了伦福德伯爵的提携才有了今天，想到这里，不由动了恻隐之心，竟提起大鹅毛笔写了一封回信：

先生：

承蒙寄来大作，读后不胜愉快。它展示了您巨大的热情、记忆力和专心致志的精神。最近我不得不离开伦敦，到一月底才能回来，到时我将在您方便的时候见您。我很乐意为您效劳，我希望这是我力所能及的事。

亨·戴维

在戴维的大力推荐下，法拉第告别了整整干了 7 年的订书工生涯，到皇家学院上班，担任了实验室的助理。

1820 年，皇家学会的沃拉斯特在了解了奥斯特的实验后，他想：既然电与磁有联系，电能让磁动，磁为何不能让电也动呢？他找过戴维，还设计了一个实验，在大磁铁旁放一根连接电流计的导线，看看指针会不会转动，可没有成功。1821

年，当法拉第发表了载流导线绕磁体旋转的论文后，却传来了一些流言蜚语，说法拉第剽窃别人的成果，而散布这种言论的正是戴维。法拉第因此陷入深深的苦恼之中，但是法拉第不愿因此与恩师反目。所以他在亲自登门向沃拉斯特解释之后，就悄然退出了电磁研究领域，而将注意力转向化学。其实当时法拉第已经在日记中写下了“转磁为电”几个字。如果戴维此时能帮他一把的话，电磁感应现象也不会等到 10 年之后才被发现了。

1823 年 3 月，法拉第液化氯气成功了。皇家学会的会员们十分欣赏法拉第的才华，有 29 人联名推荐他成为皇家学会会员。戴维听说此事大发雷霆，气冲冲地要法拉第去删掉自己的名字，还说服学会的教授们撤销法拉第作为会员候选人的提名。

1824 年 1 月，皇家学会就法拉第的会员资格进行无记名投票，其中有一张反对票，就是戴维投的。正是当年提携恩情重，今天排挤为哪般？

法拉第一生中一直对自己的恩师怀着敬重和感激之情，晚年，法拉第还经常指着墙上戴维的画像颤抖地说：“这是一位伟大的人！”

● 不爱金钱爱科学。法拉第从小就善于思考，经常提出一些有意义的问题。有一天，他到一家订户送报，突然对花园的栏杆出了神，心想：如果我的头伸进栏杆里，而身子还在栏杆外，那么我究竟应该算在栏杆的哪一边呢？法拉第好提问题，以至于别人这样来形容他“他的头老是往前伸着，好像随时准备向别人提问题似的。”

法拉第在书店当学徒时，他不但博览群书，而且用书作指导，在宿舍里做了许多实验。他的工钱除了吃饭以外，几乎全部花在买实验用品上了。后来法拉第听了戴维的讲演，更下定了献身于科学的决心。据说法拉第为了进皇家学院工作，他曾经同戴维进行过如下的谈话。戴维说：“这里工资很低，或许还不如你当订书匠挣的钱多呢！”法拉第回答说：“钱多少我不在乎，只要有饭吃就行。”戴维追问一句：“你将来不会后悔吧？”法拉第说：“我决不后悔！”就这样，法拉第正式踏进了科学的殿堂。

法拉第在科学的征途上走过了半个多世纪，他始终如一地践行自己献身于科学的诺言。由于法拉第在电学和化学研究上出了名，有一段时间，法院曾经聘请他做鉴定专家的工作。在不到一年时间里，法拉第获得了五千镑的报酬。这时候，一位朋友劝法拉第辞去皇家学会的研究工作，告诉他“如果继续干下去，每年可以稳赚二万五千镑”。当时皇家学会每年给法拉第的报酬只有五百镑。爱科学不爱金钱的法拉第经过郑重考虑，为了专心进行科学研究，毅然辞去了鉴定专家的工作。

法拉第经常不分昼夜地在实验室里工作，为了利用每一分钟时间，凡是和实验无关的事情，他尽量推辞、谢绝。他不去朋友家吃饭，不上剧院看戏。他不停地做实验，记笔记。在他的实验日记上，记满了“没有效果”“没有反应”“不行”“不成”等字样。1855 年出版的八卷《法拉第日记》就是他日夜辛勤工作的明证，他的一系列重大科学成果，就是他心血和汗水的结晶。法拉第退休以后还念念不忘皇家学院实验室，经常去那里扫地、擦桌子、整理仪器。

法拉第不计较名誉地位，更不计较钱财，他拒绝了制造商的高薪聘请，谢绝了大家提名他为皇家学会会长和维多利亚女皇授予他的爵位，终身在皇家学院实验室工作，甘愿当个普通职员。1867 年，他在伦敦去世。尽管法拉第一生中获得各国赠给他的学位和头衔多达 94 个，而遵照他的“一辈子当个平凡的迈克尔・法拉第”的意愿，他的遗体被安葬在海洛特公墓，墓碑上只刻着三行字：迈克尔・法拉第，生于 1791 年 9 月 22 日，殁于 1867 年 8 月 25 日。后人为了纪念法拉第，特意用他的名字来命名电容的单位，简称“法”。

● 坐在椅子上平静地离开了人间。法拉第在研究电感应和磁感应传播时，一时还不能完整地表述出自己的新思想，他感到数学基础也不够，于是他把自己的想法先写了下来，“我倾向于把磁力从磁极向上散布，比作受扰动的水面的振动。或者比作声音现象中空气的振动。也就是说，我倾向于认为，振动理论将适用于电和磁的现象，正像它适用于声音，同时又很可能适用于光那样。……迈克尔・法拉第于皇家学院。”1832 年 3 月 12 日，法拉第小心翼翼地将信封好，存放在皇家学院的保险箱里，希望有一天自己的想法会有知音，并得到发展和证实。光阴荏苒，整整 23 年过去了，还未见有人问津这个领域，此时法拉第已经垂垂老矣。想到自己的理论也许再要过一百年才能有人发现，心里不觉有点凄然，他感叹说道：“那个时候我也许是看不见喽！”那天法拉第正在叹息不已时，突然，放在桌上新到的专业期刊上一篇醒目的标题映入了他的眼帘《论法拉第的力线》。法拉第一阵激动，他如饥似渴地将论文读了一遍，真是一篇好文章啊！文章将法拉第充满力线的场比作一种流体场，这就可以借助流体力学的成果来解释，又把力线概括为一个矢量微分方程，借助数学方法来描述。法拉第想自己从小失学，最缺的就是数学，现在突然降下了这么一位理解自己思想，又擅长数学的帮手，高兴极了。“哈哈，我的理论后继有人了！”法拉第感到无限的欣慰。

几年后，70 岁高龄的法拉第在自己的寓所里会见了比他年轻 40 岁的麦克斯韦，他高兴地说：“当我知道你用数学来构造这一主题时，起初我几乎吓坏了，但我惊讶地看到，你处理得如此之好啊！”“先生能给我指出论文的缺点吗？”麦克斯韦腼腆地说，“这是一篇出色的文章。”法拉第想了想说：“可是你不应当停留于用数学来解释我的观点，而应该突破它。”这句话鼓励了麦克斯韦。他不懈地努力，去攀登经典电磁理论的顶峰，终于在 1865 年前建立起了完整的电磁场理论方程。

1867 年 8 月 25 日，幸运的法拉第在看到了自己的理论后继有人，经典电磁学理论大厦完全竣工之后，坐在椅子上平静地离开了人间。

你知道吗？

摩擦起电、感应起电和接触起电吗？

摩擦起电：两个物体互相摩擦时，因为不同物体的原子核束缚核外电子的本领不同，所以其中必定有一个物体失去一些电子，另一个物体得到多余的电子，这种电子的转移就是摩擦起电的实质，也是电子的转移使物体有了带电的现象。

感应起电：在带电体上电荷的作用下，导体上的正负电荷发生了分离，使电荷从导体的一部分转移到了另一部分。

接触起电：异质材料互相接触，由于材料的功函数不同，当两种材料之间的距离接近原子级别时，会在接触的两个表面上产生电荷，从而形成带电体。

第 11 章
电磁学中有“新大陆”

约瑟夫·亨利是以电感单位“亨利”闻名的大物理学家。在电学上有杰出的贡献。电学中的许多发明、发现都是由亨利完成的，如电磁铁和继电器、电铃、变压器原理、自感现象等。他还是电磁感应的发现者之一。

● 约瑟夫·亨利（图 11-1）。1797 年亨利出生在纽约州奥尔巴尼市，他父亲是打零工的工人。亨利从 6 岁起就被送到亲戚家生活，并进入乡村小学读书，他读书非常勤奋，14 岁时，由于父亲去世，亨利回到奥尔巴尼市与母亲一起生活。15 岁他到钟表店当学徒，那时亨利非常想当演员和作家。

图 11-1　约瑟夫·亨利

一个偶然的机会，亨利读到一本《实验哲学讲义》，这本书是格雷戈里撰写的，1808 年英国伦敦出版。通过认真精读，亨利产生了对科学的热爱。虽然他只读过小学和初中，但他通过刻苦自学，考进了奥尔巴尼学院，在那里他学习化学、解剖学和生理学，准备当一名医生。可是，毕业以后他却在奥尔巴尼学院当上了一名自然科学和数学讲师。1826 年他被聘为奥尔巴尼学院数学和自然哲学教授，1832 年由于亨利在电学实验研究上的成就，他被聘为新泽西普林斯顿市新泽西大学（即现在的普林斯顿大学）的自然哲学教授，1846 年亨利被任命为新成立的华盛顿斯密森研究所的秘书和第一任所长，负责气象学研究。后来，亨利任美国科学院院长，直到 1878 年在华盛顿逝世。

● 比法拉第更早发现电磁感应的科学家。1830 年 8 月，亨利在电磁铁两极中间放置一根绕有导线的条形软铁棒，然后把条形铁棒上的导线接到检流计上，形成闭合回路。他观察到，当电磁铁的导线接通的时候，检流计指针向一方偏转后回到零；当导线断开的时候，指针向另一方偏转后回到零。这就是亨利发现的电磁感应现象。这比法拉第发现电磁感应现象早一年。但是，当时亨利正在集中精力制作更大的电磁铁，没有及时发表这一实验成果，因此，发现电磁感应现象的功劳就归属于及时发表了成果的法拉第。

● 电磁铁研究。在 18 世纪初，科学家发现了电流的磁效应，并用通电螺线管使钢针磁化。1825 年英国科学家斯特金在一块马蹄形软铁上涂一层清漆，然后在上面间隔绕 18 圈裸导线，通电后就成了电磁铁，能吸起约 4 千克的重物。这一实验引起许多科学家的极大兴趣。其中，莫尔教授研制了能吸引约 70 千克重物的电磁铁。

亨利知道这些消息后，着手改进电磁铁。他把导线用丝绸裹起来代替斯特金的裸线，使导线互相绝缘，并且在铁块外缠绕了好几层，使电磁铁的线圈匝数大为增加。1829 年 3 月，他研制了一个绕有 400 圈导线的电磁铁。当时他不知道欧姆定律，他把电磁铁上的线圈分成几组，然后并联或串联，用不同类型的电池组供电研究电磁铁，以增强磁性，1831 年他研制成功了一个能吸起约 1 吨重物的电磁铁。

● 发明继电器。亨利在研究电磁铁时，他在小电磁铁附近加一带弹簧的小铁片，弹簧的另一端固定，当电磁铁接通电源时，小铁片被电磁铁吸引，切断电源时，铁片又被弹簧拉回原处，在这一过程中小铁片来回动作，撞击电磁铁发出“嘀嗒嘀嗒”的声音，这就是最早、最原始的继电器和电报装置。

继电器是利用电磁铁通电时有磁性，断电时没有磁性的原理而发明的一种电器元件。继电器的应用十分广泛，莫尔斯发明的电报机、马可尼和波波夫发明的无线电通信设备、早期的机电式计算机都用上了亨利发明的这种继电器。

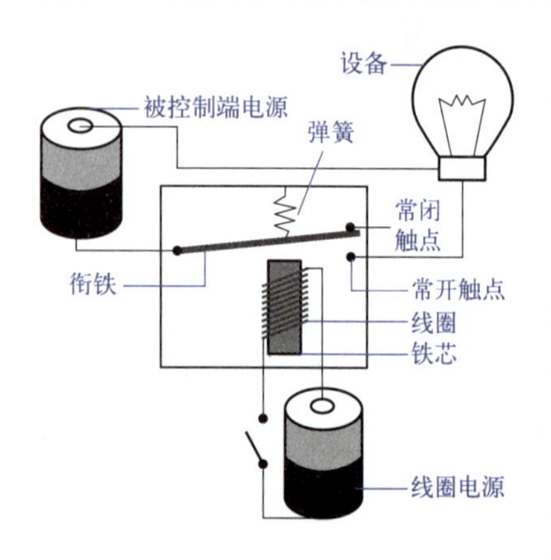

图 11-2　电磁继电器的工作原理

如图 11-2 所示，电磁式继电器一般由铁芯、线圈、衔铁、触点簧片等组成。只要在线圈两端加上一定的电压，线圈中就会流过一定的电流，从而产生电磁效应，衔铁就会在电磁力的作用下克服弹簧的拉力吸向铁芯，从而带动衔铁的动触点与静触点（常开触点）吸合。当线圈断电后，电磁的吸力也随之消失，衔铁就会在弹簧的作用下回到原来的位置，使动触点与原来的静触点（常闭触点）吸合。这样吸合、释放，从而达到电路的导通、切断的目的。对于继电器的（常开、常闭）触点，可以这样来区分：继电器线圈未通电时，处于断开状态的静触点称为常开触点；处于接通状态的静触点称为常闭触点。

● 发明电铃。亨利用自己发明的继电器制造了今天学校里广泛使用的电铃

（图 11-3）。电铃的内部，有一个漆包线缠绕的铁芯装置，它就是电磁铁。电磁铁通电后，具有磁性；断电后，没有磁性。电磁铁是一种将电能转化为磁能的装置。

直流电铃原理如图 11-4 所示。当电路接通时，弹簧片上的衔铁受到电磁铁的吸引，使附着的小锤敲响铃铛发出声音。同时，电路在断续器的触点处断开，电磁铁磁性消失，弹簧片回到原来的位置，使电路再次接通。此过程反复循环，小锤便不断敲铃。

图 11-3　学校里广泛使用的电铃

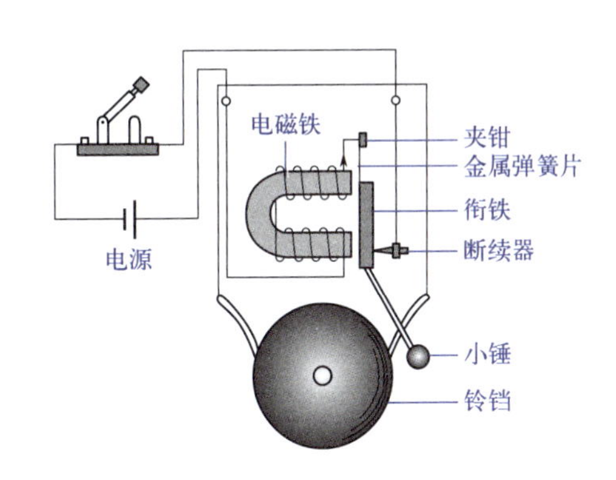

图 11-4　直流电铃的原理

● 变压器的雏形——感应线圈。亨利也是变压器原理的发现者，在进行电学实验时，亨利发现，使用不同匝数（绕的圈数）的导线相互配合，就可以升高或降低电压。这一发现为变压器的发明创造了条件。今天，我们的供电系统中已广泛地使用了变压器。从发电厂产生的电经过多级变压器进行升压，使电压升高后，进行远距离输送，以减少电能在线路中的损失。在用户使用之前，再一级级地降低电压，使用户使用一个低电压，以减小危险。变压器的发明是电得以广泛应用的一个重要基础。

1830 年 8 月，时为纽约奥尔巴尼学院教授的亨利利用假期，采用图 11-5 所示的实验装置进行磁生电实验。当他合上开关 K，发现检流计 P 的指针摆动；打开开关 K，又发现检流计 P 的指针向相反方向摆动。实验中，当打开开关 K 时，亨利还在线圈 B 的两端观察到了火花。亨利还发现，改变线圈 A 和 B 的匝数，可以将大电流变为小电流，也可将小电流变为大电流。实际上，亨利的这个实验是电磁感应现象的非常直观的关键性实验，亨利这个实验装置实际上也是一台变压器的雏形。但是，亨利做事谨慎，他没有急于发表他的实验成果，他还想再做一些实验，然而

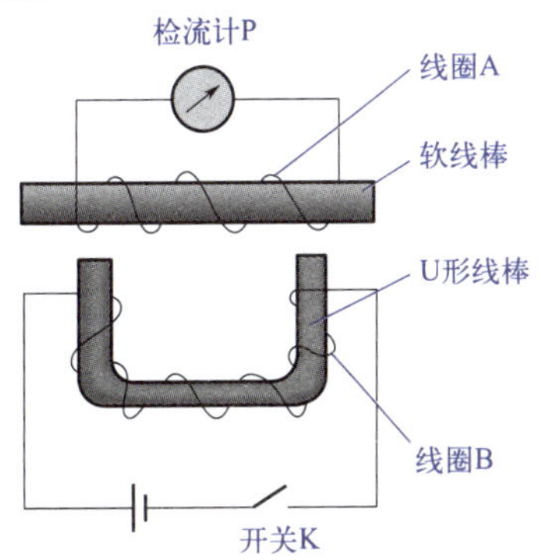

图 11-5　亨利“磁生电”实验装置原理

假期已过，他只得将这件事搁置一旁。后来他又进行了多次实验，直到1832年才将实验论文发表在《美国科学和艺术杂志》上。但是，在此以前，法拉第已经公布了他的电磁感应实验，介绍了他的实验装置，因此电磁感应现象的发明权只能归法拉第，变压器的发明权也非法拉第莫属了。亨利虽然非常遗憾地与电磁感应现象的发现权和变压器的发明权擦肩而过，但他在电学上的贡献、对变压器发明的贡献则是有目共睹的，特别值得一提的是，亨利的实验装置比法拉第感应线圈更接近于现代通用的变压器。从现代变压器原理来看，法拉第感应线圈是一只单心闭合磁路双绕组式变压器，由于当时没有交流电源，所以它是一种原始的脉冲变压器，而亨利变压器则是一种原始的双心开路磁路双绕组式脉冲变压器。

● 发现自感现象。由于导体本身的电流发生变化而产生的电磁感应现象叫作自感现象。

亨利在电学上的重要发现就是自感现象。亨利在研究电磁铁的功能时，意外发现通电的线圈在断开电源时会产生电火花。亨利对这种现象进行了进一步的研究，发现通电线圈在断电的瞬间，电流确实会增大。这增大的一部分电流是从哪里来的呢？

亨利对此进行了思考，亨利想既然电可以转化为磁，磁就一定会转化为电，多出的这部分电，极有可能是电生磁，然后磁再生出的电。沿着这个思路，他在电路中连接了一个电流表。从电流表的指针偏转方向判断，在线路接通和断开的瞬间，确实存在着方向相反的瞬间电流。

1830年，亨利发现这个现象时，法拉第还没有发现电磁感应现象。在得知了法拉第发现电磁感应现象之后，亨利于1832年发表了《在长螺旋线中的自感》的论文，宣布发现了电的自感现象。在论文中亨利详细地叙述了实验的过程和结论。把一个小电池的两极用一根不到一英尺的铜线连接起来，“则无论这种连接完成或中断，都觉察不出火花。如果用一根长达30英尺或40英尺的铜丝来代替那根短导线的话，虽然在连接完成时也察觉不出火花，但若将连接导线的一端从它的水银杯中抽出，火花立即产生。如果电池作用力很强，短导线也能放出火花……如果把导线旋成螺线管，这种效应多少有点增强，这种效应的增强，在某种程度上以导线的长度与粗细而定。基于这种现象，我只能根据这样的假定予以解释，就是，长导线逐渐带电，这电由于它对磁的反作用而在连接中断时放出火花”。

亨利进一步研究发现，当电路断开时，自感产生的电流和原来的电流方向相同，当电路接通时，情况相反，自感产生的电流和原来的电流方向相反。很显然，这是由于把导线弯成螺旋状，通电时，电产生的磁在螺旋线周围的空间产生了一个电磁场，用安培右手螺旋定则可以判断这个磁场的方向。而磁又可以生电，这个在空间的磁场，反过来又在电路中产生一个电流。当电路断开时，空间的电磁场并没有马上消失，它在导线内产生了一个和原来方向相同的电流，这就好像在原来的基础上增加了一个额外电流，所以线圈断电时，会产生电火花。当线路接通时，情况正好相反，逐渐增强的空间电磁场会在导线中产生一个和原来方向相反的电流，这会阻碍电路中的原有电流。

一个值得注意的问题是，只有把导线弯成螺旋状，才会有自感现象，如果导线是直的，就不会有自感现象。

趣闻轶事

● 小白兔成为“引路人”。亨利出生在纽约州的奥尔巴尼。由于家境贫困，他被寄养在一位亲戚家里，10 岁时就在乡村小店里当伙计。在穷苦的童年时代，也许只有他养的那只小白兔给他带来了一丝欢乐。说来有趣，恰是那只可爱的小白兔改变了他的全部生活。

他 13 岁那年的一天，小白兔从笼子里跑了，他紧追不舍，一直追到了教堂里才将兔子逮住。他正要往回走，突然注意到了教堂靠墙的木架上堆得厚厚的图书，他被深深地吸引住了。从此他一有空就躲进教堂，阅读各种书籍，在知识的滋养下，他渐渐成长。

一天，亨利读到一本 1808 年伦敦出版的《格利戈里关于实验科学、天文学和化学的演讲集》，这是一本自然哲学的著作，第一页上写道：“你向空中扔一块石头或者射出一支箭，为什么它不是朝你给予的方向一直向前飞去？”这一下就把亨利迷住了。读完了这本书，他决心要献身科学事业。

亨利一生的贡献很大，只是有的研究发现没有立即发表，因而失去了许多发明的专利权和发现的优先权。但人们没有忘记这位杰出的科学家，为了纪念亨利，用他的名字命名了自感系数和互感系数的单位，简称“亨”。

● 与重要发现擦肩而过。1830 年，亨利用绝缘导线绕在一块条形软铁上，并将导线的两端接在电流计上，再把条形软铁放在一块 U 形磁铁的两极之间。他原来想观察它们之间的作用，不料绕在 U 形磁铁上的线圈刚一通电，连在条形软铁的电流计指针就摆动了。切断电流时，指针又向相反的方向摆动。这就是说他要比法拉第早一年看到电磁感应现象。可是他太忙了，又有行政工作，又要教课，没有机会把他在为期一个月的假期里的发现深入下去。一年后，当他在杂志上读到法拉第的成果时，真是追悔莫及。

● 了不起的亨利。在英国皇家研究院的实验室里，几位一流的科学家法拉第、惠斯通、丹尼尔等正在进行一次非常有意义的实验，他们试图从一端插在冰里、一端放在火炉上的温差电堆中引出电火花。丹尼尔首先走上前去，拿起与温差电堆连接的两根导线，将导线的两端不停地摩擦，然而导线末端并没有产生火花。惠斯通和法拉第也接着做了实验，结果同样未如人意，于是他们泄气了，认为是电堆产生的电流太小，不足以引起火花。而此时另外一位物理学教授不慌不忙地把一根长导线绕在手指上，形成螺旋状，并在其中插进一根软铁棒，然后把它们连接到电堆的线路中去。当他摩擦两根导线的端部时，明亮的火花产生了。他的成功博得了在场人士的赞赏，而这位了不起的科学家便是约瑟夫·亨利。

你知道吗?

● 电感。在电学上，它是描述由于线圈电流变化，在本线圈中或在另一线圈中引起感应电动势效应的电路参数。电感的单位是亨利，是为了纪念约瑟夫·亨利在这一领域所做的贡献而确定的衡量电感大小的标准。1 亨利的概念是：在电路中，电流强度每秒均匀变化 1 安培时，产生 1 伏特的感应电动势，则此电路的电感是 1 亨利。

● 电铃中的电磁铁能用永磁铁代替吗？不能，电铃是利用电磁铁在接通与切断电流时其磁性有无的特点制成的。如果换成永磁铁，当弹簧片上的衔铁受到永磁铁的吸引，使小锤敲响铃铛发出一次声音后，由于永磁铁磁性不消失，衔铁保持不动，小锤不会再敲击铃铛，便不能再发出声音。

● 电感的应用。电感的应用是十分广泛的，除了绕在软铁上作电磁铁使用外，它和电容配合在一起，可以组成振荡回路，振荡回路可以用来发射和接受无线电波。我们日常使用的日光灯中的镇流器，就是电感的日常应用。

日光灯的发光原理：当水银蒸气导电时，就会发出一种光，从而激发荧光粉发光，产生柔和的白光。

镇流器的作用：在自感系数很大的带铁芯的线圈启动时，产生高电压，帮助日光灯发光；正常工作时起降压限流作用，保护灯管。镇流器的结构如图 11-6 所示。

启动器的作用：安装在气体放电光源电路中，使放电灯启动点燃的装置，又称触发器。一旦放电灯被点亮，启动器就不起作用了，等到下一次点灯时再起作用。启动器的结构图如图 11-7 所示。

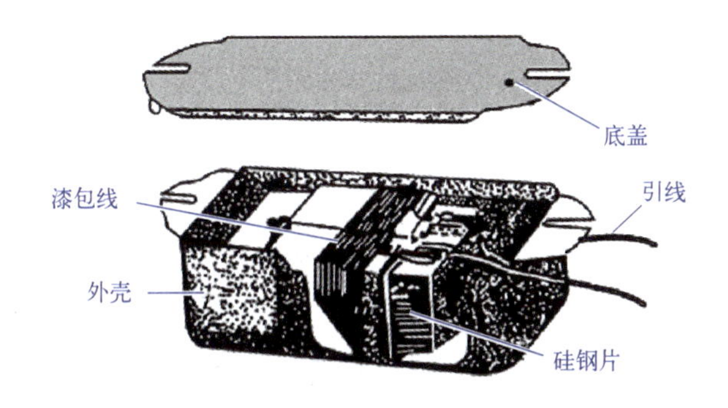

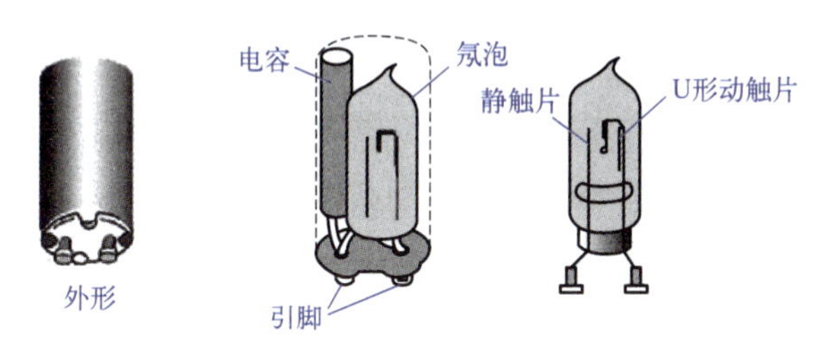

图 11-6　镇流器

外形
电容
氖泡
静触片
U形动触片
引脚

图 11-7　启动器

启动器和镇流器相配合，就可以使日光灯正常发光。日光灯的构造如图 11-8 所示。要使日光灯发光，必须使水银蒸气导电，要使水银蒸气导电，必须有一个高的电压，而电路中所使用的 220 伏（或 110 伏）电压不足以使水银蒸气导电，镇流器的作用就是利用自感的作用在线路中增大电压。

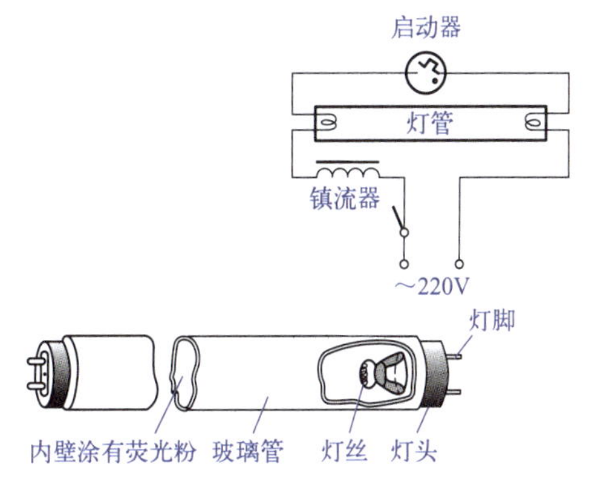

图 11-8　日光灯的构造

电路接通时，氖管发光，热胀冷缩的作用使 U 形电极膨胀，与直立电极相接触，日光灯电路接通。镇流器的灯丝中有电流通过，电路接通后，启动器中的氖管不再放电。因为电流直接从两个电极流过，不再通过中间氖气。U 形电极冷却收缩，电路断开。在电路断开的瞬间，镇流器由于自感作用，产生和原来方向相同的电流（感生电流）与原来的电流相加，就形成了高电压，从而使水银蒸气导电，灯管发光。

当灯管正常发光时，并不需要太高的电压，因为电压太高会烧坏灯管。这时，由于自感作用，镇流器会产生和原来方向相反的感生电流，阻碍原来电路中的电流，这样就保证了灯管在正常发光时有较小的电流，灯管不会被烧坏。

第12章
楞次定律

● 海因里希·楞次。海因里希·楞次（图12-1）原名爱米利·赫里斯契阿诺维奇·楞次，1804年生于俄国德尔帕特。楞次在中学时期就酷爱物理学，成绩突出。1820年，楞次以全优成绩从中学毕业进入德尔帕特大学。在大学里他在该校第一任校长G. F. 帕洛特指导下学习物理学。1823年楞次完成大学学业，帕洛特将19岁的楞次推荐给海军上将I. F. 克鲁森斯蒂恩，让他作为一名地球物理观测人员参加“企业号”军舰于1823～1826年的第二次环球科学考察。1828年2月，他在圣彼得堡科学院作环球考察报告，由于考察所获的成果丰硕，受到一致好评，于是被选拔为科学院的科学助理。1829～1830年，楞次执行了高加索高山区、黑海及里海沿岸的大地勘测任务，他登上厄尔布鲁斯山测量了高度，还开创了黑海水位变化的精密测量并在巴库进行了石油和天然气的取样工作。1830年他当选为圣彼得堡科学院候补院士。1834年楞次在总结安培的电动力学与法拉第的电磁感应现象后，发现了确定感生电流方向的定律——楞次定律。他也是电流的热效应即焦耳－楞次定律的发现者之一。1834年选为正式院士。他曾长期担任圣彼得堡大学物理数学系主任，后来又被选为第一任校长。1864年，楞次因患眼疾辞去了圣彼得堡大学校长之职，到意大利疗养。后不幸患脑溢血，于1865年在罗马逝世。

图12-1　海因里希·楞次

● 发现楞次定律。楞次很喜欢进行电和磁的实验。法拉第发现电磁感应的消息传到俄国后，楞次对此进行了仔细研究。他发现法拉第并没有确定感生电流的方向，于是，他开始了这方面的研究。1833年，楞次在圣彼得堡科学院宣读了他的题为《关于用电动力学方法决定感生电流方向》的论文，确定了磁场、导线的运动方向和电流的方向之间的关系，提出了楞次定律。亥姆霍兹证明楞次定律是电磁现象的能量守恒定律。

楞次在实验中发现，当磁铁靠近线圈时，线圈感生出电流。通过安培的研究可知，通电的螺旋形线圈，就像一个电磁铁，它的磁极方向正好和外部磁极方向相反，用右手螺旋定则就可以判断出电流的方向。当磁铁离开线圈时，线圈感生出的电流形成磁场正好和外部磁极方向相同，用右手螺旋定则就可以确定电流的方向。

如图 12-2 所示，将螺线管与电流表组合成闭合回路，分别将 N 极和 S 极插入、抽出线圈，记录感应电流方向。

由实验可知，当穿过线圈的磁通量增加时，感应电流的磁场与原磁场的方向相反，感应电流的磁场阻碍磁通量的增加；当穿过线圈的磁通量减少时，感应电流的磁场与原磁场的方向相同，感应电流的磁场阻碍磁通量的减少。

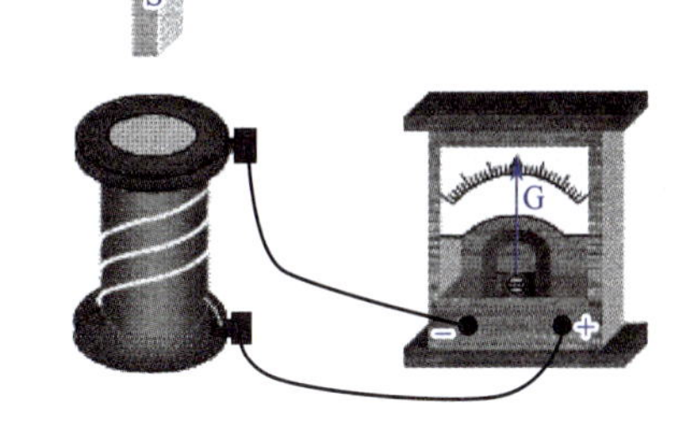

图 12-2　楞次定律实验装置

由实验可以看出，感应电流产生磁场的变化，肯定和引起这个电流的磁场的变化相反，这就是楞次定律。由于电流是磁通量的变化引起的，用磁通量的变化来表示楞次定律就是：感应电流的方向，总是使这个电流所产生的磁场阻碍引起感应电流的磁通量的变化。

当导线在磁场中运动，产生的电流方向可以用楞次定律确定，还可以用右手螺旋定则判断，用这种方法比直接用楞次定律更简单。

趣闻轶事

● 学生中的“物理学家”。楞次在中学时期就酷爱物理学，成绩突出。1820 年他以全优成绩进入德尔帕特大学，学习自然科学。1823 年，年轻的楞次因为物理成绩优秀被校方选中，以物理学家的身份参加了环球考察。

你知道吗？

● 楞次定律实验。图 12-3 是验证楞次定律实验的示意图，竖直放置的线圈固定不动，将磁铁从线圈上方插入或拔出，线圈和电流表构成的闭合回路中就会产生感应电流，图中分别标出了磁铁的极性、磁铁相对线圈的运动方向以及线圈中产生的感应电流的方向等，你能猜出哪几个是正确的吗？

根据楞次定律，感应电流在回路中产生的磁通量总是反抗（或阻碍）原磁通量的变化，所以运动导体上的感应电流受的磁场力（安培力）总是反抗（或阻碍）导体的运动，因此 CD 正确。

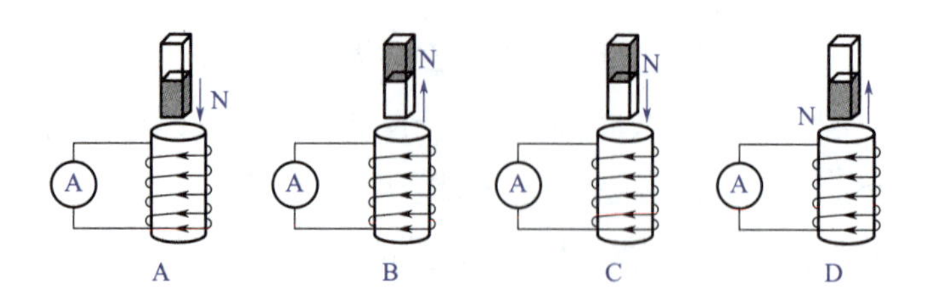

图 12-3 楞次定律实验示意图

● 发电机定则。右手定则，一般用于判断感生电流方向，也是感应电流方向和导线运动方向、磁力线方向之间关系的判定法则。右手展开，使大拇指与其余四指垂直，并且都跟手掌在一个平面内。把右手放入磁场中，若磁力线垂直进入手心（当磁力线为直线时，相当于手心面向 N 极），大拇指指向导线运动方向，则四指所指方向为导线中感应电流（感生电动势）的方向（图 12-4）。

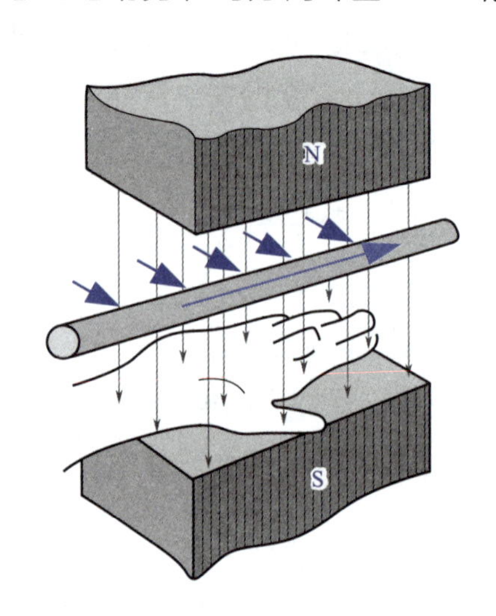

图 12-4 右手定则（发电机定则）示意图

闭合电路的一部分导体做切割磁力线运动时产生感应电流，发电机就是利用此原理制成，此时若要判断感应电流方向，就用右手定则，因此右手定则又叫发电机定则。

第 13 章
直流发电机的诞生

● 直流发电机的基本结构。直流发电机是用其他机器带动，使其导体线圈在磁场中转动，不断地切割磁力线，产生感应电动势，把机械能转换成电能。直流发电机由静止部分和转动部分组成。静止部分叫定子，它包括机壳和磁极，磁极是用来产生磁场的；转动部分叫转子，也称电枢。电枢铁芯呈圆柱状，由硅钢片叠压而成，表面冲有槽，槽中放置电枢绕组。端盖有电刷或炭刷，换向器是直流电机的构造特征。整流器的作用是把交流电变成直流电。如图 13-1 所示为常见的直流发电机的结构。

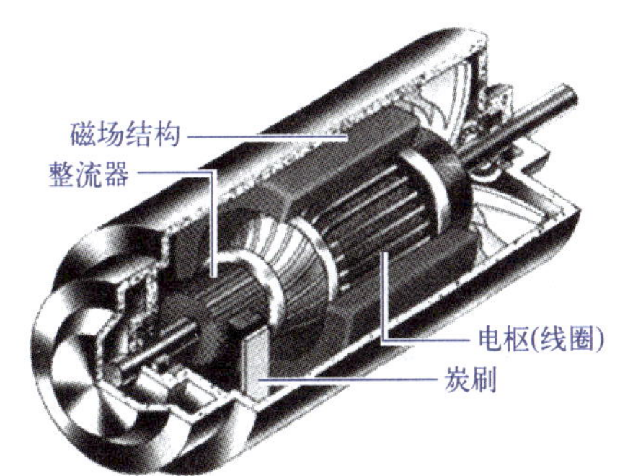

图 13-1　直流发电机的结构

● 直流发电机的工作原理。直流发电机的工作原理就是把电枢线圈中感应产生的交变电动势，靠换向器配合电刷的换向作用，使之从电刷端引出时变为直流电动势。

如图 13-2 所示，磁极对 N、S 不动，线圈（绕组）abcd 旋转，换向片 1、2 旋转，电刷 A、B 及出线不动。直流发电机原理是将机械能转换为直流电能，原动机拖动电枢以转速 n（r/min）旋转；电机内部有磁场存在，定子（不动部件）上的励磁绕组通过直流电流（称为励磁电流）时产生恒定磁场（励磁磁场，主磁场），电枢线圈的导体中将产生感应电势，但导体电势为交流电，而经过换向片与电刷的作用可以引出直流电势，以便输出直流电能。电刷 A 通过换向片所引出的电动势，始终是切割 N 极磁力线的线圈边中的电动势，所以电刷 A 始终有正极性，同样道理，电刷 B 始终有负极性，所以电刷端能引出方向不变但大小变化的脉振电动势。线圈内的感应电动势是一种交变电动势，而在电刷 A、B 端的电动势却是直流电动势。这就是直流发电机的工作原理。同时也说明了直流发电机实质上是带有换向片的交流发电机。

● 直流发电机的萌芽。当电磁感应的发现者法拉第公开地进行电磁感应实验，把磁铁反复地插入和拔出线圈时（图 13-3），有人问法拉第："这种新的玩具能干什么？"

法拉第反问道：“你知道刚生的孩子能干什么吗？”在随后不长的时间里，法拉第的“婴儿”最终长成了非凡的巨人，它取代了瓦特的蒸汽机，成了动力供应的主宰，这就是发电机。

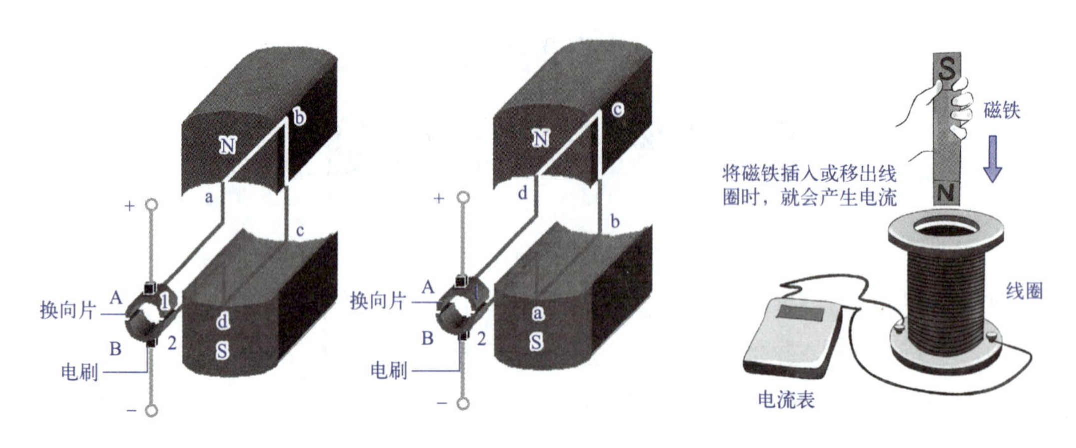

图 13-2　直流发电机的工作原理

图 13-3　电磁感应实验

● 世界上第一台发电机的诞生。1831 年，法拉第在发现了电磁感应现象之后不久，他又利用电磁感应发明了世界上第一台发电机——法拉第圆盘发电机。这个圆盘发电机，结构虽然简单，但它却是人类创造出的第一台发电机。现代产生电力的发电机就是从它开始的。

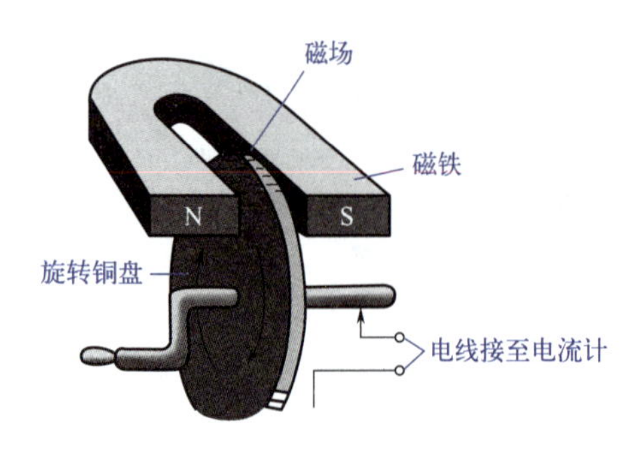

图 13-4　法拉第圆盘发电机的工作原理

这台发电机构造跟现代的发电机不同，在磁场中转动的不是线圈，而是一个紫铜做的圆盘。它是在一只马蹄永久磁铁的中间放一个直径约 30 厘米的紫铜圆盘，圆心处固定一个摇柄（图 13-4），圆盘的边缘和圆心处各与一个黄铜电刷紧贴，用导线把电刷与电流表连接起来。紫铜圆盘放置在蹄形永久磁铁的磁场中。当转动摇柄，使紫铜圆盘旋转起来时，圆盘切割磁力线而产生电流。当电流表的指针偏向一边，这说明电路中产生了持续的电流。法拉第圆盘发电机是现代直流发电机的鼻祖。

在此之前，所有的电都由静电机器和电池所产生，而这两者均无法产生巨大电量。法拉第的发电机改变了这一切。

● 皮克西兄弟的手摇式发电机。就在法拉第发现电磁感应原理的第二年，法国人皮克西（1808—1835 年）应用电磁感应原理在 1832 年发明了一台永久磁铁型旋转式交流发电机。他在巴黎科学院展示和介绍了这台发电机，引起了极大反响。皮克西的发

电机上面有两个带铁芯的螺线管，其下有一个马蹄形的永久磁铁，马蹄形永久磁铁通过齿轮与手轮相连。摇动手轮即可带动磁铁旋转，从而在线圈中产生交流电。为了使发电机输出直流电，1833 年，皮克西之兄 M.H. 皮克西（1804—1851 年）根据安培的建议，在发电机中间隔板上装了一只换向器。换向器的 2 个接点与 2 个螺线管相连，另外 2 个接点与发电机引出线相连。摇动手轮使轴转动时，换向器的凸轮机构同步旋转，使接点开或闭，这样输出的电流就变成直流。皮克西手摇发电机是世界上最早报道制成的直流发电机，这台发电机示意图如图 13-5 所示。

● 萨克斯顿直流发电机。受皮克西发电机的启发，英国仪器制造商萨克斯顿（1799—1873 年）从 1833 年 7 月起研究发电机，也制成一台手摇直流发电机（图 13-6），用作实验室电源的供电。该发电机与皮克西发电机相反，是永久磁铁固定，线圈旋转。当时，一般磁铁比较笨重，线圈相对较轻，他让磁铁固定不动，而让线圈转动。当线圈在固定的磁铁中运动，切割磁力线时，就能产生电流。皮克西发电机和萨克斯顿发电机产生的电压都很低，实用价值不大。

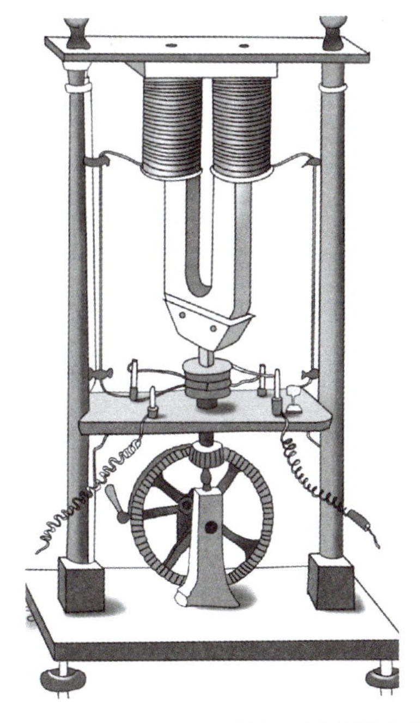

图 13-5　皮克西兄弟的手摇式发电机

图 13-6　萨克斯顿手摇直流发电机（1833 年）

● 克拉克制成了世界上第一台有使用价值的直流发电机。1835 年，英国科学仪器制造师克拉克制成了世界上第一台有实用价值的直流发电机（图 13-7），它也是一台电枢（由两个单独线圈连接而成，每个线圈约 1500 匝）旋转，马蹄形永久磁铁（磁极）固定的手摇直流发电机。用手转动圆盘，带动线圈旋转，切割磁力线而在线圈中产生交流电，然后通过装在轴上的金属换向器而输出直流电。

● 惠斯通发电机。查尔斯·惠斯通（1802—1875年）（图13-8）是19世纪英国著名的物理学家，他一生在多个方面为科学技术的发展做出了贡献。

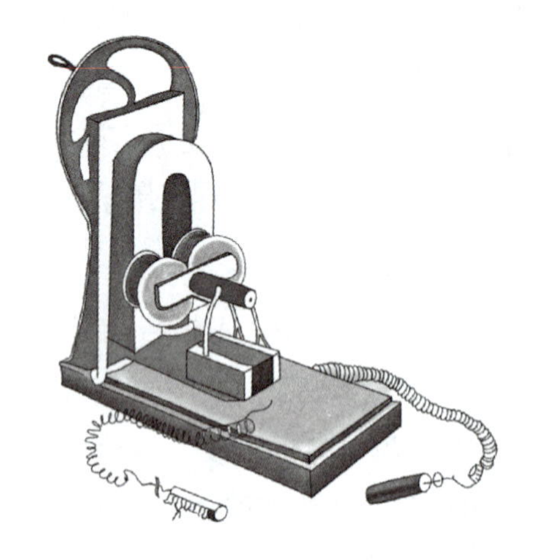

图13-7　克拉克手摇直流发电机（1835年）

图13-8　查尔斯·惠斯通

1840年，英国物理学家惠斯通制成了电报机用直流发电机（图13-9），当以一转每秒的速度旋转手柄时，开路端电压为16伏，该直流发电机磁极间设有换向器，输出单项脉动电流。1841年，惠斯通对这台发电机进行了改进，设计了如图13-10所示的直流发电机。这台发电机有5只电枢，装在1根公用轴上，5只电枢置于6个马蹄形磁铁之间，这5只电枢在空间上互差1/5周。5只电枢都分别接有1个换向器，所有电枢的输出电流串联在一起。采用这种结构后，发电机输出的电流波形显然比单个电枢的好得多。

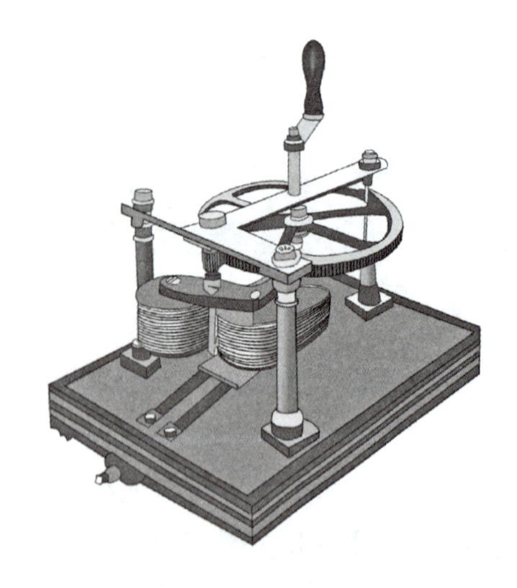

图13-9　惠斯通的直流发动机

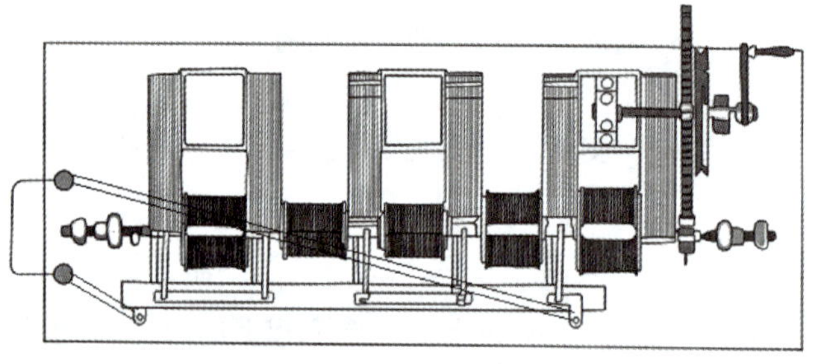

图13-10　惠斯通多电枢直流发电机（1841年）

● 第一台工业用直流发电机。1842 年，英国化学家伍尔里奇制造了一台电镀用伍尔里奇发电机，如图 13-11 所示。该机高 1.6 米，木架的上、下、左、右四方布置 4 只马蹄形磁铁，电枢则由一个圆盘和装在上面的 8 只线圈组成。这是第一台工业用直流发电机。

● 西门子发电机。1866 年西门子的创始人维尔纳・冯・西门子制成直流自激、并激式发电机，是一台大功率直流电机。

1866 年，英国人惠斯通和德国人西门子都声称他们发明了自激式发电机。这种发电机使用的电磁铁不是由电池供电，而是把发电机本身产生的电流接到软铁上，使它变成电磁铁。由电磁感应可知，线圈只有在磁铁间转动，才会产生电流，如果线圈在铁块间转动也会产生电流吗?

这种发电机的线圈在开始转动时，并没有电磁铁，它只是在两个软铁块间转动，如何能产生电流呢？由法拉第对磁性的研究可知，铁属于顺磁性物质，它本身是具有一点点磁性的，这点磁性就足以使线圈产生微弱的电流。这个电流供给电磁铁后，电磁铁的磁性随着电流的增加会增强，电磁铁磁性增强，在里面转动的线圈产生的电流也就增加。这样，电流增加供给电磁铁的电流也就越大，电磁铁的磁性也就越强。如此循环下去，发电机产生的电流也就越大。1866 年，西门子完成了一生中最大的成就，发明了西门子发电机，如图 13-12 所示，这一发明标志着人类电气时代的到来。

图 13-11　伍尔里奇发电机

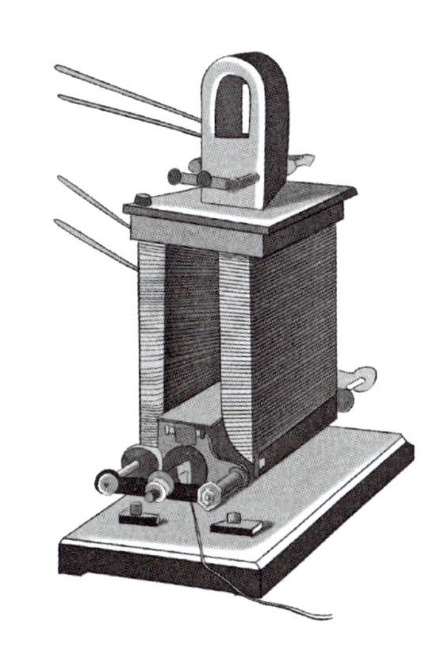

图 13-12　西门子发电机（1866 年）

1867 年西门子在巴黎世界博览会上展出了第一批样机。这样，西门子就首次完成了把机械能转换成为电能的发明，从而开始了 19 世纪晚期的“强电”技术时代。

● 格拉姆发电机。西门子的新型发电机问世后不久，意大利物理学家帕其努悌于1865年发明了环状发电机电枢。这种电枢是以在铁环上绕线圈代替在铁芯棒上绕制线圈，从而提高了发电机的效率。

图13-13　格拉姆

实际上，帕其努悌早在1860年就提出了发电机电枢的设想，但未能引起人们的注意。1865年，他又在一本杂志上发表了这一独创性见解，仍未得到社会的公认。

第一个注意到帕其努悌设想的是比利时人格拉姆（图13-13）。格拉姆1826年出生在比利时一个公务员家庭。他在学校的成绩实在欠佳，不过他的双手非常灵巧，摆弄电气设备的确是一个高手。1856年，格拉姆来到巴黎地区生活。他在一家专门制造电气设备的公司里谋到一份工作。到了1869年，格拉姆在研究电学时，看到帕其努悌的设计方案，采纳了西门子的电磁式发电机原理进行研制，于1870年制造出一种新的发电机，解决了西门子发电机电机过热的问题。

从真正意义上来说，比利时的格拉姆制造出了世界上第一台实用的发电机（图13-14）。1870年，格拉姆公布的发电机采用了用铁丝绕成环状的电枢（图13-15），在环与环之间夹上纸进行绝缘，然后将环捆在一起作为铁芯，在其上面绕上导线线圈，用这个铁芯取代西门子电机中的实心铁芯，线圈在电磁铁中旋转就产生电流 。格拉姆的发电机，线圈组数较多，电流的变化比较小，接上整流器，就形成了比较平稳的直流电，方便实用。发电机的线圈不怕过热，可以连续运转提供连续电流。这种发电机由蒸汽机驱动，被广泛应用到航标灯、工厂照明等领域。

图13-14　第一台实用发电机

图13-15　发电机采用了环状电枢

格拉姆发电机的性能好，所以销路很广，格拉姆因此被人们誉为“发电机之父”。

- South Point 灯塔用联盟牌直流发电机。1857 年，英国的霍姆兹提议将发电机发电应用到航标灯照明上去，这个建议被采纳之后，一组大型的磁铁发电机就开始建造了。该发电机占地 1.5 平方米，重量约 2 吨，转速 600 转 / 分，由蒸汽机带动。虽然其输出功率只有 1.5 千瓦，但是因为它能使电弧光灯非常亮，特别适用于航标灯，所以欧洲各国也开始推广使用这种发电机。

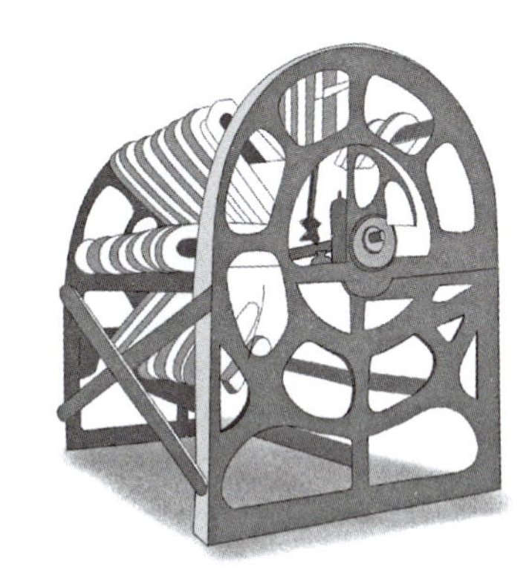
图 13-16　South Point 灯塔用联盟牌直流发电机（1867 年）

图 13-16 为 1867 年在 South Point 灯塔投入运行的一台 3.2 马力发电机，铁质机架，56 只永久磁铁，电枢旋转 400 转 / 分。96 只线圈，布置在 8 个圆盘上。联盟牌发电机是发电机进入工业、商业领域的里程碑，也是直流发电机由低电压、小功率进入较大功率、较高电压的转折点，是直流发电机走出实验室、进入人类社会生活的第一步。联盟牌发电机是人类历史上有真正使用价值的发电机，也是最早批量生产的发电机。

随着发电机的逐渐大型化，转动发电机的动力也发生了变化，其中以水力作动力更使人们感兴趣。利用水力发电必须将发电机安装在水流湍急的地方，也就是水流落差大的地方。这样，就必须在山中河流的上游发电，然后再输送到远方。

为了远距离输送电，就要架设很长的输电线。但是，输电线通过很强的电流时，就会发热，这样，好不容易发出的电能在送往远方的途中，却因为电线发热而损耗了。

将直流发电机改为交流发电机比较容易，去掉整流器就行了。所以，西门子公司的阿特涅便于 1873 年发明了交流发电机，此后，对交流发电机的研究工作变得盛行起来，从而使这种发电机得到了迅速的发展。

1878 年，俄国人亚布洛切夫研制出了给灯泡供电的交流发电机。之后不久，另一个俄国人多布，发明了今天我们广泛使用的三相交流发电机。

直流发电机和直流电动机可以互换。从基本电磁情况来看，一台直流电机原则上既可作为电动机运行，也可以作为发电机运

行，只是约束的条件不同而已。在直流电机的两电刷端，加上直流电压，将电能输入电枢，机械能从电机轴上输出，拖动生产机械，将电能转换成机械能而成为电动机；如用原动机拖动直流电机的电枢，则电刷端可以引出直流电动势作为直流电源，可输出电能，电机将机械能转换成电能而成为发电机。同一台电机，既能作电动机也能作发电机的这种原理在电机理论中称为可逆原理。

第 14 章
直流电动机的诞生

电动机的作用是将电能转换为机械能，因输入的电流不同，可分为直流电动机和交流电动机。用直流电来驱动的电动机就叫直流电动机。

● 直流电动机的基本结构。直流电动机的基本结构如图 14-1 所示，直流电动机由定子和转子两部分组成，其间有一定的气隙。其构造的主要特点是有一个带换向器的电枢。直流电动机的定子由机座、主磁极、换向磁极、前后端盖和刷架等部件组成。其中主磁极是产生直流电机气隙磁场的主要部件，由永磁体或带有直流励磁绕组的叠片铁芯构成。直流电动机的转子则由电枢、换向器和转轴等部件构成。其中电枢由电枢铁芯和电枢绕组两部分组成。电枢铁芯由硅钢片叠成，在其外圆处均匀分布着齿槽，电枢绕组则嵌置于这些槽中。换向器是一种机械整流部件，由换向片叠成圆筒形后，以金属或塑料夹件成型为一个整体，各换向片间互相绝缘。换向器质量对运行可靠性有很大影响。

● 直流电动机工作原理。直流电动机工作原理如图 14-2 所示，给直流电机电刷加上直流，则有电流流过线圈，根据电磁定律，载流导体将会受到电磁力的作用。两段导体受到的力形成转矩，于是转子就会逆时针转动。要注意的是直流电机外加的电源是直流，但由于电刷和换向片的作用，线圈中流过的电流却是交流，因此产生的转矩方向保持不变。

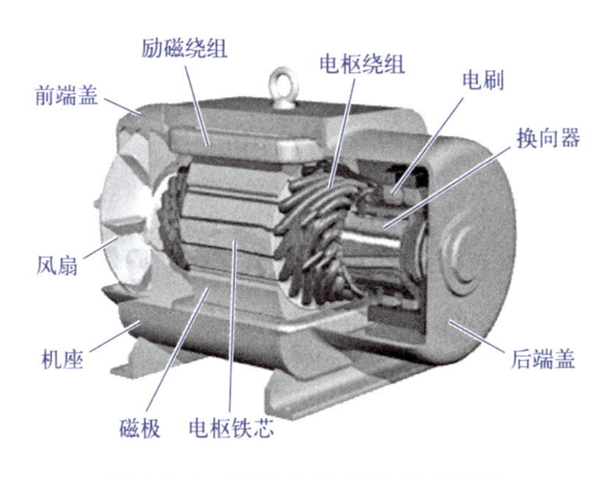

图 14-1　直流电动机的基本结构

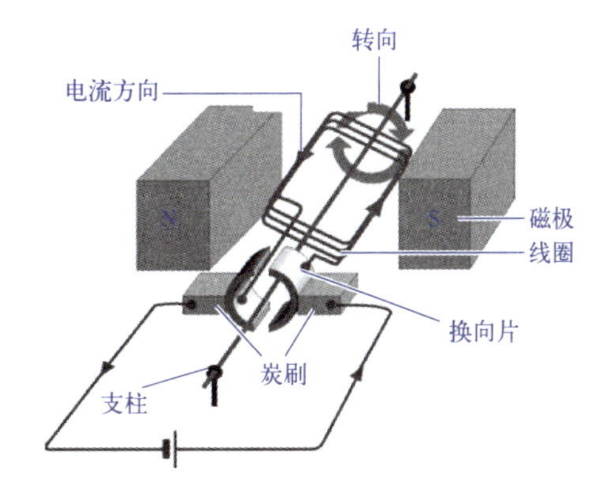

图 14-2　直流电动机工作原理示意图

直流电机的结构多种多样，但原理相同。定子上总有一对直流励磁的静止的主磁极 N 和 S，旋转部分（转子）上安装有电枢铁芯。线圈的首和尾分别连接到两个圆弧形的铜片上，即换向片，换向片之间是绝缘的。当电枢转动时，电枢线圈通过换向片和电刷与外电路接通。定子部分的主磁极的作用就是建立主磁场。绝大多数的直流电机的主磁极不是来源于永久磁铁，而是由励磁绕组通以直流电流来建立的。

转子部分的电枢铁芯是主磁路的组成部分，电枢绕组由一定数量的电枢线圈按照一定的规律连接组成，是直流电机的电路部分，产生感生电动势，进行机械能与电能的转换。而换向器在直流发电机中主要起整流的作用，而在电动机中起的是逆变作用。

● 人类历史上的第一台电动机。1820 年，奥斯特发现了电流的磁效应，开启了电磁学的新篇章，从此，电和磁的实验引起了许多科学家的兴趣。法拉第就对此发生了极大的兴趣。他重复奥斯特的实验，并着手探索新的实验。

法拉第敏锐地看出了奥斯特发现的重要意义，他花了三个月时间查阅了有关电流磁效应的一切文献，认真分析了奥斯特发现电流使磁针偏转的实验，经过反复实验和思考，他想到既然磁针试图绕着导线转，那么，按照作用力和反作用力原理，导线也必定是试图绕着磁针转的。在 1821 年圣诞节的早晨，法拉第第一次给他的妻子表演了电磁旋转实验。在一个玻璃杯中装入水银，杯中固定一根永久磁铁棒，导线的上端悬在支架上可以自由旋转，下端则没入玻璃杯的水银中。接上电池后，电流流过导线，与永久磁铁棒互相作用而使导线绕永久磁铁棒旋转，旋转方向与永久磁铁棒的极性有关，也与导线中的电流方向有关，改变永久磁铁棒极性或导线中的电流方向就可以改变导线的旋转方向。

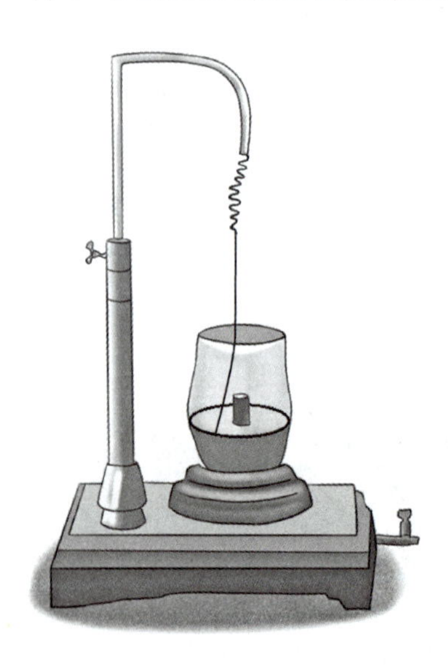

图 14-3　法拉第电动机之一（1821 年）

法拉第的这个实验是人类历史上第一次利用电流磁效应将电能转换成旋转运动的机械能。该实验装置已包含现代电动机的基本原理和最基本的结构，导线相当于电枢，是转动部件（转子）；而永久磁铁棒相当于现代电动机的磁极，为静止部件（定子）。所以图 14-3 这个装置实际是人类历史上第一台电动机。

后来，法拉第曾对首台电动机进行过多次改进。图 14-4 为改进后的一种电动机的示意图。通电后，在电流与磁铁的相互作用下，左边的磁铁棒将绕导体旋转，而右边的导体将绕磁铁棒旋转。图 14-5 为另一种改进的法拉第电动机，AB 为用多根永磁细棍绑在一起组成的磁铁棒，EF 为可以绕金属支棍 D 旋转的矩形导线，M 为平台，平台上置有水银槽，导线 EF 的两端浸入水银中。接上电池，在电流和磁铁磁场的共同作用下，矩形导线 EF 就绕 D 旋转。在这台电动机中，矩形导线 EF 为电枢，是转子；永久磁铁 AB 为磁极，是定子。

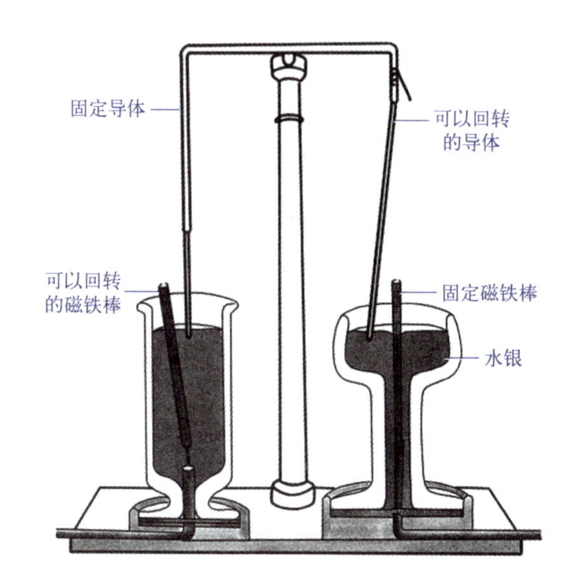

图 14-4　法拉第电动机之二

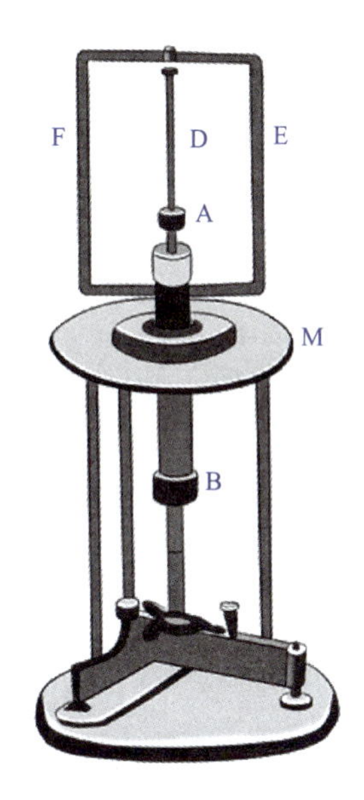

图 14-5　法拉第电动机之三

● 亨利电动机。1831 年，亨利发表了题为《利用磁的吸引力和排斥力产生往复运动》的论文，首次引入了“电动机”这个名词，提出了制造电动机的设想，并预言电动机的重要性无论怎样强调也不嫌过分。电动机可以按要求造得极大或极小，可以从几英里之外接来电流使它运转，既能马上启动又能立即停止。同年，亨利制成了一台摆动式直流电动机（图 14-6），“冂”形软铁棒（7 英寸长）的两边线圈（线圈全长 25 英尺）分别通过水银杯与电池相连，线圈中电流应使通电后的电磁铁与相邻永久磁铁间产生排

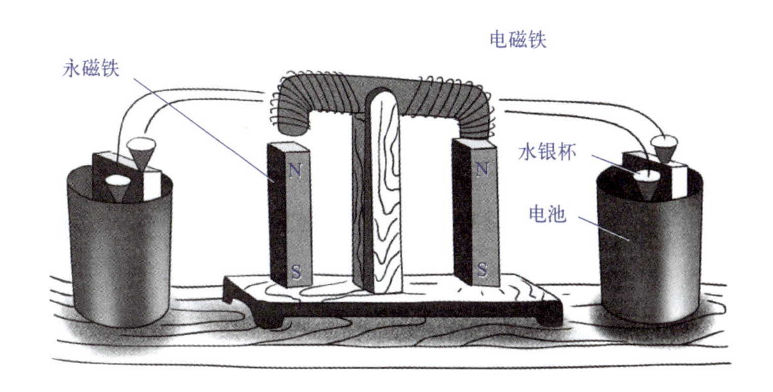

图 14-6　亨利摆动式电动机原理图（1831 年）

斥力。例如，当软铁棒右端下落，右边的线圈两端插入水银杯中，与电池接通，软铁棒成为电磁铁，右边成为 N 极，与永久磁铁 N 极间产生排斥力，使“冂”形软铁棒右边抬起，右边线圈两端与水银脱开，线圈断电；与此同时，左边软铁棒落下，左边线圈两端与左边电池接通，周而复始，使“冂”形软铁棒不停地上、下摆动，摆动频率为 75 次 / 分。

● 内格罗摆动式直流电动机。1830 年，内格罗发明了一台摆动式直流电动机（图 14-7）。该电动机的电枢为一块中心支撑（或悬吊）的永久磁铁，永久磁铁置于电磁铁的两个磁极之间，电磁铁线圈与电池相连。线圈通电后，电磁铁产生磁性，与永久磁铁间相互作用，使永久磁铁转动。再借助一个换向器，改变电磁铁线圈中的电流方向，不断改变电磁铁的极性，使之与永久磁铁间时而吸引，时而排斥，产生摆动，然后，再利用一个棘爪机构，将永久磁铁的摆动变为回转运动。

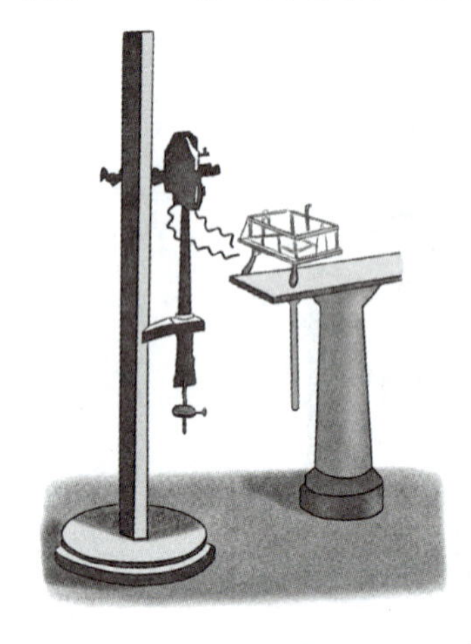
图 14-7　内格罗摆动式电动机（1830 年）

● 里奇电动机。1833 年，英国伦敦大学的里奇制成了一台如图 14-8 所示的电动机，它是一台装有换向器，线圈（电枢）旋转而永久磁铁（磁极）固定的电动机。

1834 年，里奇在美国制成了一台如图 14-9 所示的电动机，图中，N、S 为马蹄形永久磁铁的两个极，AB 为电磁铁（电枢），C 为换向器。当电磁铁 AB 接通电流后，与永久磁铁 NS 间产生吸引力、排斥力，使电磁铁 AB 旋转。当 AB 正对 NS 时，换向器 C 改变电磁铁 AB 中的电流方向，利用 AB 的惯性运动，重新使 AB 产生排斥力、吸引力，从而使电磁铁 AB 连续旋转。

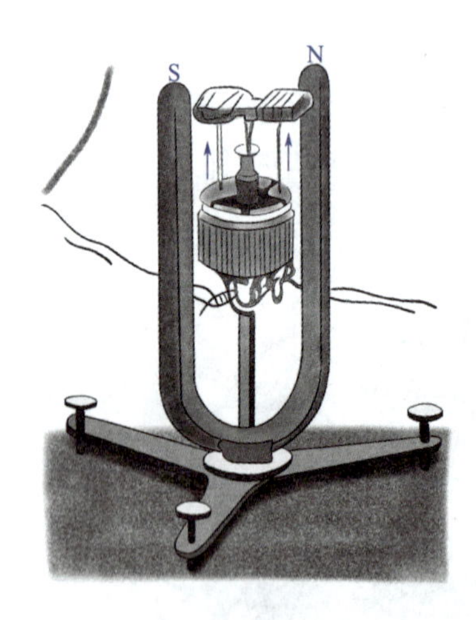

图 14-8　里奇旋转电动机之一（1833 年）

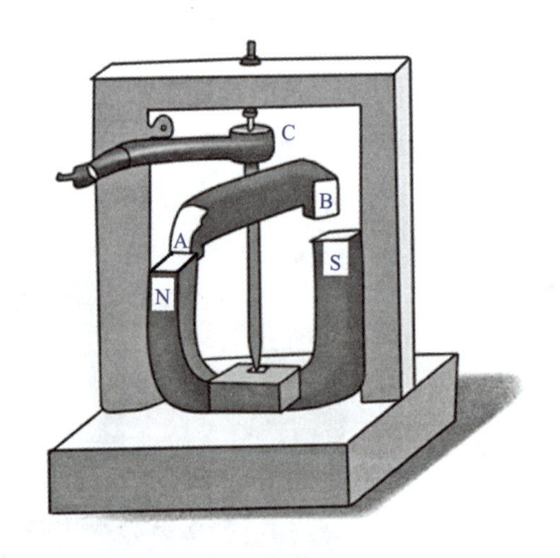

图 14-9　里奇旋转电动机之二（1834 年）

里奇电动机已具有现代旋转电动机的结构雏形，是现代电动机发展史上的一个里程碑。

● 达文波特电动机。达文波特（图 14-10，1802—1851 年）出生于美国一个贫困的农家，他 14 岁到铁匠铺当学徒，7 年后自开铁匠铺打铁。1833 年，他专程到纽约的 Crown Point，观看亨利的电磁铁表演。仅仅 3 磅重的电磁铁居然能吸持起 150 磅重的铁砧，他为电磁铁“将铁砧悬在天地之间”的魔力所震惊。回去后他说服了他的哥哥，卖掉马和马车，用 75 美元买回了这块电磁铁。回到家后，他边研究、边制造，制成了几个功率更大的电磁铁，并设想用电动机代替蒸汽机推动轮船航行。经过多次实验，1834 年初，他实现了将电磁铁的直线运动变为旋转运动，制成了一台旋转直流电机。同年 7 月，他用发明的电动机驱动一个直径 7 英寸的轮子，以 30 转 / 分的速度前进。该电动机有 4 个电磁铁，2 个装在轮子上，另外 2 个静止，靠近轮子的外缘，利用轮子上电磁铁和静止电磁铁之间的吸力推动轮子前进。轮子转动时，轮上的电磁铁随之转动，当两组电磁铁互相平行时，静止电磁铁上的线圈的极性改变，与轮上电磁铁间又产生推力，使轮子继续前进。这是人类第一次以电动机作为原动力的尝试，尽管该电动机的功率不大（约 0.02 马力），但它开创了电动机应用的先河，其意义是不可低估的。

图 14-10　达文波特

1835 年，达文波特又发明了由绝缘扇形片组成的换向器，并对电动机进行了改进。达文波特向美国专利局呈递了他的电动机模型和专利材料，不幸的是专利局失火烧毁了他的模型和材料。但达文波特并不气馁，又重新制成了一个电动机模型，重写了专利材料。1837 年，美国专利局公布了达文波特的专利，图 14-11 为专利说明书附图。这是人类历史上第一个电动机专利。达文波特的电动机专利公布后引起了很大的反响。纽约先驱报评论说：哲学革命——新文明的曙光……这也许是古往今来的最重大的发现，世界上曾经出现过的最重大事件。后来，他又改进了电动机结构，并用它驱动印刷机印刷报纸，获得成功。

图 14-11　达文波特电动机专利说明书上的附图

● 雅可比直流电动机。1834 年，雅可比制

成了一种简单的装置：在两个U形电磁铁中间，装一六臂轮，每臂带两根棒形磁铁，通电后，棒形磁铁与U形磁铁之间产生相互吸引和排斥作用，带动轮轴转动。1838年，雅可比做了一个大型的装置装在小船上，用320只丹尼尔电池供电，小船首次航行速度只有2.2千米/时。与此同时，美国的达文波特也成功地制出了驱动印刷机的电动机。但这两种电动机都没有多大商业价值，用电池作电源，成本太高，不实用。

雅可比（图14-12）是著名的俄国科学家，圣彼得堡科学院院士。他生于德国，就读于柏林大学，17岁移居俄国。1834年5月，雅可比向法国科学院递交了一篇论文，阐述用电磁法产生旋转运动的方法。同年11月他在圣彼得堡科学院宣讲了他的论文。也就是说，雅可比提出的电动机设计比达文波特的首次电动机实验（1834年7月）还早两个月。图14-13为雅可比电动机模型。电动机由2组电磁铁组成，每组8只，一组固定在支架上，另一组则固定在可以旋转的圆盘上，旋转圆盘的轴上还装有换向器。通电后，利用2组电磁铁间的吸引、排斥作用，使旋转圆盘连同固定在上面的1组电磁铁旋转，同时借助换向器改变该组电磁铁的极性（每转1周，磁铁的极性变换8次），从而使轮子不停旋转。后来，雅可比对该电动机进行了多次改进。1843年，雅可比在电动机的两个星形轮盘上分别布置12只马蹄形永久磁铁（磁极），两个轮盘间布置一个可以旋转的轮盘，其上装有电磁铁棒（电枢）和换向器，通电后，利用磁铁间的吸引和排斥作用即可实现不停旋转。

图14-12　雅可比

图14-13　1838年的雅可比电动机模型

1838年，俄国尼古拉皇帝资助雅可比12000美元，进行电动机实际应用实验。雅可比在一条28英尺长、7英尺6英寸宽的船上装了20台如图14-13所示的雅可比电动机（每台电动机的功率仅 15 瓦左右），用 320 只丹尼尔电池供电。该船载有 14 名乘客，在俄国中部的涅瓦河上进行了史无前例的电动轮船实验。由于电动机是采用电池供电，电池很重，功率并不大。因此，试航虽然成功了，但因航速太慢，还不及当时的人力船，所以并没有多大实用价值。

雅可比电动轮船实验是人类历史上第一次电动机实际应用的实验，虽然实验效果并不理想，但它打开了电动机应用大门，为电动机的应用起到了示范作用。

● 电动机究竟是谁发明的？在科技史上，对“电动机是谁发明的”这个问题是存在分歧的，史学界的认识也不统一。

认为电动机是法拉第发明的人，认为法拉第 1821 年 9 月进行了著名的水银杯实验，首次实现了将电力转换成连续旋转的机械运动，该实验装置就是一台最原始的简单电动机。

认为电动机是内格罗发明的人，将内格罗 1830 年制成的摆动式电动机视为人类历史上第一台电动机。

认为电动机是亨利发明的人，认为法拉第的水银杯实验装置只不过是一种科学的玩具，还没有电动机的概念，而亨利 1831 年发表的文章中就提出了制造电动机的设想，预见了电动机应用的广阔前景，引入了“电动机”这一术语，所以电动机的发明人应该是亨利。

认为电动机是由里奇发明的人，将 1833 年里奇制成的线圈旋转、永久磁铁固定的电动机，视为人类历史上第一台电动机。

认为电动机是由达文波特发明的人，认为 1837 年，达文波特在美国专利局取得人类第一个电动机的专利，因此，电动机的发明权非达文波特莫属。

电动机究竟是谁发明的呢？是法拉第、内格罗、亨利、里奇，还是达文波特？科学界认为，所谓发明，是人们利用对客观事物、规律的认识能力所做出的从无到有的技术创作。法拉第 1821 年的水银杯实验装置是他了解奥斯特电流磁效应以后，在进行电磁实验的过程中发明的，该装置在人类历史上首先实现了将电能转换成连续旋转的机械能，已具有现代电动机的电枢（通电导体）和磁极（永久磁铁棒）等基本元件，所以该实验装置应是人类历史上第一台电动机，尽管它很简单、很原始。因此法拉第当之无愧是电动机的发明人。至于内格罗、亨利、里奇、达文波特，他们虽然不是电动机的发明人，但他们都为电动机的发展做出了里程碑式的贡献：内格罗制成了第一台基于磁铁间相互作用的磁铁式电动机；亨利首先提出了电动机及其应用的概念；里奇制成了类似现代电动机结构的首台旋转电动机；达文波特取得了第一个电动机专利发明权，并开电动

机应用之先河。

趣闻轶事

● 搭错线改写历史。1838 年，世界上第一艘电机船携带着 40 部电机和 320 只丹尼尔电池，在俄罗斯中部的涅瓦河上完成了它的首秀。之后，形式各异的电动机层出不穷，但是它们必须用丹尼尔电池来供电，这种电池供给的电流很小，成本太大、极不实用。丹尼尔电池的这些致命弱点让电动机的应用陷入困境。然而，1873 年维也纳世博会中一个不经意的错误操作却改写了电动机的历史。

1870 年，年近半百的比利时人齐纳布·格拉姆根据帕其努悌的设计方案，兼纳西门子的电磁铁式发电机原理，制成了性能优良的发电机。不同于先前的实验性装置，格拉姆的作品是真正能用于工业生产的发电设备。他希望把这种发电机加以推广，大规模制造。当时，格拉姆已经是发明圈内小有名气的人物，但在普通人眼里，他顶多是个工匠兼小工厂的小老板，他的推广计划陷入停顿。

这一时期，世博会对工业发明应用的影响，以及通过举办世博会来提高国家地位的作用，已经得到越来越多的认可。对于格拉姆这样的天才工匠， 世博会无疑是个大展拳脚的好“舞台”。1873 年，格拉姆带着他的环状电枢自激直流发电机和一腔热情来到维也纳世博会。然而，展区里“明星”辈出，包括世界强国的工业制成品和新近的发明，格拉姆小工厂的环状电枢自激直流发电机像个灰姑娘，是那么不起眼。这个巴黎来的大胡子工匠——格拉姆有些信心不足了。

然而，在世博会开幕后不久，一系列的意外出现了。维也纳股市全面崩溃，经济危机笼罩着多瑙河的天空。不到一个月，13 名居住在多瑙河世博旅馆中的游客患上了霍乱。在 6 ~ 10 月的 140 多天里，有 2800 多人死于霍乱。这些意外使得参展游客很少，展会的气氛没有想象中好。也许是眼前门庭冷落的场景有点始料未及，也许是被强国的发明展品和强大宣传所深深震撼，有些心不在焉的格拉姆在一次布展的时候，犯了一个粗心的错误，他竟然糊里糊涂地接错了线，把其他发电机发的电，接在了自己发电机的电流输出端。格拉姆还没有来得及撤回操作，却惊奇地发现另一幕：第一台发电机发出的电流，进入第二台发电机电枢线圈里，使得这台发电机迅速转动起来，发电机变成了电动机。

只要用发电机提供的电力，就能使电动机运行起来，圈内人士多年来做梦都在寻找的廉价电能，就在这不经意间被发现了。闻讯而来的工程师、发明家们欣喜若狂，格拉姆成为当届世博会最耀眼的明星。

大胡子格拉姆瞬间成为“大发明家”，并被后世誉为“电动机之父”。他的环状电枢自激直流发电机被证明性能优良，得以大规模生产使用。

● 左手定则——电动机定则（图 14-14）。把左手放入磁场中，让磁力线垂直穿入手心，四指指向电流方向（即正电荷运动的方向）则大拇指的方向就是导体受力方向。用于电动机及其他受安培力的场景，判断通电导体在磁场中的受力（电动机扭力）方向，因此左手定则又叫电动机定则。

● 直流发电机中换向器的工作原理（图 14-15）。换向器是直流发电机最重要的部件之一，对于发电机，是将电枢绕组元件中的交变电势转换为电刷间的直流电势；对于电动机则是将输入的直流电流转换为电枢绕组元件中的交变电流，产生恒定方向的电磁转矩。

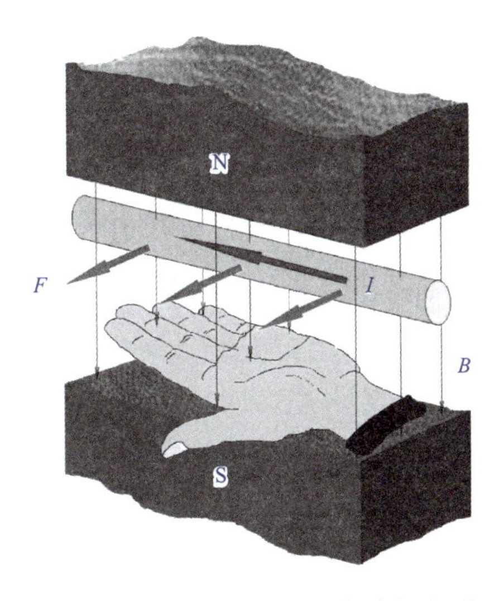

图 14-14　左手定则——电动机定则

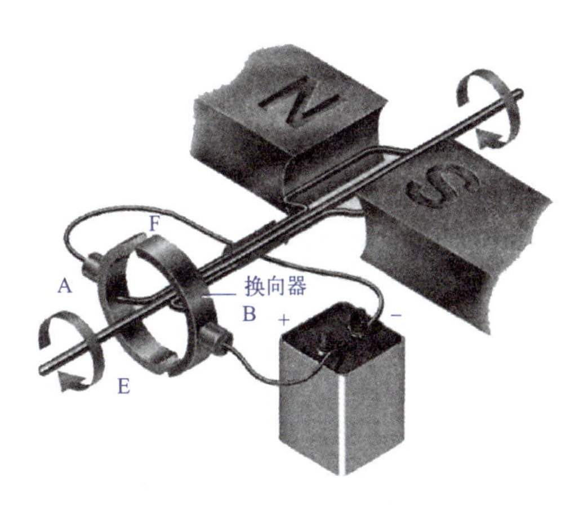

图 14-15　直流发电机中换向器的工作原理

直流发电机上下机座是固定的磁极，假设上面是 N 极，下面是 S 极。在两极之间是一个转动的圆柱体铁芯，称为电枢。磁极与电机铁芯之间的缝隙称为气隙。在电枢表面槽中安放着环绕着的导体，称为电枢绕组，线圈两端分别连到两个相互绝缘的半圆形铜换向片上，由换向片构成的圆柱体称为换向器，它随电枢铁芯旋转。换向器上紧压两个电刷，电刷固定不动。转子旋转时在电磁力的作用下绕组内产生电流，在两个绕组内的产生的电流方向相反，但因电刷不随换向片旋转，电刷上的极性始终不变。可见直流发电机电枢绕组内感应的电动势为交流电动势，但由电刷引出的却是经过机械整流的直流电动势。这也就是换向器的作用。

第15章
“电流之战”的最后赢家

尼古拉·特斯拉（图15-1）一生的发明数不胜数。1882年，他在爱迪生发明直流电后不久，就发明了交流电；1880年，他发明并制造出世界上第一台交流发电机，并始创多相传电技术；1886年，发明了两相异步电动机；1895年，他替美国尼亚加拉发电站制造发电机组，该发电站至今仍是世界著名水电站之一；1897年，他使马可尼的无线通信理论成为现实；1898年，他又发明无线电遥控技术并取得专利；1899年，他发明了X射线摄影技术。其他发明包括：特拉斯变压器、太阳能系统、收音机、雷达、传真机、真空管、霓虹光管……1896—1899年实现了200千伏、架空57.6米的高压输电，制成著名的尼古拉·特斯拉线圈。为表彰他在交流电系统的贡献，国际电气技术协会决定用他的名字作为磁感应强度的单位。

图15-1　尼古拉·特斯拉

● 尼古拉·特斯拉。1856年，尼古拉·特斯拉出生于克罗地亚斯米连村的一个塞尔维亚族家庭，父亲是一所教堂里的牧师。1880年，他毕业于布拉格大学，1889年移民美国成为美国公民，并获取耶鲁大学及哥伦比亚大学名誉博士学位。

特斯拉自小对科学就有浓厚的兴趣。在5岁时，他已经开始自己的发明生涯了。当年他自制了一台崭新的无叶片小水车，这种小水车不但能顺利地在河流中转动，而且比一般水车转动得更快。

正因为特斯拉对科学的热衷和坚持，他的父亲亦同意他在自然科学领域内发展，并没有勉强他成为一位传教士。

● 交流电动机之梦。上大学时，特斯拉就开始思考改进交流电机，后来这成为他最重要的发明。一天，他看到教授试图控制直流电机电刷整流子发出的令人讨厌的火花。电刷整流子是用铜线制作的电触点，每旋转一周，电触点两次改变电流方向，产生的反向磁场保持转子转动。特斯拉向老师建议，或许可以设计出没有整流子的电动机。学生的无礼让老师很生气，这位老师告诉他，不可能创造出这样的电机，最后还说：“特斯拉或许可以干出大事来，但他肯定永远也造不出这样的电机。”然而，老师的讥讽更加激起了这位年青人的抱负。在格拉兹大学和布拉格大学求学期间，特斯拉一直在思考如何制造无火花电动机。

1881 年，特斯拉前往布达佩斯。有一次，他在和大学的朋友散步时，突然冒出了一个大胆的想法：与其改变转子中的磁极，还不如改变定子中的磁场，这样的设计就可以省去产生火花的整流子了。特斯拉知道，如果让定子中的磁场旋转，它就会在转子中诱生出一个相反的电场，从而使转子转动。他猜想，用交流电而不是直流电就可以产生一个可以旋转的磁场，但当时他并不知道怎样才能实现。

在接下来的几年里，特斯拉刻苦学习发明电动机所需要的各种实用知识。根据在布达佩斯产生的猜想，特斯拉开始在电动机里引入多相交流电。这种做法也是有违常规的，因为当时大多数实验专家在他们的系统中都只采用单相交流电。

1886 年 9 月，特斯拉发现，将两股独立的交流电施加到定子两个相对面的绕组上，就可以获得一个旋转的磁场。按现代的电磁学原理解释，这两股电流相位相差 90°，电动机靠两相电流驱动。它是根据电磁感应原理制成，又称感应电动机。如图 15-2 所示两相异步电动机，所谓两相，指的是转动部分（转子）有两组线圈，由两组电流供电，转速比较平稳。特斯拉很兴奋，申请了多项专利，全面地保护了旋转磁场这一原理。在这些专利中，他提出多相交流电可以远距离输送，这一构想对未来研究和应用非常重要。

图 15-2　特斯拉的两相异步电动机

图 15-3　乔治 · 威斯汀豪斯

● “电流之战”的最后赢家。1889年，特斯拉怀着成功的梦想，从欧洲移民美国，这是特斯拉第一次踏上美国国土，他来到了纽约，开始在爱迪生实验室工作。除了前雇主查尔斯·巴切罗所写的推荐信外，他几乎一无所有。这封信是写给托马斯·爱迪生的，信中提到“我知道有两个伟大的人，一个是你，另一个就是这个年轻人。”特斯拉来美国是因为他想制造交流发电机，但在德国和法国都没成功。他意识到全世界可能只有一个人能帮他，那个人就是托马斯 · 爱迪生。

尼古拉 · 特斯拉说：“我无比激动地去拜见爱迪生——这个用白炽灯改变世界的伟人。我迫不及待地向他展示，关于交流电动机的想法。”

由于爱迪生的实验是通过直流电建立起来的，所以他不喜欢别人谈论交流电。直流电的问题是不能改变电压，产生的电压有多大就多大，如果电压过高，电线另一端的灯就会灭。如果电压正好适用，但又想远距离传送，那就需要一根手臂粗的电线。爱迪生的雇员说：“没关系，我们每隔一英里就建一个发电站。”

如果使用交流电，远距离输电的问题将迎刃而解，发电机的功效也会有很大改进。此时的特斯拉，在这方面的研究已经有了新的进展，他相信，有朝一日，这项发明将开启工业文明的新时代。因为两人之间的重大分歧，特斯拉与爱迪生的关系并不融洽。不久，特斯拉离开了爱迪生的公司，成立了自己的实验室。

图15-4　特斯拉的交流电动机

后来，特斯拉得到企业家乔治·威斯汀豪斯（图15-3）的支持，开始研发埋藏在脑海多年的交流电。半年后，他研制的交流电发电机（图15-4）取得专利，并应美国电机工程师学会的邀请讲解和示范交流电发电的研究成果。交流电的效能比直流电优胜，因此交流电开始被广泛采用，并开始慢慢取代传统直流电的地位。

这位年轻人开始名利双收，惹得其他的发明家又是羡慕，又是嫉妒。交流电的出现，直接威胁到了爱迪生所经营的直流电照明生意。在巨大利益的驱使下，一场由爱迪生导演的好戏轰轰烈烈地上演了。他的目的非常明确，就是要诋毁交流电的名声，这就是著名的“电流之战”。尽管这场战争没有炮火硝烟，但人们依然看到了它残酷的一面。从珍贵的影像资料里，我们还能看见那些可怕的片段。爱迪生的雇员电死一头大象，以此说明交流电的危险。爱迪生还买通了一些政府官员，将当地的死刑由绞刑改为交流电电刑。在监狱里，一名死刑犯被押坐在一把特制的椅子上。当椅子被通上电后，现场目击证人称，犯人的脊背突然起火，几乎同时，这个倒霉的人就断气了。后来这把恐怖的椅子，一直被当作刑具使用，它就是让人谈之色变的电椅。

针对爱迪生的种种做法，特斯拉也做出了相应的回击。他发明了一个叫"哥伦布蛋"的东西，向人们展示交流电动机创造的旋转磁场，并且证明：只要不是用来故意犯罪，交流电是十分安全的。

图 15-5　特拉斯使电流通过自己的身体，点亮了电灯

为了改变公众对交流电的印象，证实交流电的安全性，特拉斯在芝加哥博览会的记者招待会上，使用电流通过自己的身体，点亮了电灯（图 15-5），甚至还融化了电线，使在场的记者一个个目瞪口呆[1]。这取得了极大的宣传效果，由此改变了公众对交流电的看法。博览会之后，交流电变得越来越普及，最终成为了我们今天仍在使用的主要电力系统，世界步入了交流电时代。

1893 年位于芝加哥的一次世界博览会开幕礼中，特斯拉展示了交流电如何同时点亮 90000 盏灯泡，震惊全场。因为这是直流电根本不能办到的。

哥伦比亚博览会将于 1893 年 5 月在芝加哥举行，展会的主办者决定使用供电系统。

爱迪生和别的公司联合起来组建了通用电气公司，他们当然想要揽到这个生意，他们的开价是 100 万美元，而西屋公司的开价是 50 万美元。很显然，西屋公司揽到了这个生意。

因此，为了报复，爱迪生公司生产的灯泡，一只也没卖给西屋公司，以至于在展会期间，西屋公司的人还在手忙脚乱地赶做灯泡。

特斯拉终于有了一个在芝加哥创造历史的机会，他设计制造的大型交流发电机将给整个展会提供电力，并以此证明这套设备可以被大规模地应用。

展会开幕当天，约十万名热情的观众涌进展会广场。夜幕降临，总统格罗弗 · 克利夫兰按下了按钮，刹那间，五颜六色的灯放射出耀眼的光芒，人们仿佛看到了新城市光明的未来。特斯拉最终成了"电流之战"的赢家。

特斯拉之所以有勇气离开并挑战爱迪生这个当时美国电气工业唯一的巨头，是因为他发明了整流器，一种能将交流电转换为直流电的神奇装置。通过这个发明，特斯拉捕捉到了强大却不可捉摸的电流，驾驭了桀骜不驯，被认为无法实用的交流电，从而让交流发电和输电，甚至是无线电变成了可能。这个魔术般的跃进直接挑战了爱迪生公司

[1] 这个实验很危险，请读者朋友们千万不要尝试哦！

功率弱、传输距离短的纯直流电系统。特斯拉在1893年成功实现了交流电照明，这标志着交流电的完全实用化，也代表特斯拉在这场电流战争中战胜了爱迪生。

- 免征收交流电的专利版税。科学家尼古拉·特斯拉一生都在不断研究，并取得近千个发明专利。可惜的是，他晚年却穷困潦倒、长年经济拮据。有些企业家利用了这位天才科学家的爱心和才华，骗取了他的研究成果和荣誉。可是，晚年的他依然为人类的幸福而努力研究和发明。

在特斯拉众多的发明里，人类最受惠的莫过于交流电及交流电发电机了。在世界的每一角落，经济的发展、科学的进步和生活的享受都有赖于交流电的帮助。交流电逐渐取代了直流电成为供电的主流后，由于特斯拉拥有交流电的专利权，所以在当时只要生产交流电就要向他支付专利使用费，瞬间他变得富甲一方。可是，当时一股财团势力威胁特斯拉放弃此项交流电的专利权，并意图独占牟利。结果，经过多番交涉后，特斯拉决定放弃交流电的专利权，但条件就是将永久公开交流电专利，交流电成为特斯拉免费给予这个世界的礼物。从此，他撕掉了交流电的专利，放弃了交流电的专利使用费。从此交流电再没有专利，成为一项免费的发明。一位对世界无私奉献的发明者，虽然一生经历了不少欺骗、冤屈、逼迫、恶意中伤和诋毁，甚至他一生无私的奉献却得不到后人的纪念和赞扬。可是世界却因为他的发明而彻底改变了。

趣闻轶事

- 早慧少年。特斯拉从小由母亲进行启蒙教育。他非常喜欢动手制作一些小玩具。据说他5岁的时候，就用竹子做了一个喷水枪。后来他又制造了一个水轮，当他看到水轮能在小河里产生动力的时候激动万分。1863年，特斯拉随全家迁往戈斯皮契市，转到城里上小学。特斯拉从大学预科毕业后，考入布拉格大学。在大学里，特斯拉对电学仪器和电话有极浓厚的兴趣。毕业后，他到布达佩斯的一个电话实验室工作，负责在布拉格和布达佩斯之间架建一个电话线，最终实现了两地之间的第一次通话。

你知道吗？

你知道什么是直流电和交流电吗？

如果在一个电路中，电荷沿着一个不变的方向流动，这就是直流电。在日常生活中，由电池提供的电流，就是直流电，电池有极性，分正极与负极。直流输电以其电容量大、稳定性好、控制调节灵活等优点受到电力部门的欢迎。

当电路中电流的方向随着时间的变化做周期性变化时，这种电流被称为交流电。现代发电厂生产的电能都是交流电，家庭用电和工业动力用电也都是交流电。它是目前发展最成熟的，在应用中具有主导地位的电能。

第 16 章
韦伯与磁通量

通过磁生电实验可以看出：磁场的强弱变化和通过线圈的磁的多少的变化，都可以在线圈内产生电流。因此，可以得出结论，只要通过线圈的磁量（强弱或多少）发生了变化，就会使线圈产生电流。

这个通过线圈的磁量，就是磁通量。磁通量的单位是“韦伯”（Wb），是为了纪念威廉·爱德华·韦伯而确立的单位。著名的现代物理学家爱因斯坦曾经师从韦伯学习物理学。

● 威廉·爱德华·韦伯（图 16-1）。1804 年生于德国维藤堡大学的一位神学教授家庭。1828 年在一次德国科学大会上由于宣读题为《风琴拍频的补偿》的文章，受到科学家洪堡和高斯的注意。1831 年被洪堡和高斯推荐担任哥廷根大学物理学教授，接替病故的迈尔教授的职务，并从此开始与高斯合作研究电磁学。1832 年，高斯在韦伯协助下提出了磁学中量的绝对单位。1833 年，他们发明了第一台有线电报机。

图 16-1　威廉·爱德华·韦伯

1838年3月至8月，韦伯出游柏林、伦敦和巴黎，此后一直生活在哥廷根，但并未任教。韦伯的贡献主要和哥廷根联系在一起，1843 年，韦伯被莱比锡大学聘为物理学教授。1843 ~ 1849 年间，韦伯对电磁作用的基本定律进行了研究。

19 世纪初，可测重量物体的整个运动理论都是从经典力学定律尤其是牛顿运动定律推导而得，并在天文学上获得了惊人的成功，但并不是所有已知的物理现象都能得到合理的解释，如何确定不可估计重量物体的电、磁、热等，仍旧没有解决的方法，这在当时是一个重要的研究领域。韦伯在莱比锡继续磁学的研究，他在莱比锡的研究在 1846 年提出电磁作用的基本定律时达到了顶峰。1849 年，韦伯重回哥廷根大学执教。

韦伯在电磁学上的贡献是多方面的。为了进行研究，他发明了许多电磁仪器。1841 年，他发明了既可测量地磁强度，又可测量电流强度的绝对电磁学单位的双线电流表。该电流表采用了双线圈设计，外面一个大线圈，里面套一个小线圈。1846 年，他发明了既可用来确定电流强度的电动力学单位，又可用来测量交流电功率的电功率表。1853 年，他发明了测量地磁强度垂直分量的地磁感应器。

他的最大贡献就是确定了电磁单位和电压（电动势）的绝对单位。

影响磁通量大小的因素有磁感应强度的大小 B、面积的大小 S、面积与磁场方向的夹角 θ，即

$$磁通量（\Phi）= 磁感应强度（B）\times 线圈的正对面积（S\cos\theta）$$

当磁极接近或离开线圈时，磁感应强度（B）发生了变化，从而使磁通量发生变化。当线圈在磁极中旋转时，正对面积发生了变化，从而使磁通量发生变化。自感情况和第一种情况相似，这两种情况都会在线圈中产生电流。

表示磁通量大小的单位是韦伯。当磁感应强度为 1 特斯拉，线圈的正对面积为 1 平方米时，穿过此线圈的磁通量就是 1 韦伯。

磁通量的另一个单位是麦克斯韦，是为了纪念电磁学大师麦克斯韦而确立的单位。韦伯和麦克斯韦的换算关系为：1 韦伯 =10^8 麦克斯韦。由于麦克斯韦单位太小，现在已经不常用了。

韦伯在 1870 年退休后，晚年又提出了策尔纳的电荷原子概念，他认为物质是由带电粒子构成的，这些带电粒子处于不同的稳定位置，符合韦伯力定律。利用这一模型，韦伯也解释了引力作用。韦伯和弗朗茨·诺依曼提出的远距离电动力学统治了电动力学理论，一直到麦克斯韦电场理论提出后才被取代，但是韦伯的原子结构模型在解释物质的电、磁、热特性方面是成功的。

韦伯和高斯提出的单位制于 1881 年在巴黎的一次国际会议上被确认，但是德国代表团团长亥姆霍兹在会议上建议用“安培”取代早已广泛使用的“韦伯”作为电流强度的单位。1935 年，“韦伯”成为磁通量的正式单位。

1891 年，韦伯在哥廷根去世，与马克斯·普朗克和马克斯·玻恩葬于同一墓区。

趣闻轶事

● 高斯与韦伯（图 16-2）。1828 年，韦伯参加了由洪堡组织的德国自然科学学者和医生协会第十七次大会，他的演讲给德国著名数学家高斯留下了深刻的印象，很少夸奖人的高斯在给德国天文学家约翰·弗朗

茨·恩克的信中写道“我的生活因为他的出现而变得更加精彩，他的性格非常亲切而又富有天赋。”

1830 ～ 1840 年间，高斯和比他小 27 岁的韦伯一起从事磁的研究，他们的合作是很理想的。韦伯做实验，高斯研究理论，韦伯引起高斯对物理问题的兴趣，而高斯用数学工具处理物理问题，影响韦伯的思考方法。

图 16-2　高斯和韦伯

1840 年，高斯和韦伯画出了世界第一张地球磁场图，而且定出了地球磁南极和磁北极的位置。1841 年美国科学家证实了高斯的理论，找到了磁南极和磁北极的确实位置。

韦伯与高斯结下了深厚的友谊，他们共事多年，合作研究地磁学和电磁学。他们在哥廷根市上空搭建了两条铜线，构建了第一台电磁电报机，在 1833 年的复活节实现了物理研究所到天文台之间距离约 1.5 千米的电报通信。1836 年，韦伯、高斯和洪堡建立了哥廷根磁学协会。高斯在给洪堡的信中写道：“我们的韦伯独自一人架设了电报线，表现出惊人的耐心。”

● 爱因斯坦的老师。1895 年秋，爱因斯坦参加了联邦工业大学的入学考试。考试科目很丰富，数学、物理、化学、图形几何学、政治史、文学史、德文、法文、生物、图画，还有作文。爱因斯坦名落孙山。靠背诵出成绩的科目，他一样都没考好，这很正常。但他有两科考得十分出色，数学和物理，这更正常。

联邦工业大学果然是个汇聚人才的胜地。那么多学科，那么多考生，其中一个考生仅有两科出色的表现，居然没能错过校方的认可。著名的物理学家韦伯教授伸出橄榄枝，表示愿意特许爱因斯坦来旁听自己的课。爱因斯坦记得这位老师就是测出了静电单位电量与电磁单位电量的比值、给麦克斯韦算出光速的韦伯。

你知道吗?

● 认识高斯。约翰·卡尔·弗里德里希·高斯（图 16-3）（1777—1855 年），德国著名数学家、物理学家。高斯从小喜欢读书、热爱学习，12 岁时就展现了卓越的数学才能，17 岁时发现了最小二乘法，18 岁时发现了数论中的二次互反律，19 岁时发现了用圆规和直尺作正 17 边形的方法，解决了这个 2000 多年悬而未决的难题。21 岁完成了历史名著《算术研究》，22 岁时

获博士学位。27岁被选为英国皇家学会会员。从1807年到1885年逝世，他一直担任哥廷根大学教授兼哥廷根天文台台长。他还是法国科学院和其他许多科学院的院士，被誉为历史上最伟大的数学家之一。他善于把数学成果有效地应用于天文学、物理学等科学领域，是著名的天文学家和物理学家，与阿基米德、牛顿并列，同享盛名，有“数学王子”之称。

图16-3　高斯

● 磁感应强度单位高斯。高斯（Gs，G）是非国际通用的磁感应强度单位。这是为纪念德国数学家和物理学家高斯而命名。一段导线，若放在磁感应强度均匀的磁场中，方向与磁感应强度方向垂直，导线通有1电磁系单位的稳定电流时，每厘米长度的导线受到的电磁力为1达因，则该磁感应强度就定义为1高斯。高斯是很小的单位，10000高斯等于1特斯拉（T）。高斯是常见的非法定计量单位，特拉斯是法定计量单位。

第 17 章
跨过大西洋的通信电缆

人类今天可以运用各种先进的技术来铺设海底光缆，但是，你知道吗？最早的海底光缆可追溯到 19 世纪 50 年代，比互联网还早 100 年，那个时候的科技并不发达，人类是怎么做到的呢？

19 世纪的第一条越洋电缆是怎么铺设的，毕竟那时候的科学技术还不像今天这么发达。这个故事讲述了美国实业家塞勒斯・韦斯特・菲尔德（图 17-1）是如何历经千辛万苦完成人类历史上第一次越洋电缆铺设的。

● 第一条海底电缆。1837 年，莫尔斯发明了电报，不到 20 年的时间，电报这种新型通信方式已经在世界上流行起来。当时无线电还没有发明，电报只能进行有线传送，由于只能在陆地上使用，所以称为陆地电报。随着资本主义的发展，英国和欧洲大陆以及欧美两地之间传统的利用邮船通信的方式，已经远不能满足需要，于是制造和铺设海底电缆成了最迫切的任务。

图 17-1　塞勒斯・韦斯特・菲尔德

19 世纪马来西亚古塔橡胶的问世则为水下电缆提供了最佳绝缘材料。电报电缆穿越海洋的构想具备了变为现实的条件。被古塔橡胶包裹的金属电线可以铺设在海底，电流在其中畅行无阻，而不会被海水耗散。工程师布雷特在英吉利海峡铺设了第一条海底电缆，但是一位渔民误以为找到了大鱼而把电缆从海底拽出。1851 年，布雷特进行了第二次铺设，终于成功，英国和欧洲大陆成功地连接在了一起。

● 菲尔德与他的大西洋海底电缆。1854 年，英国工程师吉斯博恩纳负责铺设从纽约到纽芬兰的海底电缆，但项目资金出现了问题，于是他到纽约寻求投资人的帮助。在那里，他结识了美国富豪塞勒斯・韦斯特・菲尔德。菲尔德很年轻，也很富有，事业顺风顺水，他旺盛的冒险精神找不到寄托。虽然他不懂什么专业技术，但类似于今天的投资人，他敏锐地把目光投向更遥远的未来。在给纽约—纽芬兰海底电缆投资后，他立刻全身心地投入到跨大西洋海底电缆的宏伟工程中。

菲尔德以令人难以置信的热情和精力推动这项事业，他迅速与业界专家、政府、金融界建立了联系，在技术、法律、投资等环节步步跟进。在英国，短短几天就募集到了 35 万英镑的投资。菲尔德在四处“化缘”时曾比喻说：“我的越洋电报是一条狗，在伦敦踩着它的尾巴，它会在纽约发出叫声。”1857 年，菲尔德定制了 2500 海里电缆，这些电缆内芯有 7 根铜线传递信号，中间有 3 层古塔橡胶包裹绝缘，外层是 18 根钢缆扭结成的“盔甲”，使用铜线和铁丝的总长度足够抵达月球，质量超过 4000 吨，当年世界上没有任何船只能承载得了这根电缆。

从技术上说，跨英吉利海峡电缆和跨大西洋电缆完全不可同日而语。铺设英吉利海峡电缆，风平浪静的一天就足够了。而跨越大西洋，当时的轮船差不多要航行三个多星期。不算铺设机械，单是整条跨洋电缆的重量就远远超过当时任何一条船舶的载重量。英国政府为菲尔德提供了皇家海军最大的战舰之一，3100 吨的“阿伽门农”号军舰，而美国政府提供了排水量 5000 吨的战舰“尼亚加拉”号。这两艘当时最大吨位等级的舰船经过特殊改装，才各自能装下跨洋电缆的一半。

位于海底的越洋电缆，必须非常结实，不能断裂，又必须非常柔软，否则很难铺设；同时，它的工艺必须十分精密，否则，一点点瑕疵就可能导致电信号的不稳定和中断。好几家工厂夜以继日地生产着这种海底电缆。菲尔德的越洋电缆这项伟大工程，是当时全世界报纸的头条新闻。

1857 年 8 月 5 日，菲尔德的铺设船队从爱尔兰起航，包括莫尔斯在内的业界专家都在船上，实时监测铺设情况。“尼亚加拉”号像蜘蛛吐线一样，一边小心翼翼地缓缓向前移动，一边在后面用绞盘放下那根越洋电缆（图 17-2）。电缆的一头固定在爱尔兰，船上的专家时刻与爱尔兰的陆地保持联系，以确保电缆没有断裂。

图 17-2　“尼亚加拉”号铺设大西洋海底电缆

然而，8 月 11 日晚上，在成功铺设了 300 多海里后，事故发生了。绞盘发生故障，导致电缆断裂，已经铺设的电缆像断线的风筝一样沉进了海里。当时还没有合适的潜水技术，根本无法把掉进海底的电缆一端重新拉上来。第一次尝试宣告失败。菲尔德损失了 355 海里的电缆外加十万英镑的投资。由于大西洋的气候原因，第二次尝试只能等到第二年夏天风平浪静的时候。

1858 年 6 月 10 日，菲尔德的船队第二次出发。船队计划先航行到大西洋中央，将电缆的两半接起来，然后兵分两路，分别向欧洲和北美两个方向铺设。结果在到达大西洋中间的预定接头地点之前，船队就遇上了暴风雨。“阿伽门农”号上装载着巨大的电缆（图 17-3），而且由于铺设的需要，船体的重量分布很不均匀，“阿伽门农”号在大洋深处的暴风雨中濒临覆灭。大家已经开始考虑要把电缆扔进海里，以求保住性命。但是船长拒绝了。万幸的是，“阿伽门农”号逃过一劫，死里逃生，顺利到达预定地点。可惜的是，经过这次风暴的颠簸，大量的电缆被碰撞、剐擦，受到了严重的损害。铺设了 200 多海里后，电缆两端就再也不能互通信号了，这 200 多海里的电缆变成了废品，第二次尝试又宣告失败。

图 17-3 “阿伽门农”号

这次失败动摇了绝大多数投资商的信心，很多人要求菲尔德变卖剩下的电缆，弥补他们的损失。当时的媒体也一片哗然，到处都是质疑的声音。但菲尔德不为所动，一定要再试一次。

1858 年 7 月 17 日，船队静悄悄地再次起航，这一次，没有媒体报道，也没有名流到场。菲尔德和他的事业已经被全世界遗忘。7 月 28 日，“阿伽门农”号和“尼亚加拉”号在大西洋中部成功接头，开始越洋电缆的铺设。两艘船上的电缆对接在一起，然后“尼亚加拉”号驶向美国，“阿伽门农”号驶向英国，大家打出旗语互相道别，连接他们的只有这一根小小的电缆。8 月 5 日，“尼亚加拉”号到达纽芬兰海岸，“阿伽门农”号也在同一天到达爱尔兰海岸。海岸上没有鲜花和人群，但这一伟大的事业已经完成。

1858 年 8 月 16 日，维多利亚女王发给美国总统布坎南的贺电通过海底电缆传到北美，此时此刻，“尼亚加拉”号还在从纽芬兰赶回纽约的途中。布坎南给英国女王回电，同时，礼炮鸣放 100 响，全城张灯结彩、焰火齐放，庆祝人类这一伟大的历史时刻。8 月 18 日，菲尔德和他的团队乘坐“尼亚加拉”号回到纽约，迎接他的是盛大的全城巡游，菲尔德成为了和平时期的国家英雄。“尼亚加拉”号上剩余的电缆被裁成小段销售一空。

但命运是残酷的，没过多久，海底电缆就断线了，北美再也接收不到欧洲传来的清晰的信号。谣言不胫而走，菲尔德被千夫所指，批评的浪潮用同样的力度反扑向无辜的菲尔德。菲尔德是骗子，英国女王的电报是他捏造的，一切都是他在做戏，他的团队都是他的“托儿”……菲尔德千辛万苦铺设的海底电缆再次成为废品，而他也名誉扫地，这一项目也被迫搁浅。他只能无力地辩解，“我的电缆没有死，她只是睡了。”

彼时美国内战爆发，世界经济萧条，菲尔德的公司濒临倒闭，他连自己在教堂的席位都做了抵押，却没有停止为大西洋电缆奔波。六年多的时间过去了，钢铁战士一般的菲尔德没有被命运击倒。1865 年，菲尔德再次出现在伦敦，带着新的 60 万英镑的投资，重新启动他的越洋电缆项目。此时，对于有线电报的研究已经非常成熟。而著名工程师伊桑巴德・布鲁内尔设计建造的世界第一巨轮“大东方”号（图 17-4）也已经建成，恰好闲置。拥有了新的电报技术和这艘排水量 22000 吨的巨轮，之前无比困难的事情变得简单了许多。

图 17-4　“大东方”号

当排水量超过“尼亚加拉”号 4 倍的“大东方”号开始建造时，菲尔德曾到船坞参观，设计师布鲁内尔戏言道“将来为你铺设电缆的莫非是此船？”不想日后果然应验。而科学家汤姆逊（即开氏温标创始人开尔文）发明的镜式电流计能通过导线上小镜片细微转动的光学放大功能，读出衰减 1000 倍的信号。如图 17-5 所示，“大东方”号上使用镜式电流计测试海底电缆信号。1865 年年中，“大东方”号独自装载着 4400 公里电缆从爱尔兰拔锚启航，开始了新一轮铺设。

然而在距离终点纽芬兰 960 公里的地方，电缆因质量问题再次断裂，两个星期的“大海捞针”一无所获，这次出征功败垂成。这第四次尝试再次失败。

1866 年 7 月 13 日，“大东方”号装载着经过改良的电缆再次出征，这回终于一举架设成功。7 月 27 日电缆开通，9 月 2 日又传来一年前丢失的电缆被捞起的消息，使大西洋电缆成为双线，传输速度比 1858 年的单电缆快 50 倍。最后成功的时刻，

图 17-5　“大东方”号上使用镜式电流计测试海底电缆信号

菲尔德钻进船舱里嚎啕大哭。有媒体将菲尔德称为当代哥伦布，他曾经 4 年未回家，先后跨越大西洋 30 多次。英国著名科幻作家克拉克则称大西洋海底电缆不亚于将人送上月球。这个将“妄想”“梦想”变为现实，把灾难、失败变为成功的故事感动了世界。

菲尔德，让我们记住这个名字，十多年的时间，失败了四次，数十万英镑打了水漂，却依然不放弃，锲而不舍，最终取得成功。菲尔德缔造的这条越洋电缆使浩瀚的大洋再也不是信息不可逾越的天堑。

大西洋海底电缆铺设的成功，将欧美两大洲的通信时间由几天压缩至 5 分钟。可以想象，菲尔德一定流下了激动的泪水。

大西洋海底电缆，不仅大大提高了通信的效率，还推动了科学技术的长足进步。有句话叫“资源有限，创意无限”，重新审视这个工程，我们不得不感叹人类在历史前行的过程中所表现出来的适应自然、改造自然的巨大能力。

1867 年，巴黎世博会上展出了大西洋海底电缆标本、设施、制造工艺和铺设的过程。评委会把金奖授予“大西洋电缆之父”菲尔德。

趣闻轶事

● 铺设大西洋海底电缆的幕后英雄。1851 年 11 月，在英法之间的多佛尔海峡成功地铺设了最早的海底电缆。不过，多佛尔海峡海底电缆比较短，全长只有 30 公里。要制造和铺设几千公里长的大西洋海底电缆，工程就艰巨多了，有很多理论上和技术上的问题需要解决。

1855年，英国格拉斯哥大学的青年教授、31岁的威廉·汤姆逊（图17-6），提出了海底电缆信号衰减的理论，为海底电缆工程奠定了重要的理论基础。随后大西洋海底电缆公司成立，公司股东选聘汤姆逊当董事。从此之后，汤姆逊投身于铺设大西洋海底电缆这项巨大的工程中，成就了一生的伟业。

图17-6　威廉·汤姆逊

1857年，第一条大西洋海底电缆开始铺设。英美政府派出两艘海船，专门供给施工使用。电缆两头的登陆点，是加拿大的纽芬兰岛和英国的爱尔兰岛。电缆工程开始铺设的时候，电气工程师华特霍斯因病没有随船出航。董事会请汤姆逊来代理他的职务，虽然没有薪金，汤姆逊还是答应了。不巧的是，电缆沉放到300多海里的时候，意外断裂，第一次沉放失败了。

汤姆逊没有因为挫折就气馁。他对事故进行了分析，找出了电缆断裂的原因。因为电缆表层机械强度不够所以断裂，这一点不难解决。关键的问题是怎样接收弱电信号。那时，电子管还没有出现，没有电子放大电路，用当时通用的电报终端机不可能接收到电缆终端的信号。他下定决心：一定要赶快把灵敏度更高的电报机研制出来。汤姆逊把全部精力都倾注在格拉斯哥实验室里，有很多学生给他当助手。这个年轻的物理学教授试了很多方案，都没有成功。

1858年春，汤姆逊受反光镜的启发，发明了镜式电流计电报机，终于解决了这一难题。汤姆逊发明的这种电报机灵敏度很高，给长距离电缆通信提供了实用的终端设备。

1858年7月，第三次大西洋海底电缆沉放工程开始了。“阿伽门农”号军舰载着电缆从北美出发，东渡大西洋。汤姆逊负责实验室的工作。不料，军舰驶进大西洋的第二天，海上突然起了暴风。汤姆逊和工作人员不顾危险，一面沉放电缆，一面劈浪向前。大风大浪持续了整整一个星期。“阿伽门农”号在海上搏斗了一个多月，终于在8月初到达爱尔兰。8月16日，第一条官方电报从欧洲传到美洲。茫茫的大西洋终于被征服了！消息传开以后，大西洋两岸的人们都感到十分高兴。

汤姆逊为大西洋海底电缆的制造和铺设做出了巨大贡献，受到人们热烈赞扬。他在海上表现出的坚定和沉着，赢得了很多人的尊敬。但是，他所有的工作都是义务的，没有报酬。就连镜式电流计电报机，也是他自己花钱研制的。

科学的道路总是不平坦的。第一条大西洋海底电缆投入使用不久，就发生了严重的故障，信号变得模糊不清。又过了两个星期，电缆完全损坏，刚建立的横跨大西洋的通信中断了。公众反应十分强烈，出现了各种各样的批评。大西洋海底电缆公司在第一条电缆的建造中，耗费了几十万英镑，最后还没有取得商业上的胜利，不少股东想打退堂鼓。

汤姆逊竭力宣传说："这条海底电缆虽然寿命不长，但是证明了长距离海底通信是完全可能实现的。"总经理菲尔德是整个工程的中流砥柱，也坚决主张干下去。由于公司内部的意见分歧，加上资金困难，建造海底电缆的事情耽误了很久。后来，在政府的鼓励下，才开始制造第三条大西洋海底电缆。

1865 年初，经过改进的第三条大西洋海底电缆制造出来了，汤姆逊为它花费了不少心血。公司也吸取了第一次的教训，在制造过程中有关技术问题都先通过实验，证明可行以后再投入生产。

1865 年年中，开始铺设第三条大西洋海底电缆。之前，汤姆逊滑冰摔断左腿，他行动不便，但还是参加了远航，领导施工。这次铺设电缆的"大东方"号海船，是一艘 22000 吨的巨轮，有 6 根主桅杆，三个大烟囱，船身高大雄伟，比上次的"阿伽门农"号壮观得多。

俗话说，好事多磨。人们对这次沉放寄托了很大希望，想不到电缆又意外折断，坠进了深海。铺设没有成功，几年的心血付诸东流，汤姆逊和同事们异常痛心。他们乘着空船返航的时候，每人脸上都挂着失落的泪花。

这次挫折损失惨重，公司当年就暂停了工作。同行们有的幸灾乐祸，有的表示惋惜。

有一天傍晚，总经理菲尔德到海边去散步。他远远望见汤姆逊拄着拐杖，面对着大海，夕阳映照着他的全身，像一尊古铜色的雕塑。

"教授，您在想什么？"菲尔德走近汤姆逊的身边，亲切地问。"海底电缆！"电气工程师凝视着大海。"是呀，我们已经付出了 9 年的代价。"菲尔德感慨地说。汤姆逊转过脸来，情绪激动地回答说："菲尔德先生，只要再造出一条电缆，我保证能够成功！""您有把握吗？""我相信大西洋阻挡不住人类的进步！"汤姆逊的精神感动了菲尔德。公司鼓足了勇气，决定制造第四条海底电缆。大家又开始了紧张的奋战。第二年春天，第四条海底电缆终于制成了。

● 全球海底光缆就像是分布在地球上的密密麻麻的血管，它是互联网的血管，全长加起来可足足绕地球 20 多圈。没有它，互联网也就是个局域网，它才是这个时代的奇迹。

什么叫真正的互联网的血管？全球 90% 以上的国际数据都是通过海底光缆传输的。也就是说，基本上是海底光缆构建了今天的全球“宽带”互联网！它是如何铺设的呢？其铺设原理就是，将光缆的一端固定在岸上，船会慢慢向外海开动，一边把光缆沉入海底，一边利用海底的挖掘机进行铺设。铺设还要用到光缆船。铺设时要把一大卷光缆放在船上，目前最先进的光缆铺设船可以承载 2000 公里的光缆，并以每天 200 公里的速度铺设。海底挖掘机的作用有点像耕田的犁，它有三个功能：挖沟、铺设和埋线。

● 开尔文（1824—1907 年）原名威廉·汤姆逊，英国物理学家，热力学的主要奠基人之一。由于他功劳卓著，1892 年被英国女王封为勋爵。因为他任职的格拉斯哥大学在开尔文河畔，大家又称他“开尔文勋爵”，他也就改名为开尔文。他在物理学的各个领域，尤其在热学、电磁学及工程应用技术方面做出了巨大的贡献。1848 年创立绝对温标，即热力学温标；1851 年他和克劳修斯各自独立地发现了热力学第二定律；1852 年他和焦耳一起发现了焦耳 - 汤姆逊效应，这一发现成为获得低温的主要方法之一，广泛应用于低温技术中。此外他制成了静电计、镜式电流计、双臂电桥、虹吸自动记录电报信号仪等多种精密测量仪器。他十分重视理论联系实际，善于把教学、科研、工业应用结合在一起。在工程技术中，装设第一条大西洋海底电缆是他最出名的一项工作。开尔文一生不懈地为科学事业奋斗的精神，永远为大家所敬仰。人们为了纪念他，把国际单位制中的热力学温度的单位定作“开尔文”。

第 18 章
焦耳定律与热功当量

通电的导体可以发热，这是电被应用之后，人们发现的一种现象。电流产生的热的多少究竟和什么有关系呢？和电压、电流、电阻有关，还是和通电时间有关系呢？英国人焦耳和俄国人楞次分别对此进行了研究，找到了导体发热和电阻、电流以及通电时间的关系，他们的发现被称作焦耳 - 楞次定律。

● 焦耳（图 18-1）（1818—1889 年），是 19 世纪英国的物理学家。焦耳的父亲是酿酒厂的厂主。焦耳 5 岁时，医生发现他的脊柱侧弯，之后 7 年，他经常要到医院接受矫正。身体的缺陷使焦耳只能休学在家，他跟随父亲学酿酒，并利用空闲时间自学化学和物理方面的知识。如果不是一次偶然的机会，焦耳也许会子承父业，以一名酿酒厂主终其一生。

一次偶然的机会，他结识了曼彻斯特大学的教授、现代原子论的创立者、化学家道尔顿（图 18-2）（1766—1844 年）。于是焦耳就拜道尔顿为师，虚心求教，逐渐走上了科学实验的道路。焦耳在科学上的成就之一，就是用各种方法测量了热功当量。热功当量的确定，为能量守恒定律的发现创造了条件，为能量守恒原理提供了科学的实验证明。

图 18-1　詹姆斯 · 普雷斯科特 · 焦耳

图 18-2　英国化学家约翰 · 道尔顿

● 焦耳定律。24岁时，焦耳开始对通电导体放热的问题进行深入的研究。他把父亲的一间房子改成实验室，一有空便钻到实验室里忙个不停，如图18-3所示。焦耳首先把电阻丝缠绕在玻璃管上，做成一个电热器；然后把电热器放入一个玻璃瓶中，瓶中装有已知质量的水；给电热器通电并开始计时，用鸟的羽毛轻轻搅动水，使水温度均匀；通过插在水中的温度计，可随时观察水温的变化；同时用电流计测出电流的大小。焦耳把这种实验做了一次又一次，大量数据使焦耳发现：电流通过导体时产生的热量跟电流的平方成正比，跟导体的电阻成正比，跟通电的时间成正比。即电阻越大，通过的电流越大，通电时间越长，发出的热能就越多，这个发现被称为焦耳定律。

图18-3　焦耳做实验

具体数量关系是：

$$Q=I^2Rt$$

其中，Q 指热量，单位是焦耳（J）；I 指电流，单位是安培（A）；R 指电阻，单位是欧姆（Ω）；t 指时间，单位是秒（s）。

焦耳把这一实验规律写成论文《关于金属导体和电池在电解时放出的热》，并于1841年发表在英国《哲学杂志》上。然而，论文并没有引起学术界的重视。因为在一些学者们看来，电与热的关系不能那么简单，况且焦耳只是一个酿酒师，又没有大学文凭。一年后，俄国彼德堡科学院院士、物理学家楞次也对电流的热现象进行研究。他用各种材料做导体，这些材料有铁、铜、铂、银等。他把这些导体分别放入装有酒精的容器中，进行通电实验。酒精的比热容已知，测出酒精温度的变化，即可计算出电流所产生的热。

实验发现，如果导体的电阻相同，那么，产生的热量和导体所用材料无关，而与导体的电阻、通过导体的电流的二次方以及通电时间成正比。

楞次的发现于 1842 年对外公布，虽然比焦耳晚，但楞次的实验方法不同于焦耳，因而，这个定律被确定为两个人分别发现的，称为焦耳 – 楞次定律。

● 热功当量实验。在焦耳定律的基础上，焦耳继续探讨各种运动形式之间的能的数量及转换的关系。1843 年，焦耳宣布：自然界的能是不能毁灭的，哪里消耗了机械能，总能得到相当的热，热只是能的一种形式。这一结论在当时立刻引起了轰动。因为它打破了统治多年的所谓“热质说”的机械唯物论观念。

18 世纪，人们对热本质的研究走上了一条弯路，“热质说”在物理学史上统治了 100 多年。虽然曾有一些科学家对这种错误理论产生过怀疑，但人们一直没办法解决热和功的关系问题，焦耳为最终解决这一问题指明了方向。

1847 年，焦耳做了一个设计思想非常巧妙的实验。如图 18-4 所示，在量热器里装了水，中间安上带有叶片的转轴，然后让下降的重物带动叶片旋转，由于叶片和水的摩擦，水和量热器都变热了。根据重物下落的高度，可以算出转化的机械能；根据量热器内水升高的温度，就可以计算水的内能升高值。把两个数进行比较就可以求出热功当量的准确值。

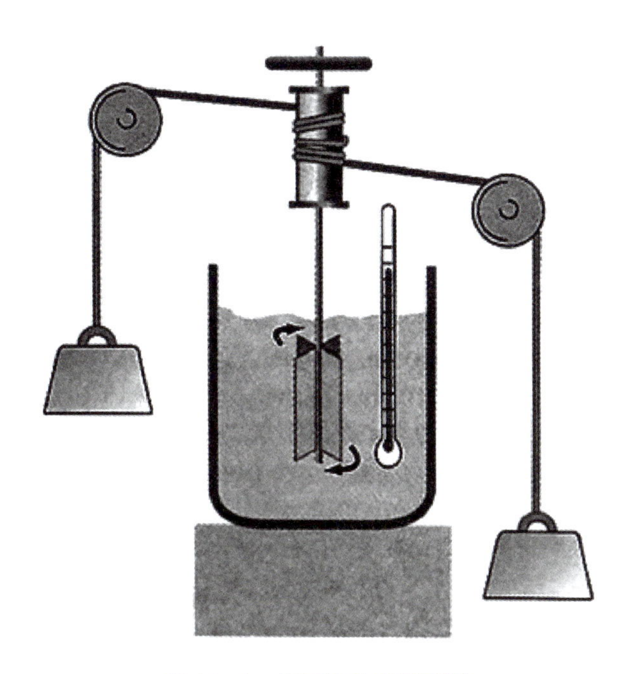

图 18-4　焦耳热功当量实验

焦耳还用鲸鱼油代替水来做实验，测得了热功当量的平均值为 428.9 千克力 · 米 / 千卡。接着又用水银来代替水，他不断改进实验方法，直到 1878 年，这时距他开始进行这一工作已超过 30 年，他已前后用各种方法进行了 400 多次实验。他在 1847 年用摩擦使水变热的方法所得的结果跟 1878 年的实验结果是大致相同的，即为 423.9 千克力 · 米 / 千卡。一个重要的物理常数的测定，能保持 30 年而不做较大的更正，这在物理学史上也是极为罕见的事。当时这个值被大家公认为是热功当量的值，它比现在的热功当量的公认值 427 千克力 · 米 / 千卡约小 0.7%。在当时的条件下，能做出这样精确的实验来，说明焦耳的实验技能十分高超。无论是在实验方面，还是在理论上，焦耳都是从分子动力学的立场出发深入研究热的先驱者之一。

● 焦耳的贡献。从 1841 年发表论文，到 1847 年，在牛津召开的英国科学协会的会议上，焦耳再次宣传自己的理论，这位不屈不挠的实验家，面对怀疑和困难，坚定地声称各种形式的能可以定量地相互转化。

1850 年，来自不同途径以不同方法获得能量守恒和转化定律的许多科学家都先后宣布了和焦耳相同的结论，焦耳所做的一切才得到了大家的公认。1850 年，焦耳成了英国皇家学会的会员。

1852 年，焦耳和汤姆逊合作，发现了著名的焦耳 - 汤姆逊效应。这是一个关于气体受压通过窄孔后膨胀降温的效应，它为近代低温工程提供了一种有效的降温办法。

焦耳也最早提出了能源危机的概念。1843 年，焦耳以蒸汽发动机为对象进行研究，他发现当时最佳的“可尼斯蒸汽发动机”所产生的热量换算成做功的机械能量，竟然是发动机实际做功的 10 倍。因此，蒸汽发动机 90% 的做功能量是以热的形式浪费掉了，这种“最佳”发动机的做功效率只有十分之一。这篇研究报告遭到工业界长期的攻击，甚至到 1860 年仍被人批评：焦耳只会用发动机做实验，却无法制造更高效率的发动机。焦耳对这些攻击都未争辩，他注意的是人类更长远的危机——能源枯竭。当时，焦耳就计算出英国的煤储藏量，推算在 1965 年，英国就会无煤可用，他建议国家要不断地寻找取得能源的新方式。

焦耳还用热的角度去探索宇宙的奥秘。他仔细地计算陨石在大气摩擦中产生的热，发现地球上空大气层的厚度，刚好能提供足够的摩擦阻力，将大部分的陨石化为灰尘，保护地球上的生命。焦耳写道：“这个大自然，机械、化学与生物能量在时空上不断地互相影响着，但是宇宙仍然维持着秩序，并且准确地运转，不管中间有多少能量复杂的变化，宇宙仍是稳定和谐的。”

趣闻轶事

● 儿时的物理实验。英国著名科学家焦耳从小就很喜爱物理学，他常常自己动手做一些关于电、热之类的实验。有一年放假，焦耳和哥哥一起到郊外旅游。聪明好学的焦耳即使在玩耍的时候，也没有忘记做他的物理实验。

他找了一匹瘸腿的马，由他哥哥牵着，自己悄悄躲在后面，用伏特电池将电流通到马背上，想试一试动物在受到电流刺激后的反应。结果，他想看到的反应出现了，马受到电击后狂跳起来，差一点把哥哥踢伤。

尽管已经出现了危险，但这丝毫没有影响到爱做实验的小焦耳的好奇心。一天，他和哥哥划着船来到群山环绕的湖上，焦耳想在这里试一试回声有多大。他们在火枪里塞满了火药，然后扣动扳机。谁知“砰”的一声，从枪口里喷出一条长长的火苗，烧光了焦耳的眉毛，还险些把哥哥吓得掉进湖里。

这时，天空浓云密布，电闪雷鸣，刚想上岸躲雨的焦耳发现，每次闪电过后好一会儿才能听见轰隆的雷声，这是怎么回事？焦耳顾不得躲雨，拉着哥哥爬上一个山头，用怀表认真记录每次闪电到雷鸣之间相隔的时间（以上这些实验都很危险，请小读者们不要模仿哦）。

开学后焦耳迫不及待地把自己做的实验都告诉了老师，并向老师请教。老师望着勤学好问的焦耳笑了，耐心地为他讲解：“光和声的传播速度是不一样的，光速快而声速慢，所以人们总是先看见闪电再听到雷声，而实际上闪电和雷鸣是同时发生的。”焦耳听了恍然大悟。从此，他对学习科学知识更加着迷。

长大后，通过不断学习和认真观察、计算，他终于发现了热功当量和能量守恒定律，成为一名卓越的科学家。

焦耳一生都在从事实验研究工作，在电磁学、热学、气体分子动力学理论等方面均做出了卓越的贡献。他是一位自学成才的物理学家。

你知道吗？

● 电流的热效应。电流有磁效应，这是丹麦物理学家奥斯特发现的。这个效应可以用来制造电磁铁、电磁继电器。电流还有热效应，它可以产生热量。我们今天常用的电炉、电热棒、电暖气、电热水器、电烤箱、电烘干器、电烙铁、电熨斗、电褥子等，利用的就是电流的这种热效应。

● 国际单位——焦耳。焦耳是热、功、能的国际标准单位。我国已规定热、功、

能的单位为焦耳。焦耳的物理意义为：1牛顿的力作用于质点，使其沿力的方向移动1米所做的功称为1焦耳。在电学上，1安培电流在1欧姆电阻上，在一秒内所消耗的电能称为1焦耳。

卡是非法定的热的单位。卡的定义是：1克纯水在标准大气压下温度升高1℃所需要的热量为1卡。在我国的现行热量单位中，卡暂时可以和焦耳并用，但需标明换算关系。

● 什么是能量守恒？能量既不会凭空产生，也不会凭空消失，只能从一个物体传递给另一个物体，而且能量的形式也可以互相转换。这就是人们对能量的总结，称为能量守恒定律。它是由5个国家、各种不同职业的10余位科学家从不同侧面各自独立发现的。其中迈尔、焦耳、亥姆霍兹是主要贡献者。能量守恒定律是自然科学中最基本的定律之一，它科学地阐明了运动不灭的观点。

● 什么是热功当量？热量以卡为单位时与功的单位之间的数量关系，相当于单位热量的功的数量，叫作热功当量。英国物理学家焦耳首先用实验确定了这种关系，将这种关系表示为1卡（热化学卡）=4.1840焦耳，即1千卡热量同427千克力·米的功相当。在国际单位制中规定热量、功统一用焦耳作单位。

第 19 章
电磁波的发现

19 世纪 60 年代，英国物理学家麦克斯韦在分析和总结前人对电磁现象研究成果的基础上，建立了经典电磁理论。麦克斯韦预言，不均匀变化着的电场将产生变化的磁场，不均匀变化的磁场产生变化的电场，这种变化的电场和变化的磁场总是交替产生，由近及远地传播，从而形成电磁波。任何电磁波在真空中的传播速度都等于真空中的光速。1887 年，德国物理学家赫兹，用实验方法首次获得电磁波，从而得出了电磁能量可以越过空间进行传播的结论，进而导致了无线电技术的产生。赫兹用实验证明了电磁波的存在，证实了麦克斯韦的这一预言。人类从此进入了无线电时代。

● 海因里希 · 鲁道夫 · 赫兹。1857 年，海因里希 · 鲁道夫 · 赫兹（图 19-1）出生在德国的汉堡市。赫兹的爷爷大卫 · 赫兹是一个富裕的犹太家庭的后裔，从 18 世纪 80 年代起就定居在德国的汉堡市。赫兹的父亲是一位律师和市参议员，同时还是一位语言学家。此外，家族里还有对商业、自然科学等感兴趣的其他家庭成员。在这样的家庭背景下，赫兹从小就表现出了非凡的智力和超强的动手能力。他真的是一个被上帝赐予了大智慧的孩子，除了音乐，他在各个方面都做得非常出色，不仅在学校的功课学得很好，他还是机械师、雕塑家、制图员、语言学家和运动员。

图 19-1　海因里希 · 鲁道夫 · 赫兹

赫兹先后在德国的德累斯顿、慕尼黑和柏林学习工程学和物理学。在柏林的时候他师从亥姆霍兹（图 19-2）和基尔霍夫（图 19-3）。这是他人生的重大转折点，他从一个实验者转变成为一位学者。1879 年 8 月，赫兹在柏林大学求学时，用实验鉴定了电惯量，因此获得一枚金质奖章。1880 年，年仅 23 岁的赫兹就获得了柏林大学的博士学位。在接下来的 3 年中，作为亥姆霍兹的助手，赫兹继续留在柏林大学从事研究工

作。由于柏林大学几乎没有像样的物理研究设备与实验器材，这让酷爱实验研究的赫兹非常郁闷。幸运的是，他随后得到了卡尔斯鲁厄技术大学的教授职位，在那里他用实验验证了电磁波的存在。

图 19-2　亥姆霍兹

图 19-3　基尔霍夫

1889 年，赫兹来到了波恩大学，在这里赫兹与他的助手莱纳德一起研究气体放电。赫兹很早就对阴极射线的研究很感兴趣，他在 1891 年就发现了阴极射线可以像光透过透明物质一样，穿透某些金属薄片。

在随后的几年中，赫兹一直受到疾病的困扰，使他不得不放弃实验研究，转向理论物理的研究，在此基础上他完成了著名的《力学原理》一书。不幸的是，在 1894 年的元旦，还不满 37 岁的赫兹病逝，其短暂却耀眼的一生可谓充满奇迹。

● 赫兹用实验证实了电磁波的存在。1865 年前后，英国物理学家麦克斯韦系统总结了电学和磁学的新成就，提出著名的电磁场理论。在这个理论中，他预言了电磁波的存在，并预见到光也是一种电磁波。但是他本人并没有用实验证实。

这是物理学史上一次惊人的预言，也是继牛顿之后最伟大的发现之一，电磁理论的大厦终于建成。麦克斯韦的电磁场理论具有划时代的意义。但是因为没有人能够证明电磁波的存在，所以，当时绝大多数物理学家甚至物理学界的著名学者，都持怀疑、否定的态度，他们都用“科学不是游戏”这句话表达对麦克斯韦的怀疑。一些对电磁波理论持反对态度的人不断发难：“谁见过电磁波？它是什么样子的？拿出来看看的！”但也有一些有见识的物理学家支持麦克斯韦的电磁理论，亥姆霍兹就是其中之一。非常幸运的是赫兹在读大学时，就是亥姆霍兹最欣赏的学生。

1879 年冬，德国柏林科学院根据亥姆霍兹的倡议，颁布了一项科学竞赛奖，以重金向当时科学界征求对麦克斯韦部分理论的证明。亥姆霍兹当然希望自己的学生赫兹能够应征参加竞赛。亥姆霍兹对赫兹说："这是一个很困难的问题，也许是本世纪最大的一个物理难题，你应该闯一闯！"赫兹欣然接受导师的建议。从此，麦克斯韦的电磁理论一直盘旋在赫兹的脑海之中，但从哪儿下手呢？亥姆霍兹还告诉他说："关键在于找到电磁波！不然你就证明永远找不到它。"在导师的指导和鼓励下，年轻的赫兹萌发了进行这种实验的雄心壮志。

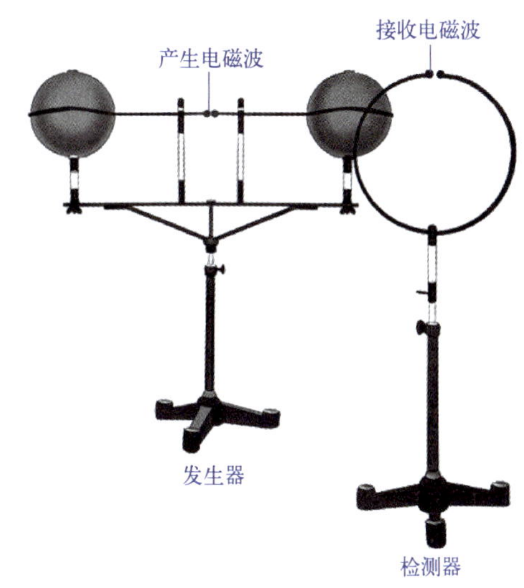

图 19-4　赫兹产生和接收电磁波的设备

赫兹证实电磁波存在的实验是在 1887 ~ 1888 年完成的。如图 19-4 所示为赫兹产生和接收电磁波的设备——电磁波发生器和检测器。左边是发生器，两个距离很近的小铜球分别通过长 30 厘米的铜棒与一个大铜球连接；两个大铜球相当于电容器的两块极板，它们之间有电容，铜棒有电感；把感应圈的输出端接到两个小铜球上，对电容充电；达到一定电压时，两个小铜球之间产生火花短路，发生器就成为一个 LC 电路，电容上的电荷通过火花放电，产生频率很高的振荡（因为回路的电感、电容很小）。由于电容器的球体形状，电场弥漫在整个空间，产生向外传播的电磁波。右边是检测器，将一根铜线弯成不闭合的圆形（赫兹采用的半径是 35 厘米），开口两端焊接两个铜球，两球之间的距离可以调节。这也是一个振荡回路，两球间的电容就是回路的电容，回路的固有频率由其电感和电容决定。为了检测时效果显著，调节检测器使其与发生器谐振。这样，当电磁波到达时，检测器的圆形铜线上感生出电动势，回路内产生强迫振荡。由于谐振，检测器内回路会产生强烈的振荡，这时，两个铜球之间会出现火花，就可检验电磁波的存在。赫兹还通过把检测器移到不同的位置，测出电磁波的波长为 66 厘米，这大约是光波波长的 10^6 倍。根据波长和计算出的振荡频率，就可算出电磁波的波速等于光速。

赫兹把他的重要发现总结在《论绝缘体中的电过程所引起的感应现象》一文中，并把这篇重要论文于 1887 年 11 月首先寄给他的老师亥姆霍兹。

● 赫兹对电磁波与光波的同一性的验证。赫兹在 1888 年采用了脚踏实地的办法一步一步地证明电磁波和光波的同一性。他用一根直径为 3 毫米、长为 26 毫米的偶极振荡器发射电磁波，经过金属面反射形成了波长只有 66 毫米的短波。他用金属面成功使电磁波做了 45° 的反射；用高 2 米、孔径 1.2 米的抛物面使电磁波聚焦；利用金属栅使电磁波偏振；他用一个硬沥青做的大棱镜使电磁波折射。光所具有的一切物理特性电磁波几乎都有。赫兹就这样完成了电磁波和光波的同一性的实验证明，从此宣告人类

发现了电磁波。

虽然赫兹青年时代学过工程，做电磁波实验时又在工科大学任教授，但他追求的是对自然基本法则的理解，对电磁波的实际应用并不关心。发现电磁波后，他又深入研究了麦克斯韦理论和力学基本原理，再加上他英年早逝，因此赫兹本人并没有考虑过用电磁波传递信息的可能性。但是，条件已经成熟，赫兹已经替马可尼、波波夫等搭好了舞台，无线电的发明是历史的必然。许多人投身于电磁波应用的研究，在赫兹去世后一两年内就拿出了具体成果，并且一发而不可收，无线电电子学在整个 20 世纪高速发展，世界进入了信息时代。

趣闻轶事

● 赫兹与伊丽莎白。1885 年 3 月，赫兹转到德国西南部边境的卡尔斯鲁尔技术学院，担任物理系教授，又开始建造他的电学实验室。学校的实验经费少得可怜，他却一点一滴造出一间精密的电磁实验室。物理系教三角学的多尔教授很欣赏他，他请赫兹来家里坐坐，把女儿伊丽莎白介绍给他。

伊丽莎白 · 多尔后来写道：“赫兹在星光下有一种近乎骄傲的自信。他自认是全世界唯一了解星光是什么的人，在他看来满天的星光是不同的光体，规律地发出不同频率的电磁波来到地上…… 在他的说明中，星夜不只是美丽的，而且是规则准确的。”赫兹的自信没有错，19 世纪全世界最懂电磁波实验的有两个人，一位是法拉第，另一位就是赫兹。

伊丽莎白 · 多尔不懂电磁波，但是她懂得这位寻求科学真理的男士的志向，心生爱慕。他们认识不到四个月就结婚了，当时赫兹 29 岁。

赫兹找到了爱情的归宿，并展开他一生最著名的研究。因为这一实验研究的成功，后来纽约物理系教授薛默士回顾历史上物理学家，从伽利略到爱因斯坦，他认为最伟大的物理实验家就是赫兹。赫兹以实验证明人类千古的谜团——光的本质是电磁波。

赫兹一直被疾病缠身，他 36 岁就不幸因病离世，留下了自己的妻子和儿女，但是赫兹的妻子对他非常怀念，一生都没有再嫁。而赫兹的一生，给后人留下了许多非常宝贵的科学发现，从电磁波的发现，到赫兹实验，再到他的波动方程，一直影响着后人。

● 谁建造了电磁理论的大厦。如果我们把电磁理论比作一座雄伟的大厦，那么可以说库仑、安培、法拉第等人给它准备了坚实的地基（图 19-5），麦克斯韦在上面建成了大厦（图 19-6），最后赫兹让这座大厦住满了人（图 19-7）。

图 19-5　库仑、安培、法拉第等人给大厦准备了坚实的地基

图 19-6　麦克斯韦在上面建成了大厦

图 19-7　赫兹让这座大厦住满了人

电磁波的实验轰动了整个物理学界，全世界许多物理实验室投入了对电磁波性质及其应用的研究。在赫兹宣布他的发现后不到 6 年，意大利的马可夫和俄国的波波夫分别实现了无线电波远距离传播，并很快投入实际应用。无线电报、无线电广播、无线电话、传真、电视以及雷达等无线电技术像雨后春笋般涌现出来，后来又实现了卫星遥感、卫星通信等。

麦克斯韦电磁理论和赫兹实验分别预言和证实了电磁波的存在，同时也迎来了无线电通信的新时代。

你知道吗？

赫兹对人类文明做出了很大贡献，为了纪念他的功绩，人们用他的名字来命名各种波动频率的单位，简称“赫”。赫兹也是国际单位制中频率的单位，它是每秒周期性变动重复次数的计量单位，符号是 Hz。

电有直流和交流之分。在通信应用中，用作信号传输的一般都是交流电。呈正弦变化的交流电信号，随着时间的变化，其幅度时正时负，以一定的能量和速度向前传播。通常，我们把上述正弦波幅度在 1 秒内的重复变化次数称为信号的“频率”，用 f 表示；而把信号波形变化一次所需的时间称作“周期”，用 T 表示，以秒为单位。波行进一个周期所经过的距离称为“波长”，用 λ 表示，以米为单位。f、T 和 λ 存在如下关系：$f=1/T$，$v=\lambda f$，其中，v 是电磁波的传播速度，等于 3×10^8 米 / 秒。

常用的频率单位还有千赫（kHz）、兆赫（MHz）、吉赫（GHz）等。在载带信息的电信号中，有时会包含多种频率成分，将所有这些成分的频率轴上的位置标示出来，并表示出每种成分的功率或电压大小，这就是信号的“频谱”，它所占据的频率范围就叫作信号的频带范围。例如，在电话通信中，话音信号的频率范围是 300 ~ 3400 赫；在调频（FM）广播中，声音的频率范围是 40 赫 ~ 15 千赫；电视广播信号的频率范围是 0 ~ 4.2 兆赫，等等。

第 20 章
莫尔斯和他的电报机

人类发现了电，并用它产生了光明和动力，但这仅是一个开始。人类不仅想用电传递能量，还希望能用电来传递信息。实现这一想法的装置就是我们所熟知的电报。

● 什么是电报？电报是通信业务的一种，是最早使用电进行通信的方法。它以电流（有线）或电磁波（无线）为载体，通过编码和相应的电处理技术实现人类远距离传输与交换信息。电报大大加快了消息的流通，是工业社会的一项重要发明。早期的电报只能在陆地上使用，后来使用了海底电缆，实现了越洋服务。到了 20 世纪初，开始使用无线电拍发电报，电报业务基本上已能抵达地球上大部分地区。电报主要用来传递文字信息，使用电报技术传送图片称为传真。

电报按通信方式分为有线电报和无线电报。无线电报消除了对物理电线的依赖，使得信息可以通过空气传输，一般双方只要对上频率，就可以进行通信。但有线电报则需要依赖物理电线进行传输。收发电报一般要经过编码—发送—接收—解码等环节。

电报又分明码和密码电报。有线电报多是明码，是通过载波电路，串联发报和收报两个终端设备，用脉冲信号将 0 ~ 9 十个数字，以每四位不同数字组成一个电码，每个电码表示一个完整的汉字的形式发给对方，收报方按照电传机上收到的电码，由人工翻译成汉字，再由电报投递员送到收报人手中。密码电报多用于军事、地震、防洪、救灾等方面，它是由事先制定的密码作为信号，多以长短不一的“滴答”按键电信声频表示某种意思。

● 1851 年伦敦世博会上的电报机。电报的发明无疑是通信历史上最伟大的飞跃。信息不再依赖所搭乘交通工具的速度，而是搭乘导线，以电的速度跨越时间和空间。早期的电报曾沿着不同思路百花齐放，贝克韦尔电报用涂蜡锡箔和晒图纸包裹着发送端和接收端同步转动的滚筒，再通过化学反应显示图片和手迹，虽未投入商业使用，但这却是传真机的雏形（图 20-1）。德国索默林的电报用 35 根导线代表不同字母和标点（图 20-2），接收端电极浸在分立的酸溶液试管中，哪个电极冒

泡便记录下对应的信号。英国库克－惠斯通的“五针电报”将导线精简到了6根（图20-3），象牙制作的棋盘状菱形表格上写着20个字母，当两根磁针偏转时，指示方向的交叉点便是收到的字母。“五针电报”曾成功使用在伦敦至德累顿的大西方铁路线上。1845年，杀人犯达维尔乘坐火车逃逸，警方用电报通知前方车站布控，“电报逮捕了凶犯”一时成为轰动新闻。电报也从此在英国声威大震。1851年伦敦世博会上，电报已经头角峥嵘，广泛用于铁路和商务。英国史密斯的“滑稽电报”别开生面，把电池、软铁芯、导线在电报传递过程中的功能和电磁转换原理显示在一张五官变化的脸孔上（图20-4）。1851年伦敦世博会上英国展出的电报已经从五针改进为两针。

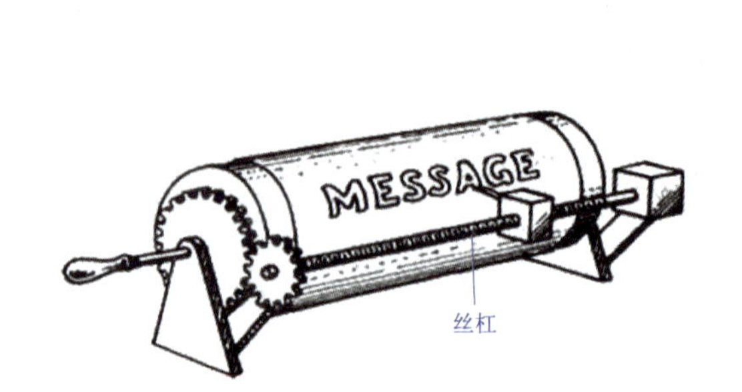

图20-1　1851年伦敦世博会贝克韦尔电报

图20-2　早期索默林电报

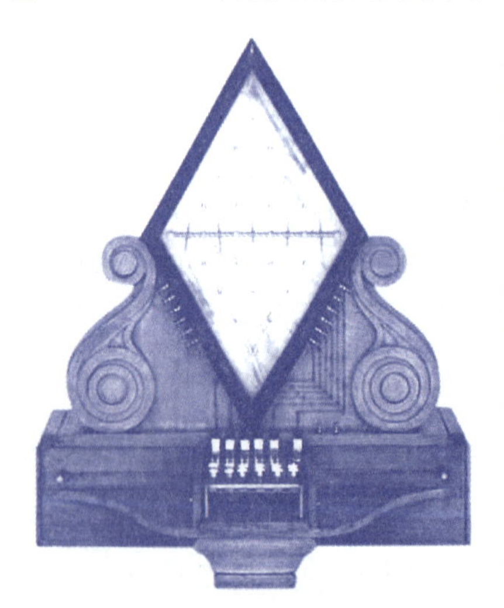

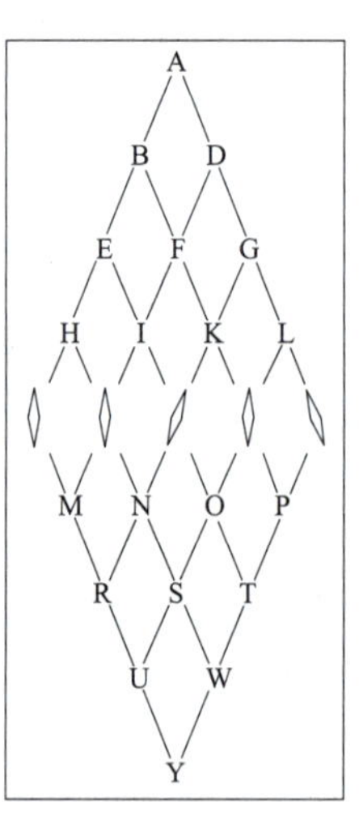

图20-3　库克－惠斯通“五针电报”

图20-4　1851年伦敦世博会“滑稽电报”

电报发明历史上最高的荣誉属于一贫如洗且对电学一窍不通的美国画家莫尔斯。随着电磁学理论的不断完善，以及电学的进一步发展，一根导线的电报机在莫尔斯的不懈努力下诞生了。

图 20-5　塞缪尔 · 莫尔斯

● 塞缪尔 · 莫尔斯。塞缪尔 · 莫尔斯（图 20-5）1791 年出生在美国的马萨诸塞州查理镇，他的父亲是一位享有盛誉的地理学家，因此，莫尔斯从小就受到了优良的教育。他后来在耶鲁大学学习了哲学、数学、科学。即便有一个享有名望、富裕的父亲，莫尔斯还是选择自食其力，大学期间他没有向家里要过钱，通过帮人画肖像的方法赚取自己的学费。

1810 年，塞缪尔 · 莫尔斯从耶鲁大学毕业，并获得了全美优等生的荣誉。毕业后的莫尔斯到处旅行采风、开拓视野，很快就因为他的画作而变得小有名气，他的艺术道路也逐渐明朗起来。从 1826 年开始，他担任美国美术协会主席一职，并一直干到了 1842 年，足足 16 年，并于 1861 年到 1862 年又重拾这个职位，可见他在绘画上的造诣非凡。

就当所有人，甚至是莫尔斯本人，都认为他的人生不会再有什么波澜的时候，命运之神悄然降临，并通过一次航行改变了莫尔斯的人生，改变了人类世界的进程。

● 塞缪尔 · 莫尔斯的通信梦。1832 年秋天，已任美国国立图画院院长的莫尔斯从欧洲考察回国时，在一艘从法国勒阿弗尔港驶往美国纽约的邮轮“萨利”号上，认识了美国医师、化学家又是电学博士的查理 · 托马斯 · 杰克逊（图 20-6）。当时杰克逊参加了在巴黎召开的电学讨论会后回国，他谈到了新发现的电磁感应，这引起了莫尔斯极大兴趣。“杰克逊先生，电磁感应是怎么回事呢？”莫尔斯好奇地问。

图 20-6　查理 · 托马斯 · 杰克逊

“你看一下实验就清楚了！”杰克逊说着就从皮包里取出一些电器材料放到桌上，然后给绕在蹄形铁芯上的铜线圈通上电，只见桌上的铁片、铁钉都被那铁芯吸上了。不一会，断了电，那些铁钉、铁片很快就掉了下来。

“导体在磁场中做相对运动会产生电流，通电的线圈会产生磁力，这种现象就叫电

磁感应现象！”杰克逊简要解释道。“我虽然不懂电学，但经过您的指导，使我开了窍。非常感谢！”莫尔斯说。

莫尔斯回到自己的房间，久久不能平静，感到电磁感应把他引入一个广阔的天地。他利用在船上休闲的时间兴致勃勃地阅读了杰克逊借给他的有关论文和电学书本，画家的丰富想象力使他萌发了一个想法：铜线通电后产生磁力，断电后，失去磁力。要是利用电流的断续，做出不同的动作，录成不同的符号，通过电流传到远方，不是可以创造出一种天方夜谭式的通信工具了吗？他越想越入迷，觉得这个极妙的理想正是人类梦寐以求的愿望，一定要实现它。他下定决心要去完成“用电通信”的发明。

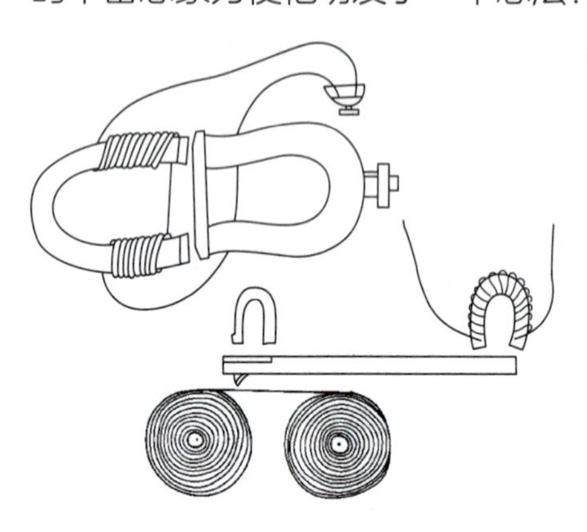

图 20-7　莫尔斯在“萨利”号上画的用电流控制指针运动的设想

图 20-7 是莫尔斯在“萨利”号上所画的设想，图纸所表示的是早期的且稍带幼稚的设想：用电流控制指针运动。莫尔斯脑洞大开地刻画了小指针在电磁铁的磁场中转录初始编码的一景，并下定决心上岸后要使之成为现实。下船之际，他郑重其事地告诉船长：“如果你将来听说‘电报’成为一大世界奇迹，请记着它是在‘萨利’号上诞生的。”

● 莫尔斯的电报机。莫尔斯回到国立图画院后，一边坚持本职工作，一边利用业余时间刻苦钻研电学。他把自己的画室改造成电报实验室。为了缩短自学的时间，特地拜电学家亨利为师，定时去听课，学做实验。每逢假日和晚上，莫尔斯经常独自一人在实验室里，集中精力边学习、边设计、边实验。

1835 年底，他终于用一些旧材料制成第一台电报机。如图 20-8 所示，发报机由一个按键和一组电池组成，收报机由一个电磁铁、一个齿轮带动的纸带和一个墨盒组成。莫尔斯的第一台电报机，只能在 2 ~ 3 米的距离内有效。这是因为收发两方距离增大，电阻相应增加，电报机就失灵了。要想使电报机应用到实际生活中，那就必须进一步改进。

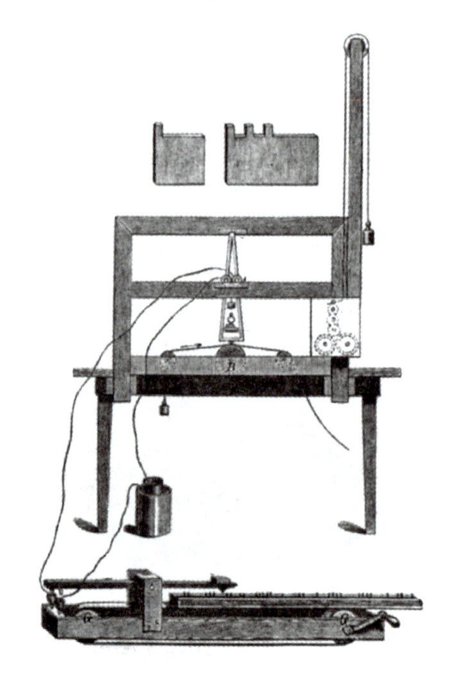

图 20-8　世界上第一台莫尔斯有线电报机结构

莫尔斯万分焦急地找到一位教授肯尔，向他求教。“你在磁铁上绕了多少圈线？”肯尔似乎找到了问题的症结，开门见山地问。“共绕了 10 圈。”莫尔斯答道。“太少了，多绕几圈，你再试试，准能达到足够的磁力。相信你一定会成功。”肯尔给他很大鼓励。

1836 年，莫尔斯终于找到了一种新的方法，他在笔记本上记下了一个新的设计方案：“电流只要停止片刻，就会出现火花。有火花出现可以看成是一种符号，没有火花出现是另一种符号，没有火花的时间长度又是一种符号。这 3 种符号如果组合起来代表数字和字母，就可以通过导线来传递文字了。”

然而，如何将电磁铁电流断续时间长短的动作，录成记号，变成文字，真正起到通信的作用呢？莫尔斯请来朋友维耳当助手，费尽心血，开创性地提出用点（·）和划（—）符号的不同排列来表示英文字母、数字和标点，这成为电信史上最早的编码，后被称为“莫尔斯电码”（图 20-9）。他与维耳还研制成电报音响器，可以在收电报的同时，通过电码声音直接译出电文，大大缩短了收报译文的时间。

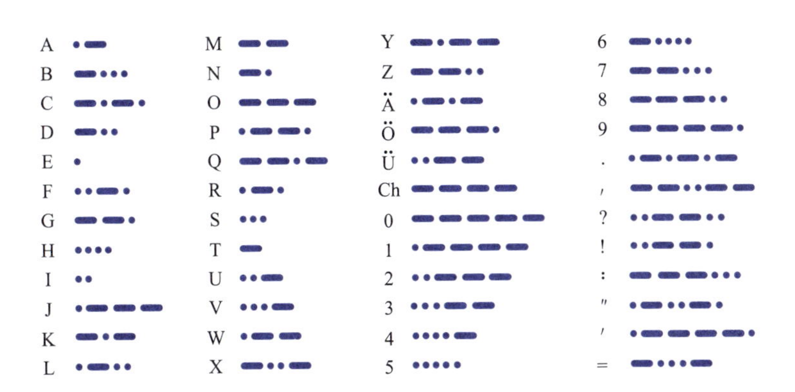

图 20-9　莫尔斯电码

莫尔斯电报是如何传递信息的呢？在拍发电报时，电键将电路接通或断开，信息是以“·”和“—”的电码形式来传递的。发一个“·”需要 0.1 秒，发一个“—”需要 0.3 秒。在这种情况下，电信号的状态只有两种：按键时有电流，不按键时无电流。有电流时称为传号，用数字“1”表示；无电流时叫空号，用数字“0”表示。一个“·”就用“1、0”来表示，一个“—”就用“1、1、1、0”来表示。莫尔斯电报将要传送的字母或数字用不同排列顺序的“·”“—”来表示，这就是莫尔斯电码，也是电信史上最早的编码。经过一年的努力，莫尔斯终于在 1837 年研制成功了一台传递电码的装置，并把它称为电报机。

莫尔斯电报机的发报装置如图 20-10 所示，通过触动开关，发出信号；而收报机的结构则是，不连续的电流通过电磁铁，牵动摆尖的前端，其与铅笔连接，带动铅笔在

移动的纸带上画出点或线，经译码还原成电文，图 20-11 所示为莫尔斯电报机的收报装置。

图 20-10　莫尔斯电报机的发报装置

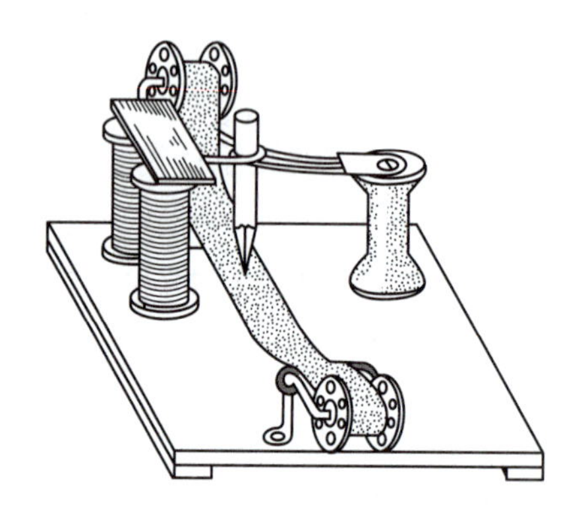

图 20-11　莫尔斯电报机收报装置

● 莫尔斯电报机工作原理。1837 年，两位英国人在英国申请了电报的发明专利，他们用电流来传递信息，设计出指针式电报机。通过电流的导线可以使罗盘偏转，那么，如果设计一个由磁铁带动的指针，当有电流通过时，指针会偏转一定角度。电流越大，偏转越大。利用这一特性，人们不用架设 26 组导线，只要 1 组导线就可以通过大小不同的电流来控制指针位置。

同年，美国人塞缪尔·莫尔斯在美国也申请了电报专利（这好像和电灯发明的过程差不多，历史总是惊人地相似）。大家可能会以为莫尔斯抄袭了这两位英国人的专利，其实莫尔斯的电报机不是指针式的。他发明的电报机比指针式电报机更稳定、更可靠，到后来完全取代了指针式电报，成为电报机的标准形式。莫尔斯的电报机一直沿用至今。

莫尔斯发明的电报机工作原理如图 20-12 所示，当电线中有电流时，收报机中的电磁铁就会带动铁片上的笔在纸带上做记号，时间短的记“·”，时间长的记“—”，发送信号靠一个按键，按下时电路接通，抬起时电路断开，接通和断开的时间长短用手来控制。

莫尔斯电报机是有线电报机，电码由报务员用电键发送。这种方式称为人工电报。

莫尔斯的电报机有两个创新之处。一是采用了以他的名字命名的电报编码——莫尔斯电码（也叫莫尔斯密码）；二是使用了纸带装置代替人工值守。

莫尔斯电码最大的特点不只是包括的信息量大，而且还很稳定，不易出错。指针式电报使用电流大小的变化来发报，其实就是模拟信号，电流大小在发报过程中常会受到干扰。莫尔斯电码使用的是有无电流在时间维度上的长短组合来发报，这其实就是我们现在常说的数字信号，这种方式传递信息，比模拟信号可靠、稳定。由此看来，数字时代在莫尔斯发明电报时就开始了。

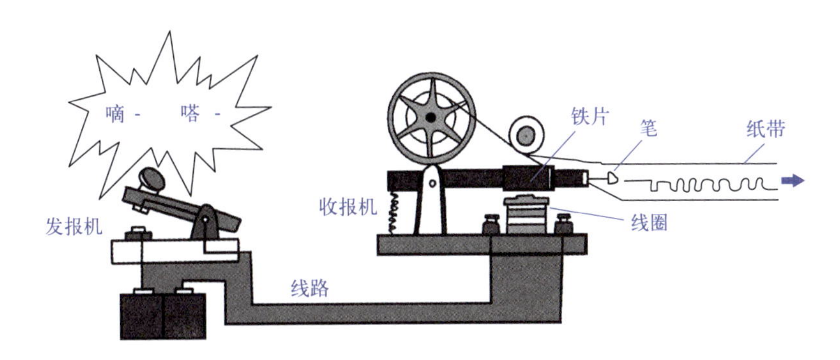

图 20-12　电报机的工作原理示意图

莫尔斯电报的接收端有纸带装置，这个装置就是把很长的细纸带卷在一个纸带盘上（图 20-13、图 20-14），当发报端开始用莫尔斯电码发报时，接收端的纸带就会转动，输出纸带。在纸带的输出端有一支笔与电磁铁相连。发报端按下按键开关，接收端的笔就会落到纸带上，在纸带上画出与按下开关时间长度一致的线段。莫尔斯电报机把发报内容直接记到了纸上，不需要专门的收报人员。随后，西门子和爱迪生都对电报机做了改进，但基本的原理依然没变。直到电话的出现，才让电报慢慢地退出了历史的舞台。

为了使电报样机迅速得到实验鉴定，莫尔斯与维耳多次研究考察，拟定了在华盛顿与马里兰州的巴尔的摩两城市间架设第一条 40 千米长的高空试验性电报线路计划。几经波折，该计划于 1843 年得到美国国会拨款支持。

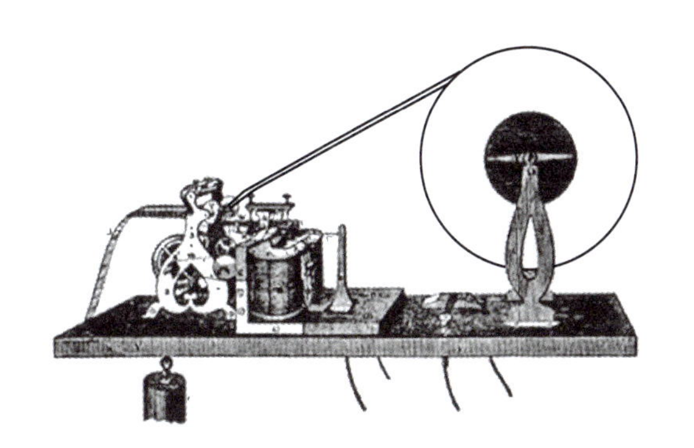

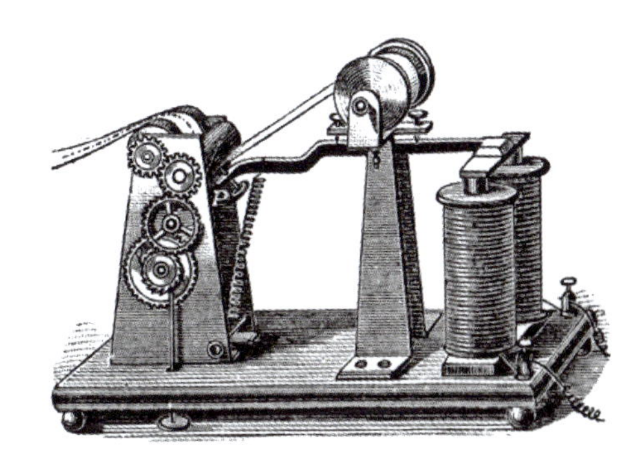

图 20-13　莫尔斯电报机的纸带接收机（一）　图 20-14　莫尔斯电报机的纸带接收机（二）

1844 年 5 月 24 日，是世界电信史上光辉的一天。在美国国会大厅里举行了一次

隆重的电报机通信试验活动（图 20-15）。莫尔斯接通电源，向巴尔的摩发出了电报："上帝创造了何等奇迹！"莫尔斯的电报终于成功了！这一天也成了国际公认的电报发明日。莫尔斯的电报因为使用了电报编码，具有简单、准确和经济实用的特点，很快便风靡全球。

图 20-15　莫尔斯第一次使用自己设计的发报机发送电报

晚年，享有盛誉的莫尔斯将发明电报获得的巨大财富用于慈善事业。1872 年 4 月 2 日莫尔斯逝世，纽约市人民特地在中央公园为他建造了一座雕像，永远纪念他为人类做出的巨大贡献！

电报的发明，拉开了电信时代的序幕，开创了人类利用电来传递信息的历史。从此，信息传递的速度大大加快了。只需 1 秒，电报便可以载着人们所要传送的信息绕地球走上 7 圈半。这种速度是以往任何一种通信工具所望尘莫及的。

趣闻轶事

● 轶事一。1832 年秋天，在大西洋中航行的一艘邮船上，美国医生杰克逊给旅客们讲电磁铁原理，旅客中 41 岁的美国画家莫尔斯被深深地吸引住了。他联想起自己所见到的信号传递机理，每次只能凭视力所及传信数英里而已。如果用电流传输电磁信号，是不是可以在瞬息之间把消息传送数千英里之遥呢？从这以后，他毅然改行投身于电学研究领域。

● 轶事二。莫尔斯青年时研究绘画和雕刻，当过若干艺术团体的负责人。他抛弃了铺着荣誉地毯的艺术之路，转向尚处于幼年时代的电学，冒着失败的风险，在崎岖不平的科技之峰上努力攀登。在试制电报机的过程中，莫尔斯的生活极为困苦，有时甚至饭都吃不饱。他节衣缩食，以购置实验用具。1836 年，他不得不重新开始画画，以解决生计问题，但他始终没有中断研究工作。在坚持不懈的努力和友人们的帮助下，莫尔斯终于获得了成功。

你知道吗?

“嘀嘀嘀，嗒嗒嗒，嘀嘀嘀”怎么就成了“S.O.S.”呢？原来，莫尔斯码是依靠电流传递的，莫尔斯码通过发报机的两片电板来发信息。两片电板接触、断开，就会有电流流出、停止的现象。发报机把电流和声音关联起来，通电时间长，就是“嗒”的声音；通电时间短，就是“嘀”的声音。这样，通电时间的长短再加上间隔，就构成了一套符号体系。

按照莫尔斯码的规则，每个字母和数字都与一定的组合相对应。比如要表示字母 S，就是发出三个短的电流（“嘀”），而要表示字母 O，就发出三个长的电流（“嗒”）。那 S.O.S. 是什么意思呢，有人认为是“Save Our Souls”（救救我们），有人解释为“Save Our Ship”（救救我们的船），也有人推测是“Send Our Succor”（速来援助）。

实际上，在把 S.O.S. 设置为求救符号的时候，并没有考虑过意义的问题，只是力求方便。

网络发达的时代，通信似乎用不着莫尔斯电码了，但人们也有可能碰到意外。要是流落到荒郊野外，或是在漆黑的暴风雨中，向声音达不到的地方求救，同样可以使用莫尔斯电码。比如用手电，可以按照“短短短、长长长、短短短”的方式闪烁灯光，就等于发出 S.O.S. 的求救信号。声音也一样，就是敲击出“短短短、长长长、短短短”的声音，或者发出类似于“嘀嘀嘀，嗒嗒嗒，嘀嘀嘀”的声音都可以。

第 21 章 贝尔发明了电话

现在几乎人人都在使用电话，拿起电话，只要拨几个数字，马上就能和对方通话。电话网络已经遍布世界各地。

● 电话发明之前。古代人们为了传递消息，发明了许多信息传递方法，人类历史上最早的通信手段和现在一样是“无线”的，如击鼓传信（图 21-1）、烽火传军情（图 21-2）、驿站送信（图 21-3）、风筝通信、漂流瓶、旗语、射箭传书、飞鸽传书（图 21-4）等。

图 21-1　击鼓传信

图 21-2　烽火传军情

图 21-3　驿站送信

图 21-4　飞鸽传书

在古代中国和非洲，击鼓传信是最早最方便的方法，非洲人用圆木特制的大鼓可传声至三四公里远，再通过“鼓声接力”和专门的“击鼓语言”，可在很短的时间内把消息准确地传到 50 公里以外的另一个部落。

在中国的古代，为了及时传递军事情报，利用烽火台点燃的火和烟传递信息。大约在 2700 多年前，中国周朝的烽火告警系统就已经很完备了。

据史料记载，2000 多年前古罗马恺撒大帝征服高卢时，就利用鸽子送信。在中国，从史料上看，楚汉相争时就有利用信鸽传递书信的记载，唐宋以后利用信鸽传书的记载更多。

中国远在周朝时就建立了专门传递官府文书的驿站，通过骑马将文书一个驿站接一个驿站地传递下去。其实，不论是击鼓、烽火、旗语，要实现消息的远距离传送，都需要中继站的层层传递，消息才能到达目的地。

人类通信史上的革命性变化，是把电作为信息载体后发生的。电报的发明（图 21-5），把人们想要传递的信息以每秒 30 万公里的速度传向远方，这是人类信息史上划时代的创举。但久而久之，人们又有点不满足了，因为发一份电报，需要先拟好电报稿，然后再译成电码，交报务员发送出去。对方报务员收到报文后，得先把电码译成文字，然后投送给收报人。这不仅手续繁多，而且不能即时地进行双向信息交流，要得到对方的回电，还需要等较长的时间。

图 21-5　发电报

人们对电报的不满意，促使科学家们开始新的探索，对于远距离传送提出了用话筒接力传送信息的建议。虽然这种方法不太切合实际，但休斯为这种通话方式所取的名字“电话”，却一直沿用至今。19 世纪 30 年代之后，人们开始探索用电磁现象来传送音乐和话音的方法。

● 电话的发明。通过电线传送的第一个声音，甚至使它的发明人亚历山大·格拉汉姆·贝尔都感到惊讶。一天深夜，贝尔向在隔壁房间里的助手沃森偶尔传递的一个口信获得了成功。贝尔无法知道的是，那个夜晚标志着通信革命的开始。就在那个夜晚贝尔与沃森试验了世界上第一台可用的电话机。

● 亚历山大·格拉汉姆·贝尔。1847 年，贝尔（图 21-6）出生在英国苏格兰的爱丁堡，并在那里接受初等教育。他的父亲和祖父都是颇有名气的语音学家。受家庭的影响，他从小就对声学和语音学有着浓厚的兴趣。贝尔小时候在学校里的学习成绩并不

好，但他喜欢自然科学，经常自己拆装玩具，或是研究小动物。在他的书包里，经常放着一些玩具和小动物，有时小动物逃了出来，惹得课堂秩序大乱，所以老师和同学都认为他是一个淘气的孩子。贝尔在爱丁堡皇家中学毕业后，在伦敦工作的祖父把他接回家一起住了1年。严厉的祖父不但知识渊博，而且对孩子循循善诱。贝尔在伦敦不仅学到了许多科学知识，而且懂得了必须认真学习，将来才能有所作为的人生道理。从伦敦回到爱丁堡以后，贝尔不再贪玩，他不但在学校里认真学习各种知识，而且把这些知识运用于实践之中。

图21-6　亚历山大·格拉汉姆·贝尔

● 贝尔的梦想。1864年，17岁的贝尔进入爱丁堡大学，学习语音学专业。贝尔之所以选择语音学专业，除了受祖父与父亲的影响外，还因为他母亲耳聋，所以他立志钻研语音学，以便为听障人士解除痛苦。1867年贝尔进入了伦敦大学攻读语音学专业，但是没多久，贝尔和他的哥哥、弟弟都患了肺结核，后来，他的哥哥和弟弟因肺结核病去世，这使得贝尔的父母十分伤心。在医生的建议下，贝尔的父亲便决定找个空气新鲜、气候良好的地方居住。于是，1870年贝尔与父母一起去了加拿大定居。患了肺结核的贝尔，在经过一段时间的疗养后，身体恢复了健康。在加拿大，贝尔继续研究语音学，并在一所中学教语音课。

贝尔的父亲早就因研究语音学而闻名世界，所以不久加拿大的女王大学特别聘他为讲师，同时也有来自美国方面的邀请。而贝尔的父亲见儿子已学有所成，且青出于蓝，所以就特别推荐了儿子。于是，贝尔就此迁居波士顿。他在波士顿开设了一所聋哑学校，从事听障儿童的教育，专门教听障人士克服不能说话的困难。贝尔发明了一种可以看得见的语言，能够让听不到声音的人正确地发音，使听障人士能和正常人交流。这种可视语言就是用嘴唇和舌头的不同位置来表示不同的语音。

为了让听障人士能够“看到”自己所说的话，贝尔试图把声音的振动复制在纸上，以便使听障人士有一个比较，但这个尝试没有成功。不过在研究的过程中，贝尔产生了用电来进行声音传递的念头。1873年贝尔被波士顿大学聘为语音学教授，当时，他才26岁。

贝尔注意到当时已经很兴盛的电报业是借着电线来传导电波的。当时的电报公司正在高价收买用一条电线同时传送几封电报的技术，即多重电报。尽管这样，电报还是需要把文字译成电码才能发送，接收后还要翻译成文字，非常麻烦。

如果能够把声音直接传递过去，就应该比任何电报都要快。实验结果证明，电报是不能传递人类的声音的。

身为语音学的研究者，他常常想，为什么不能借助电波来传播声音呢？这种念头使他萌发了发明以电波传音的构想。他拜访一位华盛顿有名的电报技师，向他提出自己的想法，以电线传送声音的事可能吗？那位技师哈哈大笑说："阁下对电气真是门外汉，电线怎能传音呢？稍具有电气知识的人，是不会有这种呆念头的。以后还是多多学习电学吧，这样才不会闹这种笑话。"贝尔听了十分扫兴，但并没有因此而断了这种念头。

虽然如此，电话的梦想仍留存在贝尔的脑中，他无时不在想：怎么才能用电线来传送人的声音呢？

贝尔想到，要使电流能够传递声音，就得制造出一种随语言变化的连续电流，用电波来代替传递声音的空气波，要把这一想法变成现实，就必须得有电学知识。

● 人类第一部电话。贝尔专程去了华盛顿，拜访美国著名的物理学家约瑟夫·亨利，征求他的意见。亨利很仔细地听了贝尔的说明，然后很热诚地说："贝尔先生，这真是一项了不起的构想，这一定会成为历史上的伟大发明，好好研究吧！不要半途而废。"亨利的鼓励，使贝尔的信心倍增。于是，26 岁的贝尔开始学习电学。

在一位富翁的资助下，贝尔结识了 18 岁的青年技师沃森，并一起研制多重电报。沃森虽然还没从学校毕业，但因为曾经自修电气方面的知识，也开过电气店，所以有精巧的手艺，也有卓越的发明才能。

随后的两年，贝尔刻苦用功地学习电学，再加上他扎实的语言学知识，他的学习进展飞快。

1875 年，在波士顿，贝尔和他的助手沃森分别在两个房间里试验多重电报机，在试验过程中一个偶然发生的事故启发了贝尔。沃森房间里的电报机上有一个弹簧粘到磁铁上了，沃森拉开弹簧时，弹簧发生了振动。与此同时，贝尔惊奇地发现自己房间里电报机上的弹簧也颤动起来，还发出了声音，是电流把振动从一个房间传到了另一个房间。贝尔的思路顿时大开，他由此想到：如果人对着一个铁片说话，声音将引起铁片振动，若在铁片后面放上一块电磁铁，铁片的振动势必在电磁铁线圈中产生时大时小的电流。这个波动电流沿电线传向远处，远处的类似装置上不就会发生同样的振动，并发出同样的声音吗？这样声音就沿电线传到远方去了。这不就是梦寐以求的电话吗？

贝尔按照这一设想，与沃森立即动手尝试起来，他们不知试验过多少个方案，有过多少次失败，终于制成了两台粗糙的样机，圆筒底部的薄膜中央连接着插入硫酸的炭棒，人说话时薄膜振动改变电阻使电流变化，在接收处再利用电磁原理将电信号变回语音。为了验证样机的效果，他们把导线从实验室架到公寓的另一头，试验开始了，贝尔和沃森分别对着自己的装置大声呼喊（图21-7）。可是，两人的声音是通过公寓的天花板而不是通过机器互相传递的。机器丝毫没有反应，试验失败了，问题出在哪呢？两个年轻人苦苦思索着。

图21-7　贝尔和沃森正在做试验

一天晚上，正当贝尔仰望着那夜幕中的点点繁星时，突然从远处传来一阵吉他声，贝尔侧耳凝神地听着，荡漾在夜空中的美妙的声音，使贝尔幡然醒悟。他朝着年轻的技师沃森走去，拥抱着他说："有啦！有啦！"贝尔从吉他的共鸣原理中，意识到电话样机的送话器和受话器灵敏度都太低，所以送出去的声音微弱，难以听清，他们连续两天两夜自制了音箱，改进了机器。到了第三天晚上，他们开始新的通话试验了，贝尔在实验室里，将门窗全部关闭，沃森在另一间房子里，将受话器紧贴耳边，一切准备就绪，贝尔一边调试机器，一边对着送话器呼唤起来，沃森屏住了呼吸专心地听着，受话器里的声音开始弱如蚊子，突然清晰地传来了贝尔的高喊声："沃森先生，快来帮帮我！"原来贝尔在操作机器时，一不小心把电池中的硫酸溅到脚上，由于疼痛难忍，他情不自禁地对着话筒呼唤求助。不料，这一求助声竟成为世界上第一句由电话机传送的话音，沃森从听筒里清晰地听到了贝尔的声音。沃森惊喜万分，连忙急呼："贝尔！我听见了！听见了！"就这样，世界上第一部可供使用的电话问世了。现在美国波士顿法院路109号的顶楼门口，还挂着一块铜牌，上面写着：1875年6月2日，电话在这里诞生。

1876年2月贝尔呈交了专利申请，1876年3月3日，贝尔的专利申请被批准。

说到电话的发明，还有一段鲜为人知的故事。其实，在贝尔申请电话专利的同一天几小时后，另一位杰出的发明家艾利沙·格雷也为他的电话申请专利。由于贝尔发明电话机的送话器在原理上与另一位电话发明家格雷的发明雷同，因而格雷便向法院提起诉讼。一场争夺电话发明权的诉讼案便由此展开，并一直持续了十多年。最后，美国最高法院裁定根据贝尔的磁石电话与格雷的液体电话的不同，而且比格雷早几个小时提交了专利申请等这些因素，做出了贝尔胜诉的判决，电话发明权案至此画上了句号。

尽管如此，实事求是地说，电话的发明凝聚着包括贝尔在内的许多电话发明家的智慧和汗水。

图 21-8　贝尔的第一部电话（送话器）

● 贝尔电话的原理。从外形上看，贝尔的电话就像一个盒式照相机，一端有一个圆形凸出物，既是话筒也是听筒，如图 21-8 所示。其原理是，声音会引起空气的振动，空气的振动会使金属膜也发生振动，而金属膜是和绕在电磁铁中的线圈连在一起的。金属膜的振动，会使线圈切割磁力线而产生感应电流。这样，声音就变成了电流传了出去。在另一端，电流通到电磁铁上，使受话器上的金属薄膜相应地振动，将话音还原出来。

● 贝尔发明电话之后。贝尔和沃森的成就并不仅仅限于发明了电话，更重要的是他们还努力创建了电话产业，成为电话业的创始人。在参加费城博览会回到波士顿后，他一方面致力于改进电话机，一方面进行电话的推广宣传工作。他和沃森马不停蹄地奔走于美国各大城市，不知疲倦地讲演并进行实际操作。

1877 年，为了纪念美国独立 100 周年，在费城举行了盛大的博览会。在博览会上，贝尔的电话获得了象征最高荣誉的金奖。从此以后，大家都知道了电话这种伟大的发明。不过，因为还没推广，一般人只把它当作是一个巧妙神奇的玩具罢了！

电话在当时并非必需品，再者说，那时的电话机没有充分地改良，收听状况也不太理想，因此人们对它并不太感兴趣！想要让人们使用电话，必先让大家认清电话的作用和力量，最好是在大众面前做公开的试验，让每个人都有机会拿起受话机来收听声音，这样才能推广开来。这样想着的贝尔，就带着电话机，在全美国巡回表演，实地操作（图 21-9）。

图 21-9　贝尔发明电话后推广电话

贝尔、沃森、桑德士、哈勃特四人，组建了贝尔电话公司，以出租电话机和电话线、收取使用费的方式，开始为一些最早接受电话的家庭装设电话。慢慢地，大家逐渐认识了电话的价值，装设的家庭也越来越多，而电话的功能也逐渐显现出来。因此，电话机就如雨后春笋一般，一部接着一部地装设。贝尔电话公司就以这种惊人的势头发展下去，公司的业务日趋发达，最后改名为美国电话电信公司，成为电话业务占全美国百分之九十以上的庞大集团。

1882年，贝尔加入美国籍，正式成为美国人。1892年纽约芝加哥的电话线开通，电话发明人贝尔第一个试音，“你好，芝加哥吗？”（图21-10）这一历史性的声音被记录了下来。你知道我们打电话为什么先说“你好”了吗？

图21-10　“你好，芝加哥吗？”

贝尔公司承担了美国大多数电话线路的架设，到了1910年，美国已经有700万台电话，到了1922年，达到了2100万台。

贝尔一生都在关注听障人士，他的另一项重要的发明就是助听器。晚年的贝尔还对飞机产生了兴趣，世界上第一架水上飞机就是贝尔实验室研制的。许多震惊世界的发明都产生于贝尔实验室。

- 电话的发展（图21-11）。1875年贝尔和沃森发明了电话，这是原始的电磁式电话。它用两根导线连接两个结构完全相同，在电磁铁上装有振动膜片的送话器和受话器，率先实现两端通话，但通话距离短、效率低。

图21-11　电话的发展

1877 年，在爱迪生发明了炭粒送话器和诱导线路后通话距离延长了。这种电话机是磁石式电话机，磁石式电话机由通话、信号发送和信号接收三部分组成，其内部通话电路由送话器、受话器、电感线圈、干电池等构成。磁石电话靠自备电池供电，信号发送功能由手摇发电机实现，信号接收由交流铃碗实现。

1882 年，共电式电话机出现了，可以共同使用电话局的电源。这项改进使电话结构大大简化了，而且使用方便，拿起电话便可呼叫。它与磁石式电话机的不同之处在于，共电式电话机由共电交换机集中供电，取消了机内手摇发电机和外接电池。

1896 年，美国人埃里克森发明了旋转电话拨号盘。1920 年，美国人坎贝尔发明了消侧音电路，这样就产生了自动电话机——拨号盘电话机。这种拨号盘式电话机是在共电式电话机的基础上增加了一只拨号盘和一副脉冲接点，利用机械旋转拨号盘来完成信号发送，拨号盘上有一对与电话机供电回路相接通的脉冲接点。当拨号时拨号盘自动回转，通过脉冲接点形成脉冲信号而发出一个个脉冲串。脉冲串的脉冲个数就是所对应的拨号数字。人们就可以通过交换台任选通话对象了。拨号盘电话机把电话通信推向了一个新阶段。

20 世纪 60 年代末期出现了按键式全电子电话机。除脉冲拨号方式外，又出现了双音多频拨号方式。随着程控交换机的发展，双音频按键电话机已逐步普及。电子电话机电路正在向集成化迈进，电话机专用集成电路已广泛用于电话机电路各组成部分。各种多功能电话机和特种用途电话机也应运而生。到了 90 年代初，已有了将拨号、通话、振铃三种功能集于一块集成电路上的电话机。

随着电子技术的飞速发展，现代的电话机不仅数量激增，品种和功能更是今非昔比。除传统的人工电话、自动电话外，还出现了许多特种电话。如能充当“值班秘书”的录音电话和书写电话，闻声见影的电视电话，信手拈来的无绳电话、网络电话，随身携带的模拟移动电话和数字移动电话。

此外，还有口呼移动电话，甚至能使听障人士通话的“聋人电话”也已试制成功。随着互联网技术的发展，现在的通信技术已经远不是电话诞生初期时的那样了。

电话交换系统从早期人工、机械式、电子式交换阶段发展成为如今以计算机程序控制为主的程控数字交换阶段，不仅实现了数字语音通信，还能实现传递数据、图像通信，构成了综合业务数字通信网。

从“周幽王烽火戏诸侯”到“竹信”，从“漂流瓶”到人类历史上的第一份电报，从贝尔的电话到 21 世纪中各种无线电通信设备，时代的发展创造了电话，而电话的出现又使时代发展蒸蒸日上。贝尔设想将电话线埋入地下，或悬架在空中，用它连接住

宅、乡村、工厂…… 这样，任何地方都能直接通电话。今天，贝尔的设想早已成为现实，电话走进了千家万户。不仅如此，电脑、因特网已遍布城乡，人们端坐家中，就可以与万里之遥的亲朋进行“面对面”的聊天，充分享受网络时代的无限惬意。

趣闻轶事

● 马克·吐温与贝尔。亚历山大·格拉汉姆·贝尔是电话的发明者，因此被后人称为“电话之父”。而实际上，马克·吐温与贝尔之间曾经有过一段交集，还让马克·吐温错失了一次发财的良机。

马克·吐温是一位靠写作起家的作家，由于他的作品幽默、诙谐，可读性很强，同时还暗藏着对制度和时事的讽刺，深受广大读者的喜爱。因此，马克·吐温的作品十分畅销，也让他赚到了大笔的钱。

马克·吐温除了写作，还喜欢搞一些风险投资的项目，他将自己写作收入的很大一部分都用于风险投资。但是马克·吐温的投资大多都没有得到什么回报，甚至有些人知道了他这个爱好之后，是存心欺骗他的。

有一天，一个自称贝尔的年轻人找到了马克·吐温，向马克·吐温展示了他的新发明，两个塑料盒子，放在不同的地方，可以互相通话。按照现代人的常识来看，很容易就知道，他的这项发明就是电话机。

马克·吐温很快就拒绝了对方，原因是马克·吐温认为，他的家里只有四五个房间，彼此之间不需要这样的东西通话。

贝尔并没有气馁，他告诉马克·吐温，只要四五百美元即可，他就可以将这项发明推广到市场上。但最终马克·吐温还是拒绝了他。他们的谈话就此结束，当天贝尔快快而归，只能继续去寻找新的投资人。

你知道吗?

● 电话机的基本结构和基本原理。电话机是一种可以传送与接收声音的远程通信设备。它安装在办公室、家里和其他一些公共场所，与人们接触最频繁。

如图21-12所示，电话机由话筒、听筒、压簧开关、按键式键盘和频率发生器、振铃等组成。电话话筒和听筒中分别有一个麦克风和一个扬声器，用于传输和接收模拟声音信号。

图21-12中压簧开关是一个决定与网络连接或断开的开关。当你拿起听筒时，它就开始与网络连接。你可以通过快速轻叩压簧开关来拨打这部简单的电话，电话开关转换器会识别出这种脉冲拨号。脉冲拨号是一种拨号形式，它通过脉冲频率输入电话号

码。当拨号时，用户通常会听到一串拨号音。如果您拿起话筒，对着压簧开关快速轻叩四下，电话公司的开关转换器就会知道您拨的号码是“4”了。

图 21-12 电话机结构

脉冲拨号电话存在的唯一问题是说话时，通过扬声器还能听见自己的声音。多数人都觉得这种回声很讨厌，因此任何“真正”的电话都包含一种称为双层线圈的设备或者其他具有等效功能的设备以阻隔自己的声音进入到耳中。

电话机话筒和听筒的构造非常简单（图 21-13）。早期的炭粒话筒端是两块薄的金属板，它们中间夹着炭粒。通话人说话时的声波对炭粒不断施压和减压，改变了炭粒的阻抗，从而调节流过炭粒的电流。话筒和听筒之间连着一对电话线，话筒把声音变成变化的电流，电流沿着导线把信息传到远方。

在另一端，电流使听筒的膜片振动，携带信息的电流通过线圈时产生感应磁场，吸引电磁铁中的薄膜片产生振动，这种振动经过空气就变成声音了，从而实现将电信号转化回声音信号。

打电话是声音信息的传递过程。电话通信是通过声能与电能相互转换，并利用“电”这个媒介来传输语言的一种通信技术。两个用户要进行通话，最简单的形式就是将两部电话机用一对线路连接起来。

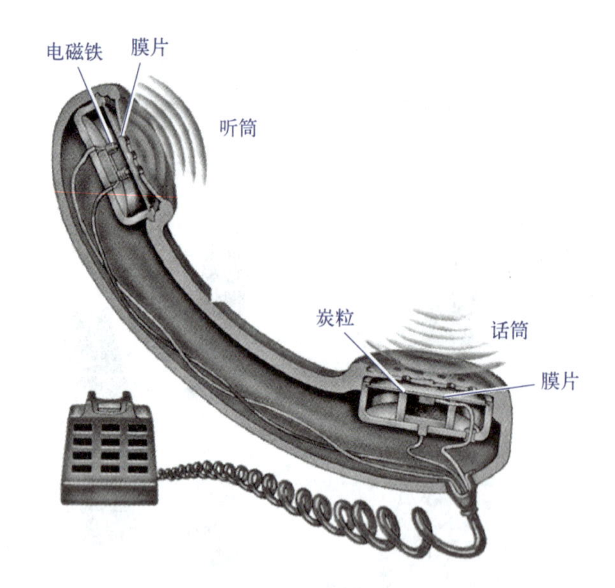

图 21-13　电话机话筒和听筒的构造

● 手动接线总机的时代（图 21-14）。每家都有一对铜导线与位于城镇中心的电话总局相连。总机接线员坐在带有插座的面板前，每对进入总局的导线都会有一个插座，每一个插座上面有一盏小灯，一股由电池提供的较大的电流通过电阻器流向每对导线。当有人拿起他的电话听筒时，压簧开关就会闭合电路，电流就会流入家庭与电话总局之间的导线，这样就会点亮总机上代表他家的插座上的灯泡。接线员就会把耳机接入该插座，询问他想给谁打电话。接下来，接线员会给接收方发送一个信号，并等待对方接电话。一旦对方拿起电话，接线员就将双方连接起来，双方就可以通话了。

图 21-14　手动接线总机的时代

在现代电话通信系统中，接线员已经被电子开关所代替，当你拿起电话时，开关感应到回路闭合，于是发出拨号音，这样双方就可以进行通话了。

- 电话通信系统。如果实现任意两个用户之间的信息交换，那么打电话时声音信息的传递是由电话通信系统来实现的。电话通信系统是利用电信号来传递人们的讲话声音的，电话通信系统基本组成如图 21-15 所示，它由终端设备电话机、传输线路和交换设备三个部分组成。

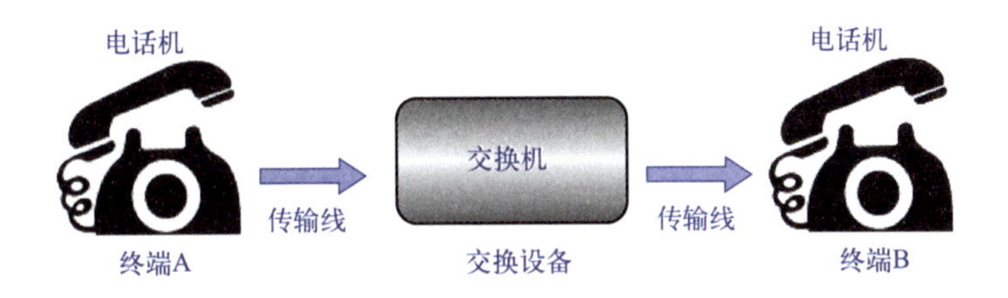

图 21-15　电话通信系统基本组成

电话机的基本功能是完成声电转换和信令功能，将人的语音信号转变为交变的语音电流信号并完成简单的信令功能。传输线功能是将电话机和交换机连接起来，常用的传输线有电缆、光纤。交换机的基本功能是完成交换，就是将不同的用户连接起来，以便完成通话。每个用户只要接入到一个交换机，就能与其中的任一用户通话（图 21-16）。

- 什么是可见光通信技术。可见光通信技术是指利用可见光波段的光作为信息载体，无需光纤等有线信道的传输介质，在空气中直接传输光信号的通信方式。

可见光通信技术绿色低碳，可实现近乎零耗能通信，还可有效避免无线电通信电磁信号泄漏等缺点，快速构建抗干扰、抗截获的安全信息空间。

图 21-16　单个交换机的通话形式

未来，可见光通信必将与 WiFi、蜂窝网络（3G、4G 甚至 5G）等通信技术交互融合，给物联网、智慧城市（家庭）、航空、航海、地铁、高铁、室内导航和井下作业等领域带来创新应用。

- 光线电话。可见光通信并非最近几年才出现的新兴概念，其历史可以追溯到电话刚刚诞生的年代。1876 年，亚历山大 · 格拉汉姆 · 贝尔与他的同事因试验了世界上第一台电话机而被世人所熟知，但其实他还有另一项伟大的发明成就，就是光线电话。

1880 年，贝尔发现了一个有趣的玩法：通过调节光束的变化来传递语音信号，从而可以进行双方无线对话。这就是人类最早的无线电话（图 21-17），利用的正是可见光通信。可惜当时电话尚未普及，光线电话也因实现难度大、实用价值不高等原因，没能得到实际推广。

图 21-17　贝尔发现了光线电话

第 22 章

是谁打开了无线电应用的大门

无线电通信是将需要传送的声音、文字、数据、图像等电信号调制在无线电波上经空间和地面传至对方的通信方式。

无线电通信的最大魅力在于，借助无线电波的波动传递信息的功能，人们可以省去铺设导线的麻烦，实现更加自由、更加快捷、无障碍的信息交流和沟通。从无线电波的特性来看，无线电波如同光波一样，可以反射、折射、绕射和散射传播。由于电波特性不同，有些电波能够在地球表面传播，有些能够在空间直线传播，有些能够从大气层上空反射传播，有些电波甚至能穿透大气层，飞向遥远的宇宙空间。

如图 22-1 所示，无线电通信技术已经渗透到政治、军事、工业、农业、交通、文化、科技、教育和人们日常生活的各个领域，体现了一个国家综合国力和发展水平。我们生活的这个世界在过去 100 多年内发生的变化，比以往任何一个世纪都要大。而一次次的技术革命浪潮，特别是像无线电技术这类重要基础科学的突破，更推动了整个世界科学技术的前进。

伽利尔摩·马可尼（图 22-2）是无线通信的开创人，于 1909 年获得诺贝尔物理学奖。尽管在 1844 年莫尔斯就发明了电报机，1875 年贝尔发明了电话，电报机和电话的发明使信息传播的速度不知比以往快了多少倍，大大缩短了各大陆、各国家之间的距离，但是当时的电报、电话都是靠电流在导线内传输信号的，这使通信受到很大的局限。无线电技术的出现使通信摆脱了依赖导线的方式，是通信技术上的一次大的飞跃。它深刻地影响了整个人类信息传递的方式，把全世界都联系在了一起，为人类开创了一个崭新的信息新时代，对人类生产生活的发展和科技文明的进步都有着深远而重要的意义。

● 伽利尔摩·马可尼（图 22-2）少年梦。伽利尔摩·马可尼（1874 —1937 年）1874 年出生于意大利北部的波伦亚城。父亲是个农庄主，母亲是爱尔兰一个贵族的后裔。

图 22-1 无线电通信的应用

年少时，马可尼不喜欢去正规的学校读书，而是经常泡在父亲的私人图书馆中，看各种书报。这对他日后的成就起了关键的作用。母亲也非常注重马可尼的兴趣培养，给他腾出一个房间作为实验室，还请了一位大学物理教授给马可尼做指导。这位教授不但允许马可尼使用学校的实验室，还同意他将实验仪器拿回家中，并且可以自由借阅学校图书馆的图书。马可尼天资聪颖，勤奋好学，一直对电磁学有着浓厚的兴趣，他很早就读过麦克斯韦、赫兹、里希、洛奇等人的著作。在博洛尼亚大学学习期间，他用电磁波进行约 2 公里距离的无线电通信实验，获得成功。1897 年，马可尼在伦敦成立了无线电报公司。1909 年他与布劳恩一起获得诺贝尔物理学奖，被称为“无线电之父”。

图 22-2 伽利尔摩 · 马可尼

● 伽利尔摩 · 马可尼迈出了第一步。在马可尼的学生时代，德国物理学家赫兹用

自己设计的杰出实验，证明了电磁波的存在，同时还向人类表明电是可以无线传播的。虽然，在赫兹的实验装置中，电的发射源和接收源之间的距离是微不足道的，但它却启发人们，用电进行无线通信是可能的。

1894 年，年轻的赫兹不幸逝世。这时，20 岁的马可尼正在欧拉巴圣地度假。当他看到自己的老师、帕多瓦大学物理学教授里奇悼念赫兹的祭文时，深受感动。许多有线电报的行家和物理学家认为赫兹的实验有助于未来的无线电报的研究，奥古斯特·里奇教授就是一个代表。他对热衷实验研究的马可尼说："如果人类能够利用电磁波的话，那么电报就会飞越太空。总有一天，不用导线的通信就会成为现实。"里奇老师的一番话，使马可尼完全投入到无线电报研究上来，用电磁波传递信息，已成了年轻的马可尼的科学理想。假期还没有结束，马可尼就回到帕多瓦附近父亲庄园的小阁楼里，专心地做实验。

他的第一步是重复赫兹的实验，虽然也经过多次失败，但最后还是成功了，这带给了他莫大的鼓励，虽然通信距离只有可怜的二三厘米。

赫兹的实验如图 22-3 所示，左方是电波产生（发射）机，右方是电波接收机。发射机是利用诱导线圈产生高电压，在火花隙之间产生火花。接收机则简单到只用一根金属线弯成一圆环，两端不相接仅留一小间隙。当发射机产生火花时，接收机也会产生一个较弱的火花。发射机与接收机之间除空气外，没有任何东西相连。

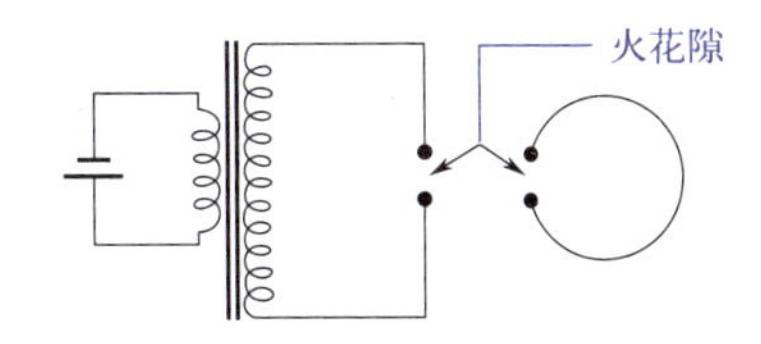

图 22-3　赫兹的实验

此时马可尼所碰到的困难，就是接收机的灵敏度不够高。他想既然赫兹能在几米外测出电磁波，那么只要有足够灵敏的检波器，他一定能在更远的地方测出电磁波。经过多次的失败，他终于迈出了可喜的第一步。他在家中的楼上安装了发射电波的装置，楼下放置了检波器，检波器与电铃相接。他在楼上一接通电源，楼下的电铃就响了起来。如图 22-4 所示，马可尼初期的火花发射机和接收机，左方的是发射机，右方是接收机，马可尼将之改良，用凝聚检波器来替代接收机上的火花隙，因而灵敏度大增，这是第二大突破。

晚上，父亲看到了这个新奇的装置，再也不叫他"不切实际的空想家"了。自此，他的父亲开始给儿子经济资助，让他一心搞实验。

第二年，马可尼把一只煤油桶展开，变成一块大铁板，作为发射的天线，把接收机的天线高挂在一棵大树上，用以增加接收的灵敏度。他还改进了洛奇的金属粉末检波器，在玻璃管中加入少量的银粉，与镍粉混合，再把玻璃管中的空气排除掉。这样一来，发射方增大了功率，接收方也增加了灵敏度。他把发射机放在一座山岗的一侧，接收机安放在山岗另一侧的家中。当他给助手发送信号时，他守候着的接收机接收到了信号，带动电铃发出了清脆的响声。这响声对他来说比动人的交响乐更悦耳动听。这次实验的距离达到 2.7 公里。

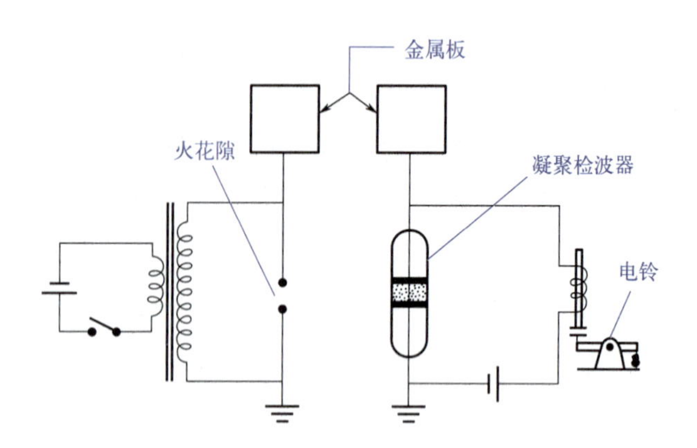

图 22-4　马可尼初期的火花发射和接收机

马可尼渴望进一步进行实验，由于缺少经费，他给意大利邮电部写信，请求资助，但是没有得到支持。这时马可尼只不过是一个 21 岁的年轻人，他的成就说服了父亲，父亲慷慨解囊拿钱出来给他买器材。马可尼原先的计划是想将发明献给意大利政府，但是政府当时却致力架设陆上电线和海底电缆，并认为无线电这玩意太异想天开，不实用，故而推辞了，这件事对马可尼和他的父亲打击很大。

为了使无线电能够有实用价值，能够为人类服务，22 岁的马可尼告别了亲人，踏上了新的征途。

● 伽利尔摩 · 马可尼开始新的征途。马可尼于 1896 年到了英国，并于同年 6 月取得有史以来的第一张无线电专利证，如图 22-5 所示。照片左方是火花发射机，右方是凝聚检波器接收机，下方两根横金属条是天线，当时马可尼只有 22 岁。图 22-6 所示为马可尼发明的火花发射机示意图。在英国他结识了英国邮政总局的总工程师 W.H. 普利斯，在普利斯总工程师的支持下，无线电通信实验十分顺利。1897 年，他在南威尔士越过布里斯托尔海峡，至索美塞的丘陵高地之间，进行通信实验表演，收发报之间的距离已达 15 千米以上。

普利斯十分欣赏马可尼的才干，他幽默地说："人人都认识鸡蛋，但是，只有马可尼把鸡蛋立了起来。" 1897 年 5 月，马可尼的无线电通信实现了从海岸到船只等活动目标之间的通信实用化。

● 伽利尔摩 · 马可尼开创了无线电通信的应用。1897 年 7 月，马可尼开始研究无线电的商业应用，并且在伦敦成立了无线电报通信公司（1900 年改名为马可尼无线电公司）。

图 22-5　马可尼于 1896 年取得第一张无线电专利证后与他的机器合影

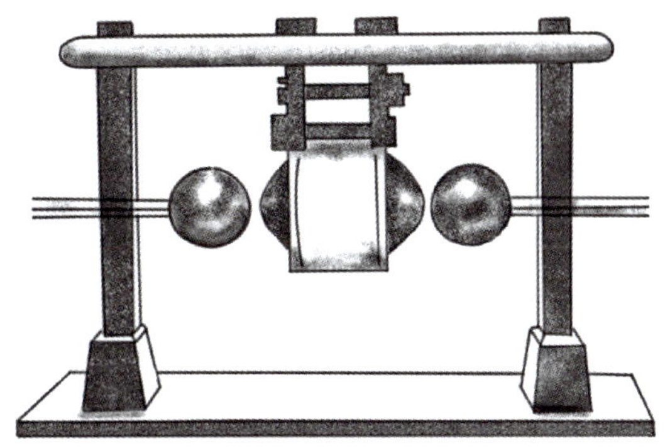

图 22-6　马可尼发明的火花发射机示意图

紧接着，马可尼在怀特岛的艾伦湾建立了一座电台，名字叫尼特无线电站。怀特岛是一个在英国地图上不引人注目的小岛，马可尼在那里进行了一系列著名的通信试验。

艾伦湾尼特无线电站完工以后，很多政府官员和社会名流都到这里来参观。菲尔德也来到这里。这位大西洋海底电缆的创始人，之前还对无线电表示怀疑，但是在事实面前，也完全信服了。在怀特岛电台的机房里，他很愉快地给普利斯等老朋友拍发了电报，他拍给格拉斯哥大学物理实验室的电报是这样的："格拉斯哥大学物理实验室收，告诉布里斯，这是通过以太波从艾伦湾发到朴次茅斯的商业电报，然后借助邮局的电报机传到格拉斯哥的。"当电报拍完以后，菲尔德从衣袋里掏出一先令硬币交给电报员，在场的人都觉得诧异。电报员以为勋爵在开玩笑，硬是不收。菲尔德笑了笑说："这是拍发这些电报的费用，它标志着商用无线电报的开始。"他坚持要付，说这是对马可尼通信装置的赞赏。最后，电报员收下了这不平常的一先令。这是世界上第一份收费的商用无线电报，拍发它的人恰好是长途有线通信的奠基人，这很有意思。

1898 年 7 月，马可尼的无线电报装置正式投入商业使用，为爱尔兰首都柏林《每日快报》报道快艇的比赛实况。马可尼把电台装在一条租来的轮船上，随时把比赛进程拍发给岸上的接收台，然后通过电话线直接告诉《每日快报》编辑部。当天晚上，晚报就登出了快艇的比赛结果。

同年 12 月，马可尼在南海岬灯塔和一艘灯船（相当于浮动灯塔）之间建立了无线电通信。灯船用刚装上的收发报机向南海岬灯塔的电台报告有一艘轮船在哥德文搁浅，挽救了海军总部价值 5.2 万英镑的财产。1899 年 3 月，这艘灯船在海上同一艘邮船相撞，由于它有无线电报装置，及时发出出事的消息，南海岬立刻派救生艇赶到出事地点，把遇难船员全部救了起来。

马可尼没有满足已经取得的成就，继续进行试验。1899 年盛夏，他成功地实现了英法海峡—多佛尔海峡两岸的无线电报联络，把通信距离增大到 45 公里。英法各报都在头版做了报道，学术界也发表文章赞扬和评论这次试验。

在增大通信距离的过程中，马可尼同样做了很多艰苦的工作。一系列的试验表明，天线越高，通信距离就越大。但是，无论在岸上还是在舰船上，天线的高度都是有限度的。后来，马可尼就把注意力集中在增大发射功率和接收机的灵敏度上。当时电子管还没有问世，要实现这两点是相当困难的。

1899 年 7 月，马可尼的无线电通信装置第一次在英国海军演习中使用。英国皇家海军舰艇“亚历山大”号、“欧洲”号、“女神”号都安装了马可尼的装置。演习中，马可尼、肯普和另一个助手分别在这三艘军舰上工作，通信装置很成功。演习结束，英国皇家海军同马可尼签订合同，要他第二年给英国海军的 28 艘军舰和 4 个陆上通信站安装无线电通信装置。这是马可尼公司签订的第一份合同。这次演习也证明，两艘军舰行驶到互相看不见的地方，照样可以通信。这意味着电磁波信号有可能“绕过”地球本身的曲面进行传递。

1899 年 9 月和 10 月，马可尼应邀到美国访问，他用随船携带的无线电装置报道了在美国领海里举行的国际快艇比赛。在纽约期间，他偶然和一个爱好无线电的美国青年德福雷斯特（1873—1961 年）相识，并且给了德福雷斯特很大的启发。几年以后，德福雷斯特发明了真空三极管，这进一步推动了无线电技术的发展。

美国访问结束，马可尼把通信设备装在回国所乘的“圣・保罗”号邮船上。这是美国的定期邮船，它将要横渡大西洋，驶向英国。马可尼离开纽约以前，通过海底电缆发电报给伦敦的电信公司，说“圣・保罗”号在抵达英国水域的时候，他要和怀特岛上的尼特无线电站进行通信试验。公司有关人员得知“圣・保罗”号预定在星期三上午 10 点到 11 点之间到达，星期二下午他们就到尼特无线电站做好准备。实验室主持人弗仑德还派了一个助手在机房值夜班。第二天，弗仑德很早就起来巡视整个通信站。浓雾笼罩着洋面，通过的客轮连影子都看不见。已经是中午时分，邮船预定到达的时间早过去了，还是一点消息也没有。弗仑德和助手们开始焦急起来，该不会出什么事吧？电报员不停地发出无线电联络信号。弗仑德在电报机旁边来回踱着。时针指向下午 4 点 45 分，接收机上的电铃突然响了起来。“你是圣・保罗号吗？”尼特无线电站发出电报问对方。对方回答：“是的。”“你在哪里？”“106 英里远。”

马可尼的来电驱散了大家的忧虑，尼特无线电站顿时洋溢着欢乐的气氛。这一次，马可尼把无线电通信距离增大到 106 公里，无线电信号第一次突破了 100 公里大关。

● 信号飞越大西洋。马可尼没有因为自己创造的无线电通信突破 100 公里的纪录而陶醉，他把目光投向了辽阔的大西洋，渴望建立起欧洲和美洲之间的无线电通信。

这是一个雄心勃勃的计划，很多内行的人都认为很难实现。第一，因为当时的无线电收发报装置还处在原始阶段：发射机还停留在火花式发射机的水平上，电振荡是衰减的，也没有功率放大输出；接收机很简单，检波器是老式的金属屑检波器，没有电子管放大电路，也没有现代接收机最基本的超外差接收方式。第二，因为英国和北美相隔太远，不少人担心地球的曲面会妨碍通信的实现。一般人都以为电磁波只能像光波一样直线传播，不能绕过地球曲面传播，北美收不到英国发来的无线电信号。

马可尼根据 1899 年在大西洋上进行的通信试验，认为电磁波有可能“绕过”地球曲面传到大西洋彼岸，他决心去探索。

为了实现越过大西洋进行通信的宏伟计划，马可尼做了大量的准备工作。1900 年，他取得了无线电史上有名的调谐电路的专利（图 22-7）。这种电路相当于现代接收机的输入调谐回路，虽然不复杂，却使那种简易接收机的灵敏度和选择性有了显著提高。

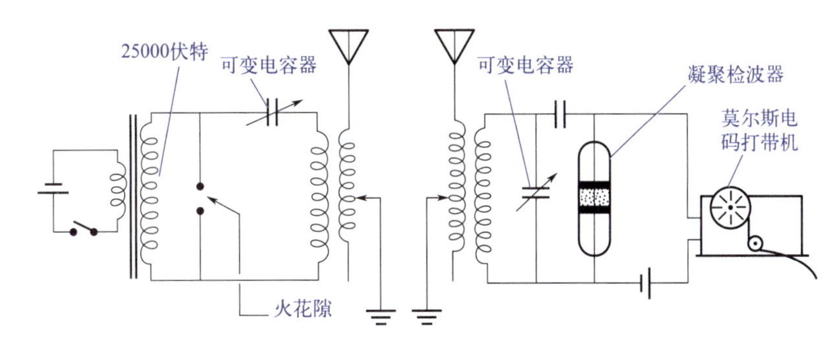

图 22-7　马可尼发明的谐振式火花发射机和接收机

马可尼发明的谐振式火花发射机和接收机要调至同一频率才能通信，使用多架收发组合，各用各的频率来通信不会互相干扰，这就是著名的 7777 号专利，令马可尼强大的竞争者毫无招架之力。这个谐振线路在一百年后的今天，仍然在用。

1900 年 10 月，马可尼在普尔杜建立第一座大功率发射台，采用了 10 千瓦的音响火花式电报发射机。这是当时世界上功率最大的发射机。同发射机相配合的天线很复杂。最初架设的是一种庞大的垂直天线阵，是用 2000 根 60 米高的金属杆围成的一个大圆柱网。网的直径是 45 米，周围还有很多固定的缆绳，从远处望去，十分壮观。可是因为天线太高，支撑困难，没过多久就被大风刮倒了。后来，马可尼改变了设计方案，新架设的天线用很多根垂直天线排成扇形，结构牢固，抗风性强，可以一直使用下去。初次试验，通信距离达到 322 公里。

1901 年 11 月 26 日，马可尼同肯普和另一个助手佩基乘“撒丁”号轮船，从英

国西部港口利物浦启航，向纽芬兰驶去。当时气候寒冷，甲板上结起了薄冰。马可尼望着波涛汹涌的大西洋，心潮起伏。40 多年以前，勇敢的菲尔德沿着这条航线铺设了第一条大西洋海底电缆。今天，他就要去开拓新的领域，完成人类通信史上的又一个壮举了。12 月 6 日，轮船横渡大西洋，到达纽芬兰的圣约翰斯港。第二天，马可尼拜访了纽芬兰的官员，受到热情接待，对方答应密切合作，为实验提供一切方便。为了选择理想的架设地点，肯普和佩基陪着马可尼走遍了圣约翰斯的海岸。最后，他们看中了一座小山（后来被叫作信号山）。这是一块可以俯瞰港口的高地，四面有天然屏障阻挡大西洋的飓风，山顶上有 8000 平方米左右的一块平地，正好可以架设气球或者风筝天线。近处有一座旧式建筑，是当时的医院。马可尼在那里选了一间屋子安放接收机。他们抵达纽芬兰的第三天，有关实验的准备工作都圆满地完成了。

12 月 9 日，他们在信号山开始工作。两天以后架设天线，马可尼决定用气球把接收天线升起来。天线很长、很重，他们用了一个直径近 5 米的氢气球。氢气球从信号山高地冉冉升起，大家都用期待的目光望着它。当气球升到大约 30 米高的时候，忽然刮起了大风，气球被吹得摇摆不定。马可尼急忙指挥收紧缆绳，但是已经来不及了，气球很快就被卷走了。第二天，大风还没有停。马可尼想，改用风筝可能会好些。4 年前，他在布里斯托尔海湾的成功试验，就是用的风筝。当天上午，他们赶制好一个正六边形的大风筝。在一阵紧张地操作以后，风筝牵引着天线升了起来。天线下端固定在一根粗大的电线上，通过一根引线，从窗户引进设在医院里的电报机房。风筝在大风中来回晃动，但是，最后还是被控制住了，升到约 120 米的高空。

这是一个天气阴冷的日子，脚下是悬崖，海水发出雷鸣般的吼声。透过朦胧的雾霭，隐约可以看到远山的轮廓，那是北美大陆的最东角，再向东就是浪涛滚滚的大西洋，这里和英国海岸相隔 3000 多公里。圣约翰斯港躺在山边，笼罩在一片薄雾中。马可尼记下了他当时激动的心情。他是这样写的，“关键的时刻终于来到了，我为它做了 6 年艰巨的准备工作。各种指责和各种困难从来没有使我动摇过。我就要检验我的理论的正确性，证明马可尼公司和我已经获得的 300 多个专利的价值。为了进行这次试验和在普尔杜建造大功率无线电台，花费了数万英镑，这笔钱是不会白花的”。

为了更有把握，马可尼决定不用莫尔斯电码记录仪作终端，他改用电话机来直接收听金属屑检波器的输出信号。因为人的听觉比记录仪器灵敏得多。

1901 年 12 月 12 日，预定的通信时间到了，大家屏息静气地等候着。大约在中午十二点半，电极键突然发出了“滴”声，这表明有信息来了。马可尼立刻抓起电话筒，紧张地听着。三个微小而清晰的“滴”声在马可尼耳边响起。啊，千真万确，这就是从大西洋彼岸传来的信号！马可尼几乎不敢相信这是事实，他把电话筒递给旁边的肯普说：“肯普先生，你听听有什么没有。”肯普接过听筒，兴奋地把它贴在耳朵上。几秒以后，他喊了起来："是他们的信号，是的！三点短码！"在莫尔斯电码中，"三点短码"代表"S"字母。这个信号是马可尼预先约定的。现在，从普尔杜发来的"S"字母信号，越过相隔 3000 多公里的大西洋，被他们清晰地收到了！试验人员欣喜若狂。马可尼抬头仰望空中飘动的风筝，眼睛里闪烁着幸福的光芒。他确信，不用电缆进行横越大西洋通信的时代已经不远了。几分钟以后，信号中断了。肯普发现风筝被风刮到另一个方向去了，天线的有效高度相应地降低了。大家耐心地守候着。经过半小时，电话听筒里第二回传出了三下"滴"声，然后又沉寂了。信号山高地上的大风不断地改变着风筝和天线的位置。又过了 10 分钟，电话听筒里第三回传出了清晰的"滴"声。在随后的时间里，还可以听到这种声音，不过由于信号太弱，听不大清楚。

越过大西洋进行无线电通信的试验结束以后，马可尼同肯普、佩基微笑着走出医院大楼，一直等在外边的摄影记者给他们照了相。这是非常珍贵的历史合影。当时，马可尼只有 27 岁。

马可尼首次成功完成了横跨大西洋的无线电通信。美国能收到英国拍发的电讯这一消息震惊了全世界，各地的报纸纷纷以大字标题刊出，尤其科学界更是兴奋得发狂。马可尼创造了一个新的时代，无线电可以让我们的消息随时传递到全世界去。

1937 年，马可尼病逝。举行葬礼的时候，罗马有上万人参加送葬行列；英国本土所有邮局的无线电报和无线电话都沉默两分钟，大不列颠广播协会所属的广播电台也沉默两分钟，表示对马可尼的悼念。马可尼以及其他在无线电通信领域做出贡献的科学家虽然离开了人间，可他们发明的无线电通信技术正在造福人类的子子孙孙。

自意大利的马可尼在英国获得无线电专利权以来的一百多年，人类在无线电的研究、开发和应用方面取得了十分辉煌的成就。无线电经历了从电子管到晶体管，再到集成电路，从短波到超短波，再到微波，从模拟方式到数字方式，从固定使用到移动使用等各个发展阶段，无线电技术已成为现代信息社会的重要标志。

趣闻轶事

● 让电波送信的青年。1886 年的一天，意大利博洛尼亚大学的一位教授正在指导学生做实验。他走到马可尼面前，亲昵地说："你知道吗，赫兹证明，电磁波可以在空间传播，而且具有光一样的反射性。"马可尼专心地听着。

下课后，马可尼交给老教授一张图画，上边画着长了翅膀的字母正飞越大海。他恭敬地对教授说："让电磁波带着信号飞过大海，地球上的距离不就缩短了嘛。"教授满意地点点头，"把幻想变成现实，是要付出艰苦劳动的啊！"之后，马可尼认真地钻研了麦克斯韦和赫兹的学说，他推想，假如加强电磁波的发射能力，也许能增大它的传播距离。他思索着，试验着，首先在菜园子里完成了几百米的无线电通信。他连续做了

10年，终于在1895年完成了超过2000米的无线电通信试验。在这次试验中，青年马可尼提出了用接地天线的方法来加强电磁波的发射能力。

最初，马可尼的父亲希望他能经营农庄，成为一个富有的农场主，所以一直反对他做实验，当马可尼向他借钱做实验时，他一口回绝。马可尼在无助的情况下写信给当时的意大利邮政部长，汇报自己的实验情况并希望政府能提供适当的资助。意大利政府根本不相信能搞出无线电，将马可尼的信付之一炬。要实现无线电通信，没有政府的资助是很困难的。在母亲的帮助下，马可尼到英国去找舅舅帮忙。在舅舅的引荐和关照下，他得到了英国邮政部门的支持。英国邮电局很重视他的发明，认为无线电通信技术一旦成功，英国海军舰艇之间便可以连成一体，于是大力资助马可尼的研究。

马可尼经过反复实验，认为用调谐的方法来发射信号和接收信号，可以加强信号的发射与接收。他还认为，提高发射天线和接收天线的高度就能扩大通信范围。

后来，马可尼创造出了调谐的办法，并克服一系列的技术难关，终于开始了跨越大西洋的无线电通信实验。他带着助手从英国出发来到加拿大的圣约翰斯，首先安装起信号接收装置，然后用氢气球把天线高高吊起，可氢气球被大风吹走了。后来，马可尼急中生智用大风筝把天线升到120米的高空。突然，耳机里传来了“滴滴”声，无线电报成功啦！1909年，马可尼因此获得诺贝尔物理学奖。

● 早期的无线电接收机中的凝聚检波器。凝聚检波器里面放置金属粉末并接两个引脚线出来，当有电磁波产生时可以让电流很顺畅地通过。

检波的作用。将音频信号或视频信号从高频信号（无线电波）中分离出来叫解调，也叫检波。幅度调制的解调简称检波，其作用是从幅度调制波中不失真地检出调制信号来。根据是否需要同步信号，检波可分为同步检波和包络检波。

广义的检波通常称为解调，是调制的逆过程，即从已调波提取调制信号的过程。对调幅波来说，是从它的振幅变化提取调制信号的过程；对调频波来说，是从它的频率变化提取调制信号的过程；对调相波来说，是从它的相位变化提取调制信号的过程。

第 23 章

波波夫与无线电

19 世纪末 20 世纪初，正是以电力技术、电信技术、内燃机技术为代表的第二次技术革命方兴未艾、汹涌澎湃的时代。俄国科学家亚历山大 · 斯塔帕诺维奇 · 波波夫发明的无线电就像第二次技术革命浪潮中的一个大浪。他把电报从有线阶段推进到无线阶段，为实现通信技术的革命做出了重要贡献。

● 亚历山大 · 斯塔帕诺维奇 · 波波夫。1859 年 3 月，波波夫（图 23-1）出生在俄国乌拉尔一个矿区的小镇上。波波夫小时候爱到矿上去玩，矿场的一切都使他感到新奇。他 12 岁那年，表现出对电工技术的喜好，自己做了个电池，还用电铃把家里的钟改装成闹钟。波波夫小学毕业以后，父亲把他送进神学学校读书，为的是让他将来进神学院深造。但是，波波夫对物理学和数学最感兴趣，这两门功课的成绩都很出众，连校长也感到惊异。

图 23-1　亚历山大 · 斯塔帕诺维奇 · 波波夫

1877 年，波波夫考进了圣彼得堡大学数学物理系。在大学里，他学习非常刻苦。家里供不起他上大学，他就在晚上去做家庭教师，有时还给电灯公司当电工，靠半工半读来维持学习。在圣彼得堡大学，波波夫总是不满足于课本知识，常常爱提出一些新奇的创想。

1883 年，波波夫被喀琅施塔得海军水雷学校请去当教员。这个学校离圣彼得堡不远，有很多精密的电学仪器，学校的实验室在当时的俄国是数一数二的。水雷学校除了教学任务以外，还引导学生进行有关电磁方面的研究。波波夫到水雷学校不久，就成了很受欢迎的讲师。他充分利用学校的良好条件，在教学和电磁实验方面积累了丰富的知识。他在水雷学校还参加过观测日全食的活动。有一天，有个朋友问波波夫他的雄心是什么，他回答说：“我要走遍俄国，为整个俄国带来光明。”

1901 年起波波夫任圣彼得堡电工技术学院物理学教授，1905 年起任该学院院长。波波夫是第一个探索无线电世界，并毕生为发展无线电事业而奋斗的俄国科学家。

● 要是我能够指挥电磁波，就可以飞越整个世界！英国物理学家麦克斯韦预言了电磁波的存在。1888 年，德国物理学家赫兹以著名的电火花放电实验证实了麦克斯韦的预言。这些科学成果为无线电的发明做了理论和实验上的准备。赫兹的实验更是鼓舞了各国科学家去揭开无线电技术的奥秘。

“电磁波太神奇了，可以在极短时间内飞越全球。”仔细研读赫兹的论文后，波波夫决心投入电磁波的研究。

用电磁波进行无线电通信，这可是根“很难啃的骨头”。因为当时的科学家们都认为电磁波具有光波的特性，只能沿直线传播，没有导线作为传输媒介，不利于控制。尽管它可以反射，但天空中没有镜面，怎么进行长距离传播呢？连赫兹也在给德国工程师胡布尔的信中写道：“若要利用电磁波进行无线通信，非得有一面和欧洲大陆面积差不多大的巨型反射镜不可。”迎难而上，波波夫从此踏上无线电研究之旅。他很明白，当前无线电通信最关键、最迫切的问题是研制灵敏度非常高的无线信号接收机。因为有了接收机，就可以不用考虑巨型反射镜的问题了。开始，波波夫通过“借用”赫兹实验中的检波器来进行研究。赫兹式的检波器（图 23-2），是在金属导线圈上留有间隙，电磁波则在金属圈上产生电压，在间隙处产生火花。很显然，这种方式产生的电火花很少，导电性能差，只能供实验用。

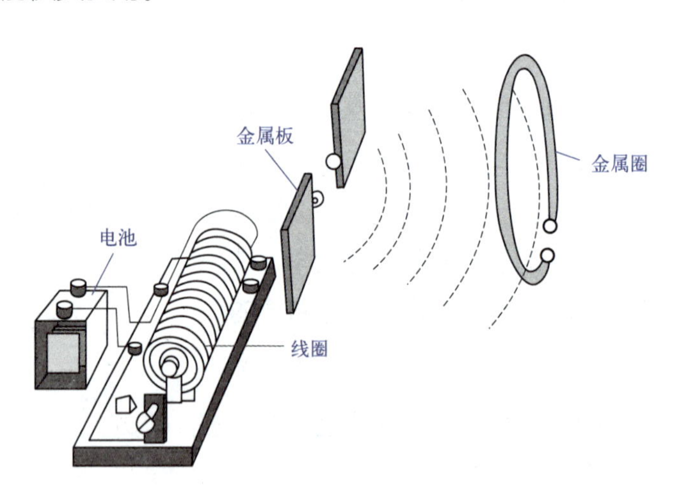

图 23-2　赫兹式检波器的工作原理

“怎样才能有效控制检波器的火花，并提高导电性呢？”为此，波波夫进行了更多的实验。几年后，波波夫得到一个消息：法国物理学家布朗利从实验中得知，电磁波会让松散的镍粉凝聚起来，导电性能非常好，英国物理学家洛奇随即根据这一理论研制成了金属粉末检波器。

“洛奇的发明可以借鉴！”详细研究金属粉末检波器后，波波夫决定将其进行改良后用于自己的无线电接收机上。经过多次实验，他做成了一个更有效的检波器：一根两端是正负极的玻璃管，里面装上金属粉末，接收电磁波信号时，金属粉末就凝聚起来，电路接通，电铃响起，反之电铃声停止。

很快，新的问题又来了。改装后的金属粉末检波器振动太过频繁，不利于控制。经过查阅资料和深入思考，波波夫终于找到一个好办法，即安装电磁继电器。这样，检波器在收到电磁波信号后立即接通电路，从而保证了无线信号接收机的高度自动化。无线电接收机终于研制成功了。

图 23-3　波波夫发明第一台无线电接收机

1895 年，在圣彼得堡举行的俄国物理化学年会上，波波夫宣读论文《金属屑与电振荡的关系》之后，与助手雷布金现场展示了自制的无线电接收机（图 23-3）。

雷布金在会议室的另一头操作电磁波发生器，波波夫则在约 60 米远的讲台上安装无线信号接收机。接收机主要由检波器、继电器、电铃及天线组成。当雷布金接通电磁波发生器时，波波夫这边的接收机电铃就响了起来，断电后，电铃就停止了。

当时，出席会议的都是物理学界的知名人士，其中有的人思想比较保守，原来不相信电磁波能够传递信号，这次耳闻目睹，完全信服了。一个当初抱着反对态度的科学家，还上台去同波波夫握手，表示祝贺。表演结束，波波夫充满信心地说：“最后，我勇敢地预言一下，我的仪器在进一步改良以后，就能够凭借迅速的电振荡进行长距离通信。”波波夫用事实向现场科学工作者们表明：电磁波将给人类的生产生活带来巨变！几十年以后，苏联政府把这一天定做“无线电发明日”。

波波夫首先把他的接收机用在检测雷电方面，他把这台机器称为“雷电记录仪”。也就是说，波波夫当时的实验只局限在气象观测上，还没有发展到无线电通信领域。他的这种实验是相当危险的。一个多世纪以前，富兰克林曾经冒着生命危险做人工传导天电的实验，还有人曾经因此丧生。现在，波波夫也勇敢地同天电打起交道来了，只不过他用的不是风筝，而是他自己发明的接收机。波波夫将莫尔斯电报机的记录仪引入无线电接收机之中，于是记录仪的纸条可以迅速记录大气的放电情况。1894年6月一个雷雨的夜晚，波波夫冒着危险，用他的接收机成功地记录下了空中闪电。这个被他称为“雷电记录仪”的发明，很快被装在圣彼得堡的气象站上，用以预告即将到来的雷电暴雨。1896年4月，波波夫又在下诺夫哥罗德发电厂安装了雷电记录仪。提前预知雷电暴雨对于当时的发电厂很重要，这是无线电技术最早的实际应用。

● 世界上的第一根天线。波波夫对无线电通信的独特贡献，是他发现了天线的作用。在一次实验中，波波夫发现金属屑检波器的灵敏度异常高。接收电磁波的距离比起平时有明显的增加。他没放过这个异常现象，仔细地观察了周围环境，也没发现什么变化。找了很多原因，但都一一排除了。他感到很奇怪，再试一次，灵敏度还是异常高。忽然，他瞥见有一根导线搭在检波器上（图23-4）。很明显，这根导线增加了检波器的接收能力，增加了灵敏度。波波夫喜出望外，提高机器的灵敏度、增加接收距离竟然在无意中实现了。他使用的这根导线是世界上的第一根天线。

图23-4　波波夫发明世界上第一根天线

● 世界上第一份有明确内容的无线电报。1896年3月，波波夫和助手雷布金在俄国物理化学协会的年会上，正式进行了用无线电传递莫尔斯电码的表演，现场的观众有一千多人。表演的时候，接收机装设在物理学会会议大厅里，发射机放在附近森林学院的化学馆里。雷布金拍发信号，波波夫接收信号，通信距离是250米。物理学会会长佩特罗司赫夫基教授把接收到的电报字母逐一写在黑板上，最后得到的报文是“海因里希·赫兹”。这表示波波夫对这位电磁波发明者的崇敬。这份电报虽然很短，只有几个字，却是世界上第一份有明确内容的无线电报。波波夫的成功，预示人类通信史上的一个新纪元即将到来！

● 无线电通信的应用。波波夫致力于把无线电通信应用于海军。1897年春天，他在喀琅施塔得港进行实验，在相距640米远的战舰间建立了无线电联系。1900年2月，俄国海军在芬兰湾的戈格兰德岛和岸上的哥特卡村设立了电台，长期保持无线电沟通和联系，距离达50公里。1900年初，铁甲舰“阿普拉克辛海军上将号”在戈格兰德岛一带触礁搁浅，俄国海军在进行拖曳营救时，无线电台发挥了很大的作用。1901年夏天，波波夫又在黑海进行了实验，使行进中的舰队能在110公里内保持无线电联系。

在 1897 年进行舰船间通信实验时，第三艘军舰从正在通信的两舰之间驶过时，通信中断，驶过以后通信又马上恢复了。波波夫立即进行分析研究并查明了原因。原来，从中间驶过的军舰把从甲舰发射出的电波挡住反射回去，乙舰就处在“无线电阴影”里而无法联系了。波波夫由此发现无线电波因反射而形成“影”的特性，并预见到这种特性将来能得到实际应用。他在实验报告中写道：“在大雾和风暴的天气里，在灯塔上用发射机发射电磁波，航行中的船舶用各种东西阻挡反射电磁波，造成阴影，就可以大致确定灯塔的方向。”这是关于无线电测向、定位的最早观察、研究和设想。

1899 年，波波夫和雷布金发现，可用电话听筒直接接收听电报信号。他们在这一发现的基础上研制成靠听觉接收无线电信号的耳机电报接收机，并于 1901 年获得专利，耳机电报接收机曾在俄国和法国批量生产。1900 年，波波夫用碳 - 钢检波器取代了旧式的粉末检波器。1901 年他研制成复杂的收发两用电台，成功发明了陆军车用收发报机。

● 永恒的纪念。当时波波夫的工作得到国内外科技界的高度评价。1898 年，波波夫因发明无线电报获得俄国技术学会的奖励。1900 年，在巴黎召开的第四届国际电气技师代表大会上，波波夫荣膺金质奖章。1904 年，他当选为俄国理化学会副主席。“十月革命”后，波波夫的历史功绩得到发掘和重新评价。1945 年，为纪念无线电诞生 50 周年，苏联部长会议通过决议，规定 5 月 7 日这一天为“无线电发明日”，并设立波波夫金质奖章，由苏联科学院颁发给在无线电领域有重要发明和突出成果的科技工作者。今天，在无线电的诞生地喀琅施塔得，一些学校、研究所、博物馆和学术团体仍以波波夫的名字命名。2009 年，波波夫 150 周年诞辰之际，国际电联将其日内瓦总部的一间大会议厅命名为波波夫厅，并在厅内立了一块波波夫纪念牌，以纪念这位无线电先驱。

趣闻轶事

● 与时间赛跑的电磁波对手——波波夫和马可尼（图 23-5）。1888 年，赫兹通过实验证实了电磁波的存在。这在当时可是个大新闻，轰动性堪比我们今天的引力波。但在波波夫发现无线电磁波后，赫兹却轻描淡写地说：“我认为无线电磁波没有任何实际用途。”消息传到了俄国后，波波夫还是很兴奋，但他并未气馁，偶像可以崇拜，但偶像的判断并不一定要准确。曾经梦想着推广电灯的波波夫说：“用我一生的精力去装设电灯，对广阔的俄国来说，只不过照亮了很小的一角，要是我能指挥电磁波，就可以飞越整个世界！”

图 23-5　波波夫和马可尼

波波夫开始了有目的的研究，几年后，他造出了一台无线电接收机。这个接收机的独特之处，源自一根错位的导线，这根导线意外地搭在了检波器上，竟然大大增加了传送距离，这便意外产生了世界上第一根天线。

1895年，波波夫在俄国物理化学年会上演示他的新发明，就在演示前，质疑声仍旧很强烈，俄国的一些保守派还想着怎么揭穿波波夫的大骗局。万万没想到无线电信号一发射，远处接收机上的电铃就响了。大家惊呆了，这看不到、摸不着的电磁波，也能传递信号？！表演大获成功！

不过当时的俄国政府还是认为波波夫的发明是天方夜谭，不予支持，波波夫的研究陷入了缺乏资金的困境。

几乎是在同时，意大利当时年方20岁的小伙子马可尼也发现了电磁波的用处。紧跟着波波夫也造出来了一台无线电接收机，传送距离近3公里，但同样没有得到本国政府的支持。马可尼只身跑到了英国，并在1896年，在重视科技的英国成功申请了专利。

马可尼可真是来对了地方，没过多久他便获得了英国政府的全面支持。而此时的波波夫，却是因为缺钱，研究很艰难，即使国外有几家研究所纷纷向他抛来橄榄枝，他还是选择继续留在俄国。在这场无线电竞赛中，与马可尼很快就拉开了差距。

1887年，波波夫将无线通信距离扩大到了5公里。马可尼紧跟其后，进行了跨海实验，把距离扩大到了将近15公里。这次跨海实验让马可尼的名声大噪，马可尼开始加速前进。他不断刷新着无线通信的纪录，从15公里，到45公里，再到106公里，很快便超越了波波夫。在20世纪初，马可尼建造了当时世界上最大的无线发射台，发出的无线电信号成功地飞越了大西洋。这时的距离是3000多公里。

在扩大传播距离的同时，马可尼也在研究着它的商业应用，他成立了自己的公司，建立了无线电报系统。虽然波波夫发出了世界上第一封无线电报，但马可尼第一个将它投入了商业应用，并使它在军事通信中大放光彩。

讽刺的是，直到1900年，波波夫才得到最大的肯定，他的发明获得了巴黎国际电气展览会授予的发明金奖。当俄国终于反应过来的时候，已经太晚了。

当时的马可尼在科学界和商界可谓是名利双收，成了改造世界的巨人，最后诺贝尔物理学奖颁给马可尼的时候，波波夫已不在人世。

世界似乎已经忘记了波波夫，只承认了他的实验。有人说波波夫是第一个发现者，荣誉该归他，有人说是马可尼完美逆袭，影响了世界。还有人说，无线电根本就不属于谁的发明，无线电就在那里，他们只是在特斯拉、赫兹等无数前人的基础上顺水推舟。

● 天线。天线是无线电设备，是一种变换器，它把传输线上传播的导行波，变换成在无界媒介（通常是自由空间）中传播的电磁波，或者进行相反的变换，是在无线电设备中用来发射或接收电磁波的部件。无线电通信、广播、电视、雷达、导航、电子对抗、遥感、射电天文等工程系统，凡是利用电磁波来传递信息的，都依靠天线进行工作。此外，在用电磁波传送能量方面，非信号的能量辐射也需要天线。一般天线都具有可逆性，即同一副天线既可用作发射天线，也可用作接收天线。天线工作原理如图 23-6 所示。

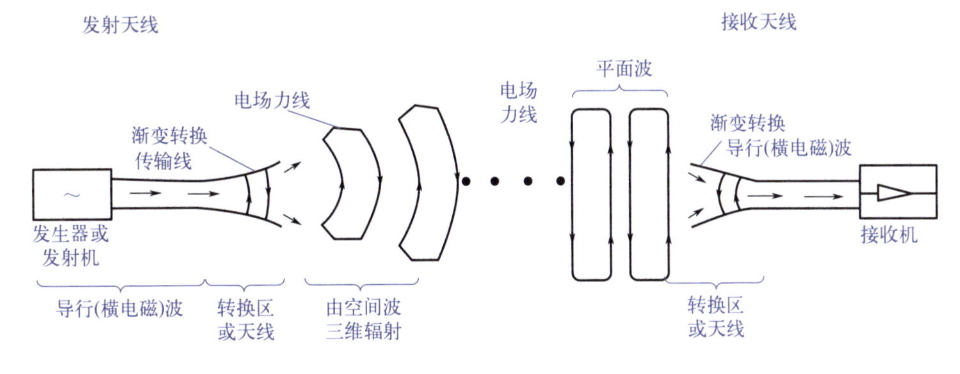

图 23-6 天线工作原理

● 雷达是什么。雷达是利用电磁波探测目标的电子设备，即用无线电的方法发现目标并测定它们空间位置。因此，雷达也被称为“无线电定位”。

第24章
X射线的发明者伦琴

X射线是波长介于紫外线和 γ 射线间的电磁辐射。X射线是一种波长很短的电磁辐射，其波长在0.01 ～ 10nm之间，由德国物理学家威廉·康拉德·伦琴于1895年发现，故又被称为伦琴射线。伦琴射线具有很高的穿透本领，能透过许多对可见光不透明的物质，如墨纸、木料等。这种肉眼看不见的射线可以使很多固体材料发出可见的荧光，使照相底片感光以及空气电离等，波长短的X射线能量大，叫作硬X射线；波长长的X射线能量较低，称为软X射线。波长小于0.01nm的称超硬X射线，在0.01 ～ 0.1nm范围内的称硬X射线，0.1 ～ 1nm范围内的称软X射线。

- 威廉·康拉德·伦琴。伦琴（图24-1），德国物理学家，发现了X射线，为开创医疗影像技术铺平了道路。1901年被授予首届诺贝尔物理学奖。

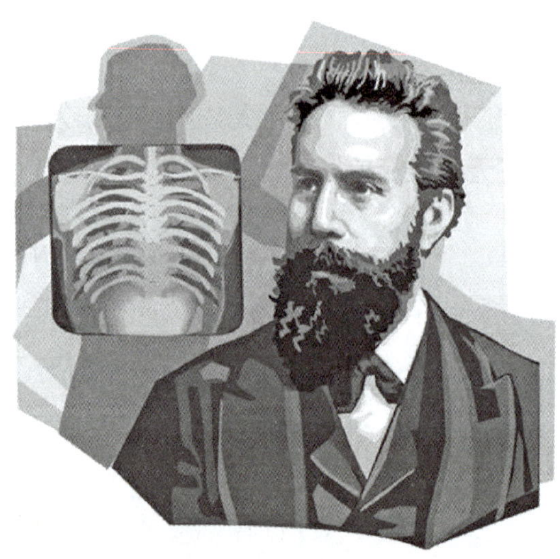

图24-1　威廉·康拉德·伦琴

1845年，伦琴出生在德国莱茵州莱耐普城。他的父亲是一个毛纺厂小企业主，母亲是一位心地善良的荷兰人，伦琴是家中的独子，备受父母的关爱。3岁那年，全家搬迁至荷兰，所以伦琴在荷兰完成了小学与中学学业。17岁时，伦琴遇到了人生中的第一个小曲折：他就读于荷兰乌屈克市技术学校，因一封诬告信，伦琴被开除了学籍，他失去了中学毕业考试的机会，这会导致他不能顺利进入大学，一个伟大的科学家的前途几乎要断送了。在舅舅的帮助下，伦琴于1865年迁居瑞士苏黎世，同年进入苏黎世联邦工业大学机械工程系学习，1868年毕业。1869年获苏黎世大学博士学位，并成为物理学教授孔脱的助手，1870年随同孔脱返回德国，1871年随孔脱到维尔茨堡大学工作，1872年又随孔脱到斯特拉斯堡大学工作。1894 年任维尔茨堡大学校长，1900 年任慕尼黑大学物理学教授和物理研究所主任，1923 年在慕尼黑逝世。

● X 射线重要的研究者。早期 X 射线重要的研究者有威廉·克鲁克斯、约翰·威廉·希托夫、欧根·戈尔德斯坦、海因里希·鲁道夫·赫兹、菲利普·莱纳德、亥姆霍兹、尼古拉·特斯拉、爱迪生、查尔斯·巴克拉、马克思·冯·劳厄和威廉·康拉德·伦琴，如图 24-2 所示。伦琴在他们的基础上加上自己的努力探索终于取得了成功。

图 24-2　X 射线重要的研究者

1869 年物理学家约翰·威廉·希托夫观察到真空管中的阴极发出的射线遇到玻璃管壁会产生荧光。1876 年这种射线被欧根·戈尔德斯坦命名为“阴极射线”。随后，英国物理学家克鲁克斯研究稀有气体里的能量释放，并且制造了克鲁克斯管。这是一种玻璃真空管，内有可以产生高电压的电极。他还发现，当将未曝光的相片底片靠近这种管时，部分会被感光，但是他没有继续研究这一现象。1887 年 4 月，尼古拉·特斯拉开始使用自己设计的高电压真空管与克鲁克斯管研究 X 射线。他发明了单电极 X 射线管，当电子穿过物质，会发生轫致辐射的效应，生成高能 X 射线。1892 年特斯拉完成了这些实验，但是他并没有使用 X 射线这个名字，而只是笼统地称为放射能。他继续进行实验，并提醒科学界注意阴极射线对生物体的危害性，但他没有公开自己的实验成

果。1892年赫兹进行实验，提出阴极射线可以穿透非常薄的金属箔。赫兹的学生菲利普·莱纳德进一步研究这一效应，对很多金属进行了实验。亥姆霍兹则对光的电磁本性进行了数学推导。德国物理学家马克斯·冯·劳厄于1912年发现了晶体的X射线衍射现象，并因此获得诺贝尔物理学奖。查尔斯·格洛弗·巴克拉1917年因发现X射线的散射现象而获得诺贝尔物理学奖。

● 伦琴是如何发现X射线的。1895年11月的一个寒冷的夜晚，在德国维尔兹堡大学的校园里，一位年过半百的教授正独自走向物理研究所的一间实验室，他就是该校的校长、著名的物理学家伦琴教授。最近一段时间内，他一直在试验一个经过改良的阴极射线管。因为他白天有许多行政工作和教学任务，所以只好把自己的科学实验放在夜晚进行。

伦琴教授走到实验室，把厚厚的外衣脱下，换上工作服后，坐在实验台旁。只见他小心翼翼地用黑纸把一个梨形的真空放电管严严实实地包起来，以防止任何可见光线从管内透出来。然后，他站起身来，仔细地关闭所有的门窗，又拉上窗帘，才接通电源，弯腰检验黑纸是否漏光。

突然，他发现了一个奇特的现象，在离放电管不到1米的小工作台上，有一道绿色的荧光！

“这光是从哪儿来的呢？”伦琴心中想。他奇怪地向四周看看，并未发现什么。于是他切断电源，放电管熄灭了，绿光也不见了。接着，他连续试了多次，只要电源一通，放电管一亮，绿光就出现了。于是他划了一根火柴，看看小工作台上到底有什么东西。原来，那里有一块硬纸板，上面镀着一层氰亚铂酸钡的晶体材料，神秘的光线就是它发出来的！

“可这块纸板又为何能发光呢？”伦琴不得而知，暗问自己道。“难道是这放电管中有某种未知的射线，射到纸板上引起它发光的吗？”

想到这里，他随手拿起一本书来，将它挡在放电管和纸板之间，想证实一下自己的推断。令他惊奇的是，这种光线的确是放电管内放射出来的，但并未被阻挡，纸板还是发光。他又将纸板挪远一些，仍然发光。“上帝呀！这种射线竟能穿透固体物质！”伦琴欣喜若狂，抑制不住内心的激动，忘记了周围的一切。他紧接着用木头，硬橡胶来做障碍物，进行了反复实验，结果发现，这些物体都不能挡住这种射线。就这样，不知不觉，已到了第二天早上。妻子发现他一夜未归，派人叫他吃早饭。他嘴里应着，可手仍在不停地做实验。经过几次催促，他才回去胡乱吃了一点，一句话没说，又回到实验室。

接连几天，都是如此，他把自己关在实验室里，外边的一切似乎对他都毫无意义，一门心思都用到这种无名的射线身上。他反复地用各种金属做实验，结果，除了铜和铂以外，其他金属都被射线穿透了。

有一天，他无意之中把手挡在放电管和纸板之间，一下子惊呆了，他清楚地看到每个手指的轮廓，并隐约看出手骨骼的阴影！“这恐怕是人类第一次看到活人身体内部的骨骼！”伦琴惊惧地想道。冷静了一下，他决定继续自己的实验，直到能从理论上说明以后，才对外公布。

最近几天，大家发现伦琴教授有些异常，一个人一言不发地待在实验室，常常是早去晚归，废寝忘食，但大家都十分尊敬这位勤奋的科学家，没有人去打扰他。他的妻子对此疑虑重重，见他日渐消瘦的脸庞和疲惫不堪的身躯，关切地问道：“你今天一定要说清楚，最近这几天在实验室究竟干些什么？”伦琴笑了笑，轻描淡写地答道：“只是一般的实验。”妻子十分了解伦琴，知道他一定有重大的秘密，出于对丈夫的关切和自己的好奇，硬是要求丈夫把她带到了实验室。当妻子亲眼见到这种现象时，也感到异常的惊奇。伦琴乘机对妻子说：“你是否愿意充当实验对象？”妻子见丈夫一本正经的样子，便不敢把这当作好玩的事情，想拒绝又怕影响丈夫的工作，于是勉强同意了。她小心翼翼地按照丈夫的安排，把手放在装有照相底片的暗盒上（图 24-3），伦琴急忙开通电源，用放电管对着照射了 15 分钟。可当他把照片送到妻子的面前时，吓得她浑身打战，瞪大了眼睛。她简直不敢相信，这毕露的骨骼，竟是自己的手！

如图 24-4 所示，伦琴就用这种射线拍摄了他夫人的手的照片，照片清晰显示出手骨的结构。这是历史上最早的 X 射线照片。伦琴将这种射线命名为 X 射线。

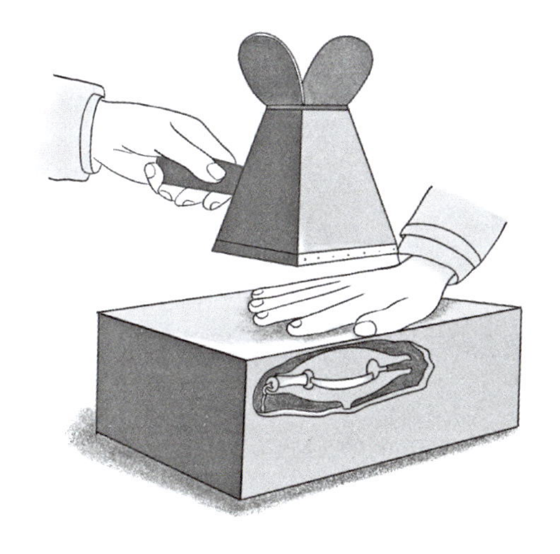

图 24-3　用 X 射线拍手

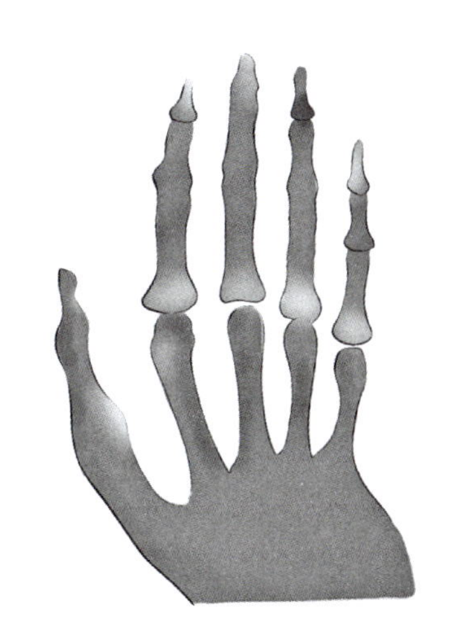

图 24-4　伦琴拍摄了夫人的手的照片

不久，伦琴就把这种射线通过自己的论文《一种新的射线》公布于世。这件事很快轰动了全世界。人们奔走相告传送着这一伟大的发现，伦琴也成为新闻人物。除了很多表示祝贺的人之外，还有对此持怀疑态度的人，更有甚者对此表示强烈谴责，他们认为，这是对神圣人体的亵渎。

伦琴对此不屑一顾，毅然于第二年元月，在自己研究所里做了第一次报告，并现场进行了表演。在报告中，伦琴激动地谈道："X 射线的发现，将对物理学以及人体医学产生极大的影响。"全场响起了雷鸣般的掌声。一位年长的解剖学家激动地说，这是他有生以来参加过的最有意义的学术大会。

如今 X 射线已经在晶体结构研究、金属勘探、医学和透视等方面，得到了广泛的应用，给人类带来了莫大的福音。为了表彰伦琴教授的杰出贡献，诺贝尔基金会决定把第一届的物理学奖授给这位著名的物理学家。

1896 年 X 线便应用于临床医学，医生第一次借助它在伦敦一位女士手中的软组织中取出了一根缝衣针。同年，苏格兰医生约翰・麦金泰尔在格拉斯哥皇家医院设立了世界上第一个放射科。放射医学是医学的一个专门领域，它使用放射线照相技术和其他技术产生诊断图像。的确，这可能是 X 射线技术应用最广泛的地方。X 射线主要用于探测骨骼的病变，对于探测软组织的病变也相当有用。常见的例子有胸腔 X 射线，用来诊断肺部疾病，如肺炎、肺癌或肺气肿；而腹腔 X 射线则用来检查肠道梗阻、自由气体（由于内脏穿孔）及自由液体。现在，身体的任何部位、组织、器官都可以用 X 线透视（图 24-5、图 24-6）。

图 24-5　X 射线检查病人的手

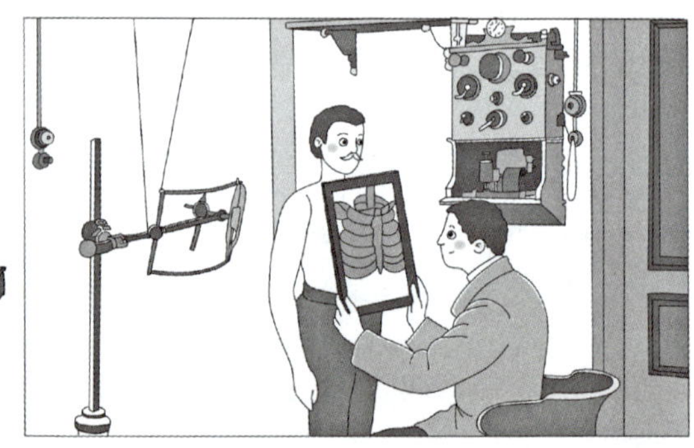

图 24-6　医生用 X 射线透视检查病人胸腔

在慕尼黑大学举办的庆功会上，伦琴只做了一个简短的发言："对科学家来说，最大的快乐是，无论对什么问题，都不拘泥于偏见，自由自在地继续进行研究。对研究者来说，没有比问题得到解答时的心满意足更令他喜悦了。"

● 邮寄胸腔。德国物理学家威廉·康拉德·伦琴在 1895 年发现了一种奇特的射线，命名为 X 射线。有一天，伦琴收到了一封信："伦琴先生，听说您发现的 X 射线可以透视人体。我最近胸部有些发闷，想检查一下我的胸腔是不是有问题，请给我寄一些 X 射线过来。"伦琴立即回信："亲爱的先生，我们暂时还不能办理 X 射线的邮购业务。若方便的话，请您把您的胸腔寄过来。"

● 最"省事儿"的诺贝尔奖获得者——伦琴。大家都知道科学家很忙，但伦琴居然忙到连诺贝尔奖领奖都要省掉。1901 年，X 射线发现人德国科学家伦琴收到一封来信，信中邀请他前往斯德哥尔摩领取诺贝尔物理学奖。而这位教授随即回复了一封出人意料的回信。

信上说，斯德哥尔摩路途遥远，需向校长请假才行，麻烦得很，将奖牌与奖金寄过来行不行？瑞典的答复是：奖牌不能寄，还是跑一趟吧。伦琴无奈来到了斯德哥尔摩，但他领到奖金与奖牌后就即刻打道回府了，连获奖后例行的讲座也取消了。

● 轰动国际学术界的新闻。1895 年 12 月 28 日，伦琴用《一种新的射线》这个题目，向维尔茨堡物理学医学协会作了报告，宣布他发现了 X 射线，阐述这种射线具有直线传播、穿透力强、不随磁场偏转等性质。这一发现立即引起了强烈的反响：1896 年 1 月 4 日柏林物理学会成立 50 周年纪念展览会上展出 X 射线照片；1 月 5 日维也纳《新闻报》抢先做了报道；1 月 6 日伦敦《每日纪事》向全世界发布消息，宣告发现 X 射线。这一发现，轰动了当时国际学术界，论文《一种新的射线》在 3 个月之内就印刷了 5 次，立即被译成英、法、意、俄等国文字。1 月中旬，伦琴应召到柏林皇宫，当着威廉皇帝和王公大臣们的面做了演示。X 射线作为世纪之交的三大发现之一，引起了学术界极大的研究热情，据统计，仅 1896 年这一年，世界各国发表的有关论文就有 1 千多篇，有关的小册子达 50 余种。

● 我的发现属于所有人。与会者焦急地等待伦琴做关于他发现神秘的 X 射线的报告，俨然在等一件爆炸性的重要新闻。在学校的一间教室里，维尔茨堡大学城的医生、学者、工程师、企业主、记者、摄影师和艺术家应邀而来，过道上、窗台上都挤满了大学生。预定的时间一到，伦琴开始演讲。他向与会者介绍，他如何成功地发现了神秘的射线，并表示愿意当众演示这一过程。

"……现在我请凯利凯尔教授到工作台前来！"著名的解剖学家站起身来，好不容易才挤到了前面。"请把您的右手放到感光板上。"伦琴镇定自若地说道。医生的手遮住了暗匣，工程师瓦格涅尔将四周的光遮住，于是伦琴开始重复他两周以前做过的试验。

当瓦格涅尔将显影后的感光板拿来之后，伦琴立刻将它拿给大家看。经过几分钟的沉寂，与会的人们才从惊讶之中清醒过来，兴奋得又是赞叹又是鼓掌。

这时，凯利凯尔教授转过身来，面对欢呼的人群。“女士们、先生们，在这张照片上，你们看到了我这只手的骨骼图像，这是本人有生以来还从未见过的奇迹。请允许我提议，今后就将 X 射线定名为伦琴射线，以此来表示对科学家威廉·康拉德·伦琴教授伟大贡献的由衷谢意！”伦琴想说些表示反对这样做的话，然而他的话被吞没在巨大的欢呼声中。没有一个人愿意离席而去，伦琴不得不回答与会者所提出的各种问题。

“您是否要拍卖您的成果？”一位企业家问。他笑着回答道，“我知道，我会因此而发财致富，但是，我并不准备拍卖这一发现。”

“这我可就不懂了。”这位企业家不解地说，“为什么您不想以此来赚钱呢？我出 50 万！”

“哪怕是 1 千万！”伦琴淡然一笑答道：“我的发现属于所有的人。但愿我的这一发现能被全世界科学家所利用。这样，它就会更好地服务于全人类……”

● 将全部诺贝尔奖金捐献给维尔茨堡大学。伦琴一生献身科学，对物质利益并不看重，他不仅将自己的发现无私地奉献给了社会，也将自己所获诺贝尔奖奖金全部捐献给维尔茨堡大学以促进科学的发展。

他的一生好友鲍维利写道：“他突出的性格是绝对的正直；坚强、诚实而有魄力；献身科学，从不怀疑科学的价值；具有自我批评精神并富有幽默感；接受新思想，胸襟宽广。”

你知道吗？

● X 射线的用途。X 射线具有很强的穿透力，医学上常用作透视检查，工业中用来探伤。长期受 X 射线辐射对人体有害。X 射线可激发荧光，使气体电离，使感光乳胶感光，故 X 射线可用电离计、闪烁计数器和感光乳胶片等检测。晶体的点阵结构对 X 射线可产生显著的衍射作用，X 射线衍射法已成为研究晶体结构、形貌和各种缺陷的重要手段。

X 射线是一种看不见的射线，穿透力非常强。它能穿过我们的心脏、肺，却穿不透我们的骨骼。当我们站在透视机前时，医生从透视机的荧光屏上，可以看到我们身体器官的轮廓：骨骼是白色的，心脏、肺是暗灰色的。如果哪个部位有病，就会出现特殊的阴影。

X 射线管的主要结构（图 24-7）：

阴极（电子枪）：产生电子并将电子束聚焦，钨丝绕成螺旋式，通电流后钨丝烧热放出自由电子。

阳极（金属靶）：发射 X 射线，阳极靶通常由传热性好熔点较高的金属材料制成，如铜、镍、铁、铝等。

窗口：X 射线射出的通道，通常窗口有 2 个或 4 个，窗口材料要求既要有足够的强度以维持管内的高真空度，又要对 X 射线的吸收小。

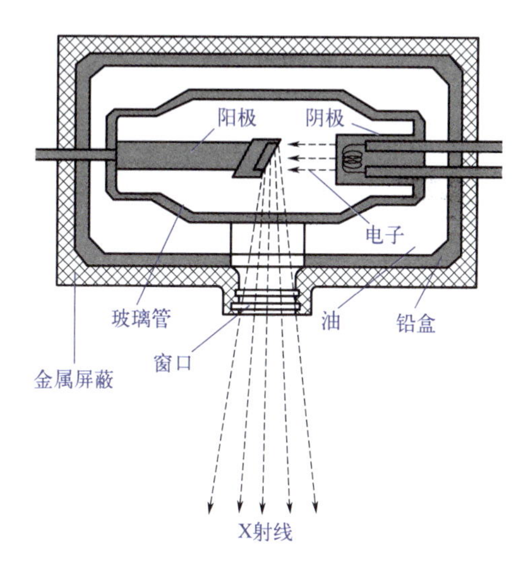

图 24-7 X 射线管的主要结构

第 25 章
内燃机的发明

你知道什么是内燃机吗？内燃机是一种动力机械，它是通过燃料在机器内部燃烧，并将其放出的热能直接转换为动力的热力发动机。汽车发动机如图 25-1 所示。

图 25-1　汽车发动机

● 了解内燃机。广义上的内燃机不仅包括往复活塞式内燃机、旋转活塞式发动机和自由活塞式发动机，也包括旋转叶轮式的燃气轮机、喷气式发动机等，但通常所说的内燃机是指活塞式内燃机。

活塞式内燃机以往复活塞式最为普遍。活塞式内燃机将燃料和空气混合，在其气缸内燃烧，释放出的热能使气缸内产生高温高压的燃气，燃气膨胀推动活塞做功，再通过曲柄连杆机构或其他机构将机械能输出，驱动机械工作。

常见的汽油机和柴油机都属于往复活塞式内燃机，是将燃料的化学能转化为活塞运动的机械能并对外输出动力。如图 25-2（a）所示为汽油机，如图 25-2（b）所示为柴油机，这两种内燃机都是将某一种形式的能量转换为机械能的机器。

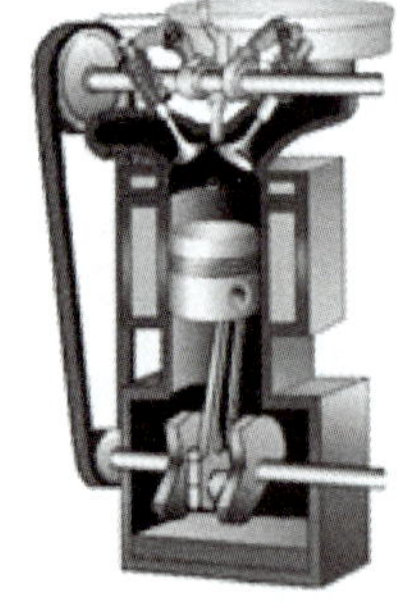

(a) 汽油机

(b) 柴油机

图 25-2　常见的内燃机

● 内燃机的发明。蒸汽汽车出现后，由于用蒸汽机作为汽车的动力源存在着许多的不足，因此人们又开始对新汽车动力源的探索。因为蒸汽机不仅体积庞大，而且实用性差，装在火车上还凑合，但如果安装在机动性要求较高的道路行驶车辆上，就显得笨拙了。为了获取更灵巧、更方便、更经济的发动机，很多科学家和工程师纷纷投身这一领域。

我们知道，蒸汽机的燃料是在发动机外面燃烧的，是将气缸中的水加热产生蒸汽推动活塞，进而驱动车轮前进的，所以也称蒸汽机为“外燃机”。1670 年，荷兰物理学家、数学家和天文学家惠更斯发明了采用火药在气缸内燃烧膨胀推动活塞做功的机械，即“内燃机”。用火药作燃料的火药发动机是现代内燃机的萌芽。

● 历史上最成功的内燃机发明者。内燃机不是某一个人发明的，正如蒸汽机并非瓦特一个人发明的一样，瓦特只是发明了他那个时代最先进的一种蒸汽机而已。内燃机的发明经历了一个漫长的历史过程，很多人都对内燃机工作原理、设计和实用化起到了重要作用。历史上最为成功的内燃机是德国奥托发明的汽油机和狄赛尔发明的柴油机，他们的设计奠定了现代内燃机的基础。

● 四冲程内燃机的发明人——尼古拉 · 奥古斯特 · 奥托（图 25-3）。尼古拉·奥古斯特·奥托，德国发明家，在 1876 年制造出第一台四冲程内燃机，它就是至今已生产出数以亿计的四冲程内燃机的样机。

图 25-3　尼古拉 · 奥古斯特 · 奥托

● 青少年时代的尼古拉 · 奥古斯特 · 奥托。尼古拉 · 奥古斯特 · 奥托是德国近代著名机械工程师，四冲程内燃机的发明者和推广者。1832 年，奥托出生在德国的一个工匠家庭。他的父亲是一名制表匠，母亲是一名普通的农民，家里的收入不高，全家过着清苦而祥和的生活。奥托是家里 6 个孩子中的长子，也许是因为他的父亲是一名制表工匠，他从懂事起就对机械很感兴趣。小时候，奥托常常一个人躲在角落里注视着父亲工作。一堆大大小小的齿轮、零件经过父亲的手，就变成了一台台精巧的钟表，颇让他感到不可思议。也就是从那时起，小奥托迷上了机械制造这门科学。

正当奥托准备大干一番事业时，父亲却积劳成疾病倒了，按当时德国的传统，家庭的重担一下子落在了作为长子的奥托的肩上。他不得不中断学业，只身前往经济繁荣的科隆，在那里的一个小工匠铺安下身来，赚些钱养家糊口，而且一干就是 27 年。在科隆的日子里，他并未因繁忙的工作而放弃对知识的追求。他白天努力地工作，晚上则躲在被子里看有关机械方面的书籍。时间久了，他对机械制造方面的基础知识有了更多深入的认识和了解。这段艰苦的求学、工作与生活经历，在他的记忆中留下了深刻的印象，也培养了他不屈不挠的奋斗精神，为他日后战胜一个又一个的困难奠定了良好的基础。

1854 年，就在奥托 22 岁时，一篇在当时被炒得沸沸扬扬的有关蒸汽机的批评文章引起了他的注意。也就是从这一年起，奥托对蒸汽机的改造产生了浓厚的兴趣。蒸汽机制造中的一系列不足，使他立志要发明一种可以取代老式蒸汽机的新型动力设备。从此，奥托走上了一条改变他命运，也改变了人类历史命运的征途。

● 动力工程史上新的一页。作为一种强大的动力机械，蒸汽机出现在 18 世纪后半叶。当时它的体积很大，而且还需要配有锅炉这一令人感到棘手的庞然大物。同时，由于当时制造锅炉的技术还不够成熟，锅炉时有爆炸的危险，加上锅炉需要消耗大量的能源，且需要解决能源燃烧产生的烟气排放等一系列的复杂问题，因此，人们一方面不得不继续使用蒸汽机，另一方面也更加强烈地希望能有一种小而方便、安全又可靠的动力装置来取代它。

1860 年，人们的这种希望得到了初步的实现。法国工程师莱诺尔制造了一台以煤气为燃料的内燃机。这种新型煤气内燃机造型小巧，比起老式的蒸汽机，它的使用方法简单而安全，但美中不足的是，由于没有在内燃机的机箱内对空气进行必要的压缩，所以它产生的热效率并不高。然而，这毕竟走出了老式蒸汽机的模式，开启了内燃机研制工作的第一步。1862 年，法国工程师罗沙提出，内燃机的动力方式应当采取四冲程方式，即在四个冲程内完成一个进气、压缩、燃烧膨胀和排气的工作循环，并且取得了这一内燃机设计方式的发明权专利。这可是一个非常富有创意的想法，如果付诸实际运用，将大大地提高内燃机的工作热效率，从而弥补莱诺尔内燃机的不足。但是，罗沙只是提出了这样一个想法，并没有造出一台样机，没有真正把这一想法变成现实。

成功女神所垂青的往往是那些坚韧不拔、不懈努力的人。虽然奥托对罗沙的想法不甚了解，但前人的探索给在内燃机研制道路上一度彷徨不前的奥托指明了前进的方向。他在周围环境和条件都不是很好的情况下，独自钻研，反复研究，最终也提出了内燃机四冲程动力方式的思想。由于奥托的这个想法一开始就是以实践运用为目的，因此，他的设计思想要比罗沙的想法详细成熟得多。奥托在他的日记中这样写道：“一切商业上成功的内燃机，其共同特征都包含了以下几方面：①空气的压缩；②燃料在提高了压力的空气中进行燃烧，从而使空气压缩，并使空气的温度升高；③已加热的空气膨胀到初始压力，并开始做功；④排气。由此完成整个循环过程。”

奥托提出的内燃机动力的四冲程原理：煤气在进入内燃机之前，先与空气混合成一种可燃性混合气体，然后进入气缸，在气缸内被压缩。这种提高了压力的可燃性混合气体在气缸内燃烧，使气缸内温度升高，而后，膨胀了的气体逐步减压到初始状态时的大气压力，并推动气阀运动，气阀运动产生的能量推动机车的运动，最后，气缸排出所有的气体。这是对四冲程内燃机原理和特征的第一次简单而清楚的概括。后来，人们把

内燃机的四冲程循环称为“奥托循环”。

奥托循环的一个周期是由吸气冲程、压缩冲程、膨胀做功冲程和排气冲程这四个冲程构成，如图 25-4 所示。

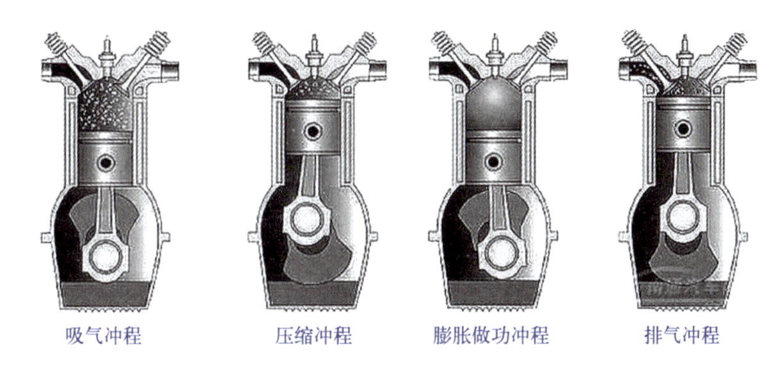

图 25-4　四冲程汽油机

吸气冲程。活塞向下运动使燃料与空气的混合体通过气门进入气缸。

压缩冲程。关闭进气门，活塞向上运动压缩混合气体。

膨胀做功冲程。在接近压缩冲程顶点时由火花塞点燃混合气体，空气燃烧爆炸所产生的推力迫使活塞向下运动。

排气冲程。完成做功冲程，活塞上行最后将燃烧过的气体通过排气门排出气缸。

1876 年，奥托根据四冲程内燃机工作原理设计并制造出第一台以煤气为燃料的火花点火式四冲程内燃机（图 25-5），这种内燃机在 1878 年的巴黎万国博览会上受到极高的评价。这种发动机体积小，重量轻，消耗的煤气少，每分钟可达 200 转。

图 25-5　奥托四冲程内燃机

1886 年，德国发明家奥托做出了一项惊人的声明：取消自己获得的四冲程内燃机的专利。

那么，奥托为什么要做出这样的决定呢？原来，一个偶然的机会，他看到了法国工程师罗沙写的一本小册子。书中比较完整地提出了四冲程内燃机的原理。由于这本小册子是在奥托发明四冲程内燃机之前出版的，出于对别人的尊重，他便毅然决定放弃获得的专利权。

奥托的高尚品德赢得了人们的高度赞誉。同时，大家认为虽然是罗沙较早地阐述了四冲程内燃机的原理，但是，第一个研制出这种内燃机的人却是奥托，所以后来人们仍然把四冲程循环称为奥托循环。

后来，奥托还推出一款可以使用汽油的发动机，从此开创了现代汽车用发动机的先河。

1891 年，奥托离开了人世，终年 59 岁。现在的内燃机早已今非昔比，但他们依然按照奥托提出的原理在运转着。

如果说奥托以他的内燃机发明，掀开了人类动力工程史上新的一页的话，那么随后他将自己的发明产业化的努力，则为这一页书写了更多、更精彩的内容。他与许多取得成功的发明家一样，在取得初步成功之后，继续探索，精益求精，更加用心地考虑怎样进一步发展、完善他的发明成果，使这种新款式的内燃机在使用过程中更加有效，更加安全和方便。

● 柴油机的发明者——鲁道夫·狄赛尔。鲁道夫·狄赛尔（图 25-6），发明家，德国热机工程师。19 世纪 90 年代他发明了以他的名字命名的内燃机，生产了一系列不同型号的柴油机，1897 年展示的 25 马力四冲程单缸立式压缩柴油机是他发明的顶峰。

图 25-6　鲁道夫·狄赛尔

● 发明历程。狄赛尔于 1858 年出生在法国巴黎，他的父亲是德国奥古斯堡的精制皮革制造商。成年之后，狄赛尔进入了德国的慕尼黑技术大学攻读。1876 年就在他读大学期间，德国人奥托研制成功了第一台四冲程煤气发动机，这是法国技师罗沙提出的内燃机理论第一次得到实际运用。这一成就鼓舞了当时从事机械动力研究的许多工程师，其中既包括后来汽车的发明者卡尔·本茨和戈特利普·戴姆勒，也包括对机器动力十分感兴趣的年轻人狄赛尔。

与致力于改造奥托发动机的本茨和戴姆勒不同，狄赛尔的想法更为超前，他想完全舍去发动机中的点火系统，靠压缩空气发热，喷入燃料后自燃做功，这种方式完全区别于吸入燃气混合气点燃做功的方式，后人称狄赛尔的原理为压缩式内燃机原理。因为当时并没有发明分电器和高压点火线圈，点火装置非常简陋和不稳定，因此狄赛尔想跳过这个技术障碍。不久，他在法国人约瑟夫・莫勒特发明的气动打火机上找到了灵感，并坚持不懈地探索下去。

狄赛尔没有料到，他的想法实现起来远远比发明点火系统复杂得多，他所遇到的第一个问题就是燃料问题。常用的汽油非常活跃，也非常容易点燃，但汽油却不能适应有很高压缩比的压燃式发动机。一旦把汽油雾化喷入含有高温、高压空气的燃烧室，就会发生猛烈的敲缸甚至爆炸。舍去汽油是必然的，狄赛尔创造性地把他的目标指向了植物油。经过一系列试验，虽然使用植物油的尝试也失败了，但他是第一个把植物油引入内燃机的人，因而近现代鼓吹“绿色燃料”者都把狄赛尔尊为鼻祖。

狄赛尔最终将燃料锁定在石油裂解产物中一直未被重视的柴油上。柴油相对于汽油来说性质非常稳定，比较难点燃，同时柴油一旦点燃会冒出大量的黑烟，因而它又不能像煤油那样用作照明。但柴油稳定的特性却恰恰适合压燃式内燃机，在压缩比非常高的情况下柴油也不会出现爆震，这正是狄赛尔所需要的。经过近 20 年的潜心研究，狄赛尔终于在 1892 年试制成功了第一台压燃式内燃机（图 25-7），也就是柴油机。

图 25-7　狄塞尔柴油机

这台柴油机用气缸吸入纯空气，再用活塞强力压缩，使空气体积缩小到原来的 1/15 左右，温度上升到 500 ~ 700 摄氏度，然后用压缩空气把雾状柴油喷入气缸，与缸中高温纯空气混合，由于气缸这时已经有了较高的温度，因而柴油喷入后自行燃烧做功。1892 年，狄赛尔取得了此项技术的专利。

柴油机的最大特点是省油、热效率高，但狄赛尔最初试制的柴油机却很不稳定，1894 年，狄赛尔改进了柴油机并使其能运行 1 分钟左右。尽管他的柴油机还不稳定，但狄赛尔却迫不及待地把它投入商业生产，因为他的竞争对手早在 1886 年就把汽油机安装在车辆上了，而 8 年之后，汽油机汽车已经投入了商业运作。这位只了解技术并不了解商业运作的发明家犯下了一生中最大的一次错误，他急于推向市场的 20 台柴油机由于技术不过关，纷纷遭到了退货，这不但给他造成巨大的经济负担，更重要的是影响

了柴油机给公众的印象，在随后的几年里几乎没有厂家或个人乐意装配柴油机。没有了资金来源又负债累累，这使得狄赛尔的晚年陷入了极端贫困中。1913 年，狄赛尔独自一人呆站在横渡英吉利海峡的轮船甲板上，被巨浪卷入了大海。为了纪念狄赛尔，人们把柴油发动机命名为狄赛尔（Diesel）。

● 狄赛尔闪光的发明。狄赛尔做梦都想看到自己的发明能大规模装载在汽车上，但他最后也没有看到这一天。客观地讲，狄赛尔的柴油机确实存在着不少缺陷，其中最大的问题就是重量。由于柴油机气缸压力比汽油机高很多，因而柴油机的缸体要比汽油机大许多，同时早期为压缩空气使用的空气压缩机重量也非常大，这就使得柴油机整体上十分笨重，极不适应当时骨架还很娇小的汽车。但柴油机拥有汽油机不可比拟的转矩优势，功率相同时柴油机又拥有很大的燃油经济性优势，因此人们并没有放弃对它的改造。

1924 年，美国的康明斯公司正式采用了泵喷油器，这一发明有效地降低了柴油机的重量，同年在柏林汽车展览会上 MAN 公司展示了一台装备柴油机的卡车，这是第一台装有柴油机的汽车。不久以后，博世公司开始正式生产标准泵喷油器，正是由于柱塞泵的普及，为柴油机安装在汽车上提供了技术基础。1936 年，奔驰公司生产出了第一台柴油机轿车 260D（图 25-8），这时距狄赛尔去世已经 23 年了。

图 25-8　第一辆装备柴油机的轿车梅赛德斯 - 奔驰 260D

● 狄赛尔得偿所愿。如果说柴油机在重型机械上得到应用是狄赛尔的无心插柳，那么电控技术让柴油机回到了轿车领域才是真正让狄赛尔得偿所愿。

如果想把柴油机引入轿车领域，那么必须解决柴油机的排放和振动问题。实际上，柴油机排气中一氧化碳（CO）和碳氢化合物比汽油机少得多，氮氧化合物（NO_x）排放量与汽油机相近，只是排气微粒较多，这与柴油机燃烧机理有关。柴油机是一种非均质燃烧，混合气形成时间很短，而且混合气形成与燃烧过程交错在一起。经过研究发现，柴油机喷油规律、喷入燃料的雾化质量、气缸内气体的流动以及燃烧室形状等均直接影响燃烧过程的进展以及有害排放物的生成。

除了靠提高喷油压力和柴油雾化效果来改善排放，使用预喷射也是行之有效的方法。预喷射就是在主喷射之前的某一时刻精确地喷入 1 ~ 2 毫升的预喷油量，从而使燃烧室被加热，缩短了随后进行的主喷射的着火延迟期。于是温度与压力上升减缓，降低了燃烧噪声水平和氮氧化合物。20 世纪 70 年代以后，博世公司把电控汽油机喷射技术引用回柴油机，从而使柴油机的发展和使用进入了一个新纪元。

最先出现的是电控喷油泵技术，而后又发展出了电控泵喷嘴技术和高压共轨喷射技术，后两种技术是最主要的柴油机电控喷射技术。其中，电控泵喷嘴技术的喷油压力非常高，可以达到 2050 巴（205 兆帕），并且泵和喷嘴装在一起，所以只需要很短的高压油引导部分，泵喷嘴系统就可以实现很小的预喷量，其喷油特性是三角形的，并采用了分段式预喷射，这很符合发动机的要求（大众公司的 TDI 发动机就是使用这种技术）。但电控泵喷嘴技术的喷油压力受发动机转速影响，使用蓄压系统的高压共轨技术可以解决这个问题，但它的喷油压力低于电控泵喷嘴系统，能达到 1600 巴（160 兆帕），有些公司看中了它对任意缸数的发动机喷油压力调节都很宽泛的特点，对其大加采用（最早使用高压共轨喷射技术的轿车是阿尔法罗密欧 156 和奔驰 C 级别车）。

话说到这里，柴油机话题快告一段落了，但柴油机的故事肯定还没有讲完，因为人们越来越发现柴油机的无穷魅力，高转矩、高寿命、低油耗、低排放。狄赛尔肯定没有想到当年他制造的那个无人问津的丑小鸭，现在却被 100% 的重型车和近 30% 的乘用车使用着。但可以让狄赛尔感到欣慰的是，每当打开这些车的发动机盖，都会看见一个名字——Diesel。

第26章 光明之父爱迪生

如果外星人乘飞船光临地球，美妙的夜景会告诉他们，这是一个有智慧生物的星球。无数的灯火像撒在大地上的珍珠，把地球的夜晚装扮得流光溢彩、美丽异常。在19世纪80年代以前，地球的夜晚还是漆黑一团，只有少数的煤气街灯发出黄晕的光。

1879年圣诞节前几天，纽约的《先驱报》刊出了一篇报道：世界上最具革命性的发明诞生了，玻璃灯泡把黑夜变成白昼！这消息一发出，立即引起轰动，照明瓦斯公司的股价应声下跌。这个革命性的发明就是爱迪生的白炽灯。

在爱迪生的一生中有很多的发明，他一直持之以恒、专心致力于发明创造，他除了在留声机、电灯、电话、电报、电影等方面的发明和贡献外，在矿业、建筑业还有化工等领域也奉献了不少创造和真知灼见，他为人类文明的进步做出了巨大贡献。美国第31任总统胡佛说："他是一位伟大的发明家，也是人类的恩人。"

图26-1　托马斯·阿尔瓦·爱迪生

● 托马斯·阿尔瓦·爱迪生。爱迪生（图26-1）1847年出生于美国俄亥俄州的米兰镇。父亲是荷兰人的后裔，母亲曾当过小学教师，是苏格兰人的后裔。爱迪生7岁时，父亲经营屋瓦生意亏本，将全家搬到密歇根州休伦北郊的格拉蒂奥特堡定居。搬到这里不久，爱迪生就患了猩红热，病了很长时间。爱迪生8岁上学，但仅仅读了三个月的书，就被老师斥为"低能儿""愚钝糊涂"被要求退学。从此以后，他的母亲成为他的家庭教师，她自己教儿子读书识字。爱迪生对读书有浓厚的兴趣，8岁时他读了文艺复兴时期英国最重要的剧作家莎士比亚、狄更斯的著作和许多重要的历史书籍。到9岁时，他能迅速读懂难度较大的书，如帕克的《自然与实验哲学》。

爱迪生对于自然科学的最早兴趣体现在化学方面，他收集了二百来个瓶子作为化学药品的容器，并将节省下来的钱用于购买化学药品。为了赚钱购买化学药品和设备，他小小年纪就开始工作。12 岁的时候，他获得在列车上售报的工作，辗转于休伦港和密歇根州的底特律之间。他一边卖报，一边做水果、蔬菜生意，只要有空他就到图书馆看书。1861 年美国爆发了南北战争，刚满 14 周岁的爱迪生买了一架旧印刷机，利用火车的便利条件，办了一份小报（周刊）——《先驱报》，用来传递战况和沿途消息，第一期周刊就是在列车上印刷的。他一人兼做记者、编辑、排版、校对、印刷、发行的工作。小报受到欢迎，他也从紧张的工作中增长了才干，还挣了不少钱，得以继续进行化学实验。他用所挣得的钱在行李车上建立了一个化学实验室。但不幸的是，一次他在火车上做实验时，列车突然颠簸，一块磷落在木板上燃烧起来。列车员赶来扑灭了火焰，也狠狠地给了他一个耳光，他被赶下了火车，那时爱迪生才 15 岁。16 岁时他发明了自动定时发报机。

1878 年 9 月，爱迪生 31 岁时开始研究电灯。那时煤气灯已代替煤油灯，但火焰闪烁不定，而且在熄灭时会产生有害气体；弧光灯虽已发明，并在公共场所使用，但由于其燃烧时会发出嘶嘶声而且光过于耀眼，不宜用于室内。当时许多欧美科学家已在探求制造一种新的稳定的发光体。

爱迪生研究了弧光灯后宣布他能发明一种使人满意的灯，但需要钱。那时他已是一个有了 170 项发明专利权的人，他的发明给资本家带来很大利润，因此一个财团愿意向他提供资助。经过几千次失败，1879 年 4 月他改进了前人制作的棒状、管状灯，做出了一个玻璃球状物。1879 年 10 月他把一根经过炭化处理的棉线固定在玻璃泡内，抽出了空气，封上口，通上电流，灯泡发光了，一种新的照明物出现了。

1880 年至 1882 年间，爱迪生设计了电灯插座、电钮、保险丝、电流切断器、电表、挂灯，还设计了主线和支线系统，又制成了当时世界上容量最大的发电机，并在纽约建立第一座发电厂，开辟了第一个民用照明系统。后来他又同乔治·伊斯曼一起发明了电影摄影机。爱迪生的三大发明——留声机、电灯和电力系统、电影摄影机，丰富了人类的文化生活。

1931 年 8 月，爱迪生身感不适，经医生诊断，他同时患有多种疾病包括慢性肾炎、尿毒症和糖尿病。1931 年 8 月《纽约时报》刊登的医疗公报称：“爱迪生先生就像在危险丛生的海峡中航行的一条小船，也许能安全通过，也许会触礁。”1931 年 10 月，爱迪生逝世，终年 84 岁。

● 爱迪生发明的白炽灯。白炽灯，通常被称为电灯，顾名思义就是灯丝被电流加热到白炽状态后发光的灯。电流通过灯丝，大部分转化为热能，小部分转化为光能。电

灯是人类征服黑暗强有力的武器。在漫长的古代社会里，人们用动物油、蜂蜡等燃料来制作灯具，比如蜡烛、煤油灯等。这些灯具不但照光量不足，还极易引发火灾。进入 19 世纪，欧洲、美洲的科学家们便运用新兴的电学知识，投入到电灯的研发中。

第一个“吃螃蟹”的人是英国科学家戴维，他于 1809 年造出一盏奇特的灯（图 26-2），串联 2000 节电池并用两根炭棒作正负极，在宽阔的广场亮了数分钟。此后，科学家们灵感迸发，制造出各种各样的电灯。1854 年，德国钟表匠亨利 · 戈培尔发明了弧形灯泡；1860 年，英国科学家斯旺发明了半真空炭丝电灯，但实用性不大，也没有量产。

“要是让家家户户都能用上电灯，该有多好啊！”怀着这样的心情，“发明大王”爱迪生于 1877 年开始了研究电灯之路。凡事预则立，深谙此理的他没有急着动手，而是先进行电学和光学的知识储备。没多久，他就辑录了二百多本资料，共四万多页。他把自己关在实验室里，夜以继日地研究着。有一次，一个朋友来看爱迪生，看着满屋子书说：“怪不得你懂得那么多知识，原来是睡觉的时候也在吸收书里的营养啊！”爱迪生投身电灯研发工作后，很快发现两个关键点：一是氧化作用会严重影响灯丝的寿命，二是要选择一种耐用的材料做灯丝。经过实验，他找到了第一个问题的答案，即让灯泡内变成真空状态。他研制出一台精密的抽气机，用来抽出玻璃灯泡里的空气，使灯泡达到真空状态。

爱迪生设想，未来的电灯，就是把一小段电阻不大且耐高温的导体材料——细灯丝装在漂亮的玻璃泡里，通上电流，发出光来。细灯丝显然是电灯发明的重中之重。为了解决细灯丝问题，他用白金、炭、石墨、铂铱合金，甚至土、矿石等进行试验。仅一年多的时间，他就试验了 1600 多种材料，然而这些材料都不耐用（图 26-3）。

图 26-2　戴维发明的弧光灯

图 26-3　爱迪生发明的白炽灯

某日，坐在桌边思考的爱迪生忽然碰到放在桌上的一卷棉纱，脑海中闪过一个念头，立即大叫：“来人，去买几轴棉线。”原来，他准备用棉线做灯丝。

爱迪生把买来的棉线摆成各种圆弧形，并放在一个密闭的金属盒内，然后放进炉内烘烤。几小时后，棉线变成了炭丝。他想把这些炭丝取出来，但没有成功。第四天，他才取出一段完整的炭丝，并顺利地把它装在玻璃灯泡里。接通电源后，炭丝发出亮光，但亮光只持续了几秒。爱迪生并没因为炭丝很快被烧断而丧失信心，而是坚信“炭比白金好”。

爱迪生改进炭化的方法，在棉纱线上撒满炭末，并将其弯成马蹄形，放在坩埚里用高温加热，然后装进玻璃泡里，用抽气机抽掉空气。经过无数次的试验，1879 年 10 月 21 日，世界上第一盏具有实用价值的电灯终于研制成功。这盏炭丝灯亮了 45 小时。

爱迪生清楚地认识到，炭丝灯虽然能持续发亮，但最明显的问题是制作工艺复杂，费用很高，不可能走进寻常百姓家。于是，他把工作重点放在寻找便宜而实用的灯丝材料上。

爱迪生根据棉纱的性质，决定在植物纤维领域做文章。凡是植物学上有记载，认为可用的，他都要试一试。此外，橡皮，假象牙，钓鱼线，人的头发、胡子，也曾被列入灯丝材料的试验对象。到 1880 年 5 月初，爱迪生试验过的植物纤维共计 6000 多种，新研制出来的灯泡能连续发光 300 小时。

不知疲倦的爱迪生屡败屡战，后来发明了竹子灯丝做的电灯（图 26-4），居然亮了 1200 小时。灯丝材料解决了，制作费用便降了下来。1879 年，他的每只灯泡的总体费用为 1.10 美元，到竹丝灯泡时，一只灯泡的费用只有 0.22 美元。爱迪生见灯丝的试验已经差不多了，便着手于电灯的推广运用。为此，他改进了发电机和输配电系统，并在富商资助下，在纽约创建了第一个火力发电厂。强大的电流，通过蛛网似的线路，流到纽约及附近城市的千家万户，人类从此走进了电照明时代。“发明大王”终于实现了年轻时的梦想，让家家户户都用上了电灯。

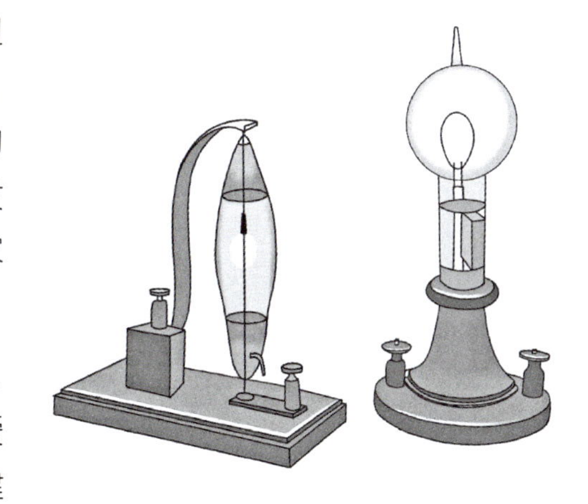
图 26-4　用竹子灯丝做的灯

1889 年，世博会再次在法国巴黎举办。这一年，备受瞩目的埃菲尔铁塔刚刚建成，爱迪生将电灯安装在了这座当时全世界最高的建筑上。夜幕降临，埃菲尔铁塔灯火辉煌，再加

上三色探照灯不停地旋转照耀，似乎要把整个巴黎城都照亮，世博园区宛如人间仙境，人们汇聚在广场上，欣赏喷水池在灯光照耀下产生的梦幻景色，流连忘返。在这之后，爱迪生就被人称为“光明之父”。

现代的白炽灯和爱迪生制成的第一只电灯相比有很大的不同，但是它主要部件的构造原理基本上都保留到了今天。

科技永远在进步。1909 年，美国科学家柯里奇改进了白炽灯，他把钨丝抽成细丝，并在灯泡里充进氩一类的惰性气体。1913 年，美国科学家朗缪尔发明螺旋钨丝电灯，并在灯泡里注入抑制钨丝挥发的氮气。20 世纪 60 年代，随着半导体发光二极管的诞生，LED 灯迅速崛起。各种新型灯具正扮演着白炽灯终结者的角色。

正如前文所述，白炽灯只有小部分电能（约 2%）转化成有用的光能，同时寿命不超过 1200 小时。所以，白炽灯正被新型的节能灯、LED 灯等绿色光源所代替，比如澳大利亚政府 2010 年就明文提倡使用节能照明设备，禁止使用白炽灯。白炽灯“英雄”末路之快，可能是爱迪生没有料到的。

● 世界上第一架留声机。世界上第一架留声机是由托马斯 · 阿尔瓦 · 爱迪生于 1877 年发明的（图 26-5）。用爱迪生的话说，这是一项偶然的发明。在 1889 年巴黎世博会上，每天有 3 万人前来参观爱迪生的留声机（图 26-6）。

图 26-5　爱迪生发明了留声机

爱迪生在 1877 年设计的留声机是一个机械装置，是世界上最早的录音装置。同年 12 月，爱迪生的助手、机械工人约翰 · 克卢西制造出了第一台样机（图 26-7），并用这台样机录制了爱迪生唱的歌《玛莉的山羊》。

图 26-6　爱迪生展示留声机

图 26-7　1877 年发明的锡箔留声机

“余音绕梁，三日不绝”，在没有录音技术之前，这句话只能是人们美好的梦想。留声机的诞生与演变，140 多年里录音技术的日新月异，是人类记录声音的历史缩影。1877 年 12 月，爱迪生在华盛顿发明专利局登记了新发明的留声机，那年他 30 岁。在申请专利的日子里，爱迪生与助手们对留声机做了多处改进。当时的社会舆论将爱迪生誉为“科学家中的拿破仑”，留声机也成为 19 世纪最令人振奋的三大发明之一。

- 发明留声机的过程。1877 年夏季，爱迪生开始研制留声机（图 26-8）。这一时期，爱迪生刚发明了电报自动转发机，电报自动转发机的发明对他发明留声机是有启发的。

图 26-8　爱迪生研制留声机

在改进电报机的实验中，由于爱迪生听力不好，他在调试碳粒送话器时，用一根钢针代替右耳检验传话膜片的振动。当他用钢针触动膜片时，送话器随着说话声调的高低，发出了有规律的颤音。爱迪生灵机一动“如果反过来，使短针颤动，能不能复原声音？”他随即着手寻找录音和放音的方法，当时声音储存技术还是一个无人问津的新领域。

爱迪生认为，根据声音的振动理论和利用振膜传送声音的方法能打出可以再现电报机声音的纸带，那振膜的振动就能被记录下来，声音也能被复原。爱迪生最开始使用蜡纸做实验。他在笔记中写道：“我用一块带针的膜片，针尖对准急速旋转的蜡纸，声音的振动就非常清楚地刻在蜡纸上了。实验证明，要把人的声音完整地储存起来，什么时候需要就什么时候再放出来，是完全可以做到的。”

1877年12月初，爱迪生把设计图纸交给机械师约翰·克卢西，请他制造出一台由大圆筒、曲柄、两根金属小管和模板组成的机器。克卢西怎么也不相信，这个怪东西会说话。爱迪生取出一张锡箔，将它包在刻有螺旋槽纹的金属圆筒上，摇动曲柄，对着圆筒前的小管子，声情并茂地唱起了一首儿歌“玛丽有只小白羊，它的绒毛白如霜……”

唱完后，爱迪生把圆筒转回原处，换上另一根小管子，慢悠悠地摇起了曲柄。这时，大家都屏住气，屋里静悄悄的。过一会儿，这台怪机器真唱了起来“玛丽有只小白羊……”声音虽然小，而且有点含糊，但爱迪生、克卢西和工作人员高兴万分，觉得这是世界上最动听的歌。

“这台怪机器为什么会说话呢？”克卢西忍不住问道。爱迪生指着机器说，这台机器的金属筒横向固定在支架上，金属筒表面刻着纹路，并和一个小曲柄相连，金属筒旁边是一个粗金属管，它的底膜中心有一根针头，正对着金属筒的槽纹。锡箔下面的金属筒上有槽纹，所以随着歌声的起伏，唱针在锡箔上刻出了深浅不同的槽纹。当唱针沿着波纹重复振动时，就发出了原来的声音。

爱迪生多次改良留声机（图26-9），直到将滚筒式改成胶木唱盘式，这中间可不是一两年，而是历经几十年的不断改进。如图26-10所示为改进的留声机。爱迪生仅在留声机上的发明专利权就超过了100项，他本身听力不好，却发明了这样一个发声的机器，真是令人惊异啊。

图26-9 1878年爱迪生第二台留声机草图

图26-10 改进后的留声机

实质上，在一个多世纪以来，留声机所掀起的文明和发明巨浪影响是非常深远的，后来电唱机、磁带录音机、磁带录像机、激光声像机相继问世，其灵感都来自留声机的发明。

趣闻轶事

● 孵蛋的经历。爱迪生在童年时代就爱动脑筋，好奇心特别强。有一天早晨，全家突然发现爱迪生不见了，到处找也找不到，大家找了好久，才发现爱迪生趴在鸡舍旁，肚子下面压了几个鸡蛋，原来他异想天开，要用自己的身体来孵小鸡。结果事与愿违，蛋壳破裂，蛋黄横溢。虽然孵蛋没有成功，但是小爱迪生这种喜欢尝试和探索的精神保持了下来，在他今后的发明创造中有很大作用。

● 最差的学生。爱迪生喜欢了解他自己感兴趣的事物，但是对于上学就另当别论了。爱迪生 8 岁那年上学，当时他家刚搬到休伦港不久。整天困在教室里，他感到太没意思了。像当时的大多数教师一样，这所学校的老师也信奉棍棒教育。爱迪生非常害怕藤条，尽管如此，他仍然学不进老师教的那一大堆知识。而他好问的习惯更使老师生气。

爱迪生成了班上最差的学生，一连 3 个月都是如此。后来他听见老师议论他，说他有毛病。一怒之下，爱迪生冲出了教室，再也不愿回去。

在家里，他的母亲南茜站在他一边。有一段时间爱迪生时断时续地去过一些别的学校。但大部分时间里是母亲亲自教他。或者不如说，她任由他去自学。在母亲的鼓励下，爱迪生如饥似渴地读书。在他 9 岁那年，有一天，母亲给了他一本科学方面的书，这是他第一次看这种书，书名叫《自然哲学的学校》，它让读者们在家里做一些简单的实验。从那时候起，爱迪生的生活就起了变化。

他如痴如醉地将这本书读完，做了里面所有的实验，然后他做起了自己的实验。他买来化学制品，四处搜寻电线之类的边角料，在卧室里建起了一个实验室。他做的实验之一是将两只大猫的尾巴搁在电线上，将它们的毛相互摩擦，试图产生静电。而实验唯一的结果是他被两只猫抓得鲜血淋淋！

在爱迪生小的时候，他经常到邻居缪尔·温切斯特家的碾坊玩。一天，他在温切斯特家的碾坊看见温切斯特正在用一个气球做一种飞行装置试验，这个试验使爱迪生入了迷，他想，要是人的肚子里充满了气，一定会升上天。几天后，爱迪生把几种化学原料配在一起，拿给父亲的帮工迈克尔·奥茨吃，爱迪生告诉迈克尔·奥茨吃了这种东西人就会飞起来，结果奥茨吃了爱迪生配制的“飞行剂”后几乎昏厥过去。爱迪生因此受到了父亲的鞭打和小朋友父母们的警惕，他们劝告自己的孩子不要与爱迪生玩并远离他。我们不提倡模仿爱迪生的危险行为，我们建议大家像爱迪生一样对新鲜事物保持旺盛的好奇心。

● 艰苦探索，“大海捞针”终于成功了。爱迪生 12 岁时开始他艰苦的闯荡生涯，他做过火车上的报童，学会了发报技术，到过波士顿、纽约，一直到 24 岁时才有了自己的工厂和美满幸福的家庭。爱迪生在 1878 年时宣布要发明一种光线柔和、价格便宜的安全电灯。为了找到合适的灯丝，爱迪生试验过硼、钌、铬、炭粒以及各种金属合金，共 1600 多种材料，历时 13 个月，但是都没有成功。一些人说起了风凉话，说爱迪生这次是“吃进了自己啃不动的东西”。一个曾经在爱迪生那里工作过的物理学家称这个试验是“大海捞针”。但是，爱迪生不怕失败，坚持试验，下决心要从大海中捞起针来。功夫不负有心人，1879 年 10 月的一天，爱迪生点亮了用炭化棉丝作灯丝的灯泡，他亲自观察和记录。这一次，灯泡明亮、稳定，1 小时、2 小时、3 小时……灯泡一直亮着，当点燃到第 45 个钟头的时候，爱迪生叫助手把电压加高一点，灯泡更亮了。又过了几分钟，灯丝终于烧断了。《纽约先驱论坛报》用整版篇幅详细报道了灯泡试验成功的消息。爱迪生获得了全部专利，人们公认白炽灯是由他发明的。

爱迪生的座右铭是：我探求人类需要什么，然后我就迈步向前，努力去把它发明出来。有人说，发明是命运的产物，爱迪生是天才。爱迪生却说：“天才，百分之一是灵感，百分之九十九是血汗！”当有人问他在发明灯泡的 1 万次失败期间是怎样坚持下去的时候，他说，在这个过程中他从未失败过，相反，他找到了 1 万种无效的方法。他一生中写下的 3400 本详细记录发明设想、实验情况的笔记，就是这段话的有力佐证。爱迪生 77 岁那年有人问他：“您什么时候退休？”他脱口而出说：“到我去世的那一天！”有一次，有人半开玩笑地问爱迪生：“您是否同意给科学十年休假？”爱迪生严肃地回答说：“科学是一天也不会休息的，在已经过去的亿万年间，它每分钟都在工作，并且还要这样继续工作下去。”的确，爱迪生实践了自己的诺言，在他 80 多岁的时候，为了“做出更多的发明”，仍在勤奋地工作。

你知道吗？

● 白炽灯。我们通常说的电灯是将灯丝通电加热到白炽状态，利用热辐射发出可见光的电光源。自 1879 年，美国的爱迪生制成了碳纤维白炽灯以来，经人们对灯丝材料、灯丝结构、充填气体的不断改进，白炽灯的发光效率也相应提高。1959 年，美国在白炽灯的基础上发展了体积和衰光极小的卤钨灯。白炽灯的发展趋势主要是研制节能型灯泡。不同用途和要求的白炽灯，其结构和部件不尽相同。白炽灯的光效虽低，但光色和集光性能好，是应用最广泛的电光源。

第 27 章

谁发现了阴极射线

● 阴极射线。阴极射线是科学家在 1858 年利用低压气体放电管研究气体放电时发现的，阴极射线与电子的发现息息相关。如图 27-1 所示，真空玻璃管中的 C 与高压电源的负极相连，为阴极；金属管 AA' 与高压电源的正极相连，为阳极。当高压电源接通时，在 C 与 AA' 间，会产生极大的高压（电场强度）。通过观察会发现，有一束类似于光的特殊的“射线”，从 C（阴极）发出，通过金属管 AA' 后，打在右侧的屏幕上。由于这束“射线”是阴极释放的，我们称之为阴极射线。

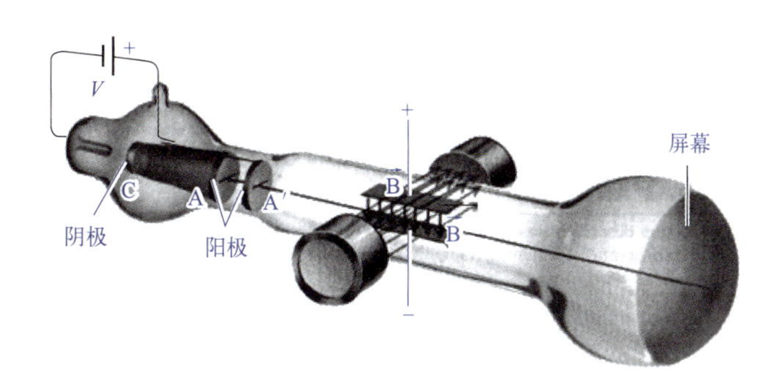

图 27-1　阴极射线管

阴极射线应用广泛。电子示波器中的示波管、电视的显像管、计算机的显示器、电子显微镜等都是利用阴极射线在电磁场作用下偏转、聚焦以及能使被照射的某些物质，如硫化锌发荧光的性质工作的。高速的阴极射线打在某些金属靶极上能产生 X 射线，可用于研究物质的晶体结构。阴极射线还可直接用于切割、熔化、焊接等。那你知道谁发现了阴极射线吗？

● 最初的发现。一百多年前，手艺高超的德国玻璃工人海因里希·盖斯勒制造出一种能发出绿光的管子，有钱人家将它悬挂在客厅里做装饰品，以炫耀他们的富有。这位杰出的吹管工人，做成了一台以水银的往复运动为原理的真空泵。他又利用这台真空泵，制造出当时世界上最纯的真空管，后来称为盖斯勒管。这种管子曾引起过很多科学

家的兴趣。19 世纪 50 年代，德国物理学家尤利乌斯·普吕克（图 27-2）将一支空气含量为万分之一的玻璃管两端装上两根白金丝，并在两电极之间通上高压电，便出现了辉光放电现象。普吕克和他的学生约翰·希托夫发现，辉光是在带负电的阴极附近出现的。1858 年，普吕克报告了这一现象，可是那辉光的本质到底是不是电流，普吕克还不能确定，他认为可能是稀薄气体或是电极上脱落下来的金属。普吕克也不知道这是什么东西，只知道在一个抽成真空的玻璃管两端加上高电压，管壁上产生荧光。德国物理学家戈德斯坦（图 27-3）认为，管壁上的荧光是由玻璃受到阴极发出的某种射线的撞击而引起的，把这种未知射线命名为“阴极射线”。

图 27-2　尤利乌斯·普吕克

图 27-3　德国物理学家戈德斯坦

可惜普吕克没有把实验进行到底就去世了。因此阴极射线的研究工作主要由他的学生希托夫以及英国物理学家克鲁克斯进行下去。

● 克鲁克斯管。英国皇家学会会员，化学家兼物理学家威廉·克鲁克斯（图 27-4）对这种能发光的管子着了迷，很想弄清楚这些光线究竟是什么。他做了一根两端封有电极的玻璃管，将管内的空气抽出，使管内的空气十分稀薄，然后将高压电加到两块电极上，这时在两极中间出现一束跳动的光线，这就是很多科学家潜心研究的稀薄气体中的放电现象。玻璃管内的空气越稀薄，越容易产生自激放电现象。但是，当玻璃管内的空气稀薄到一定程度时，管内的光线反而渐渐消失，而在阴极的对面玻璃管壁上出现了绿色荧光。这种阴极发射出来的射线，肉眼看不见，但能在玻璃管壁上产生辉光或荧光。科学家们称这个神秘的绿色荧光叫“阴极射线”，称这些发光的管子叫“阴极射线管”，又称“克鲁克斯管”（图 27-5）。

图 27-4　威廉 · 克鲁克斯

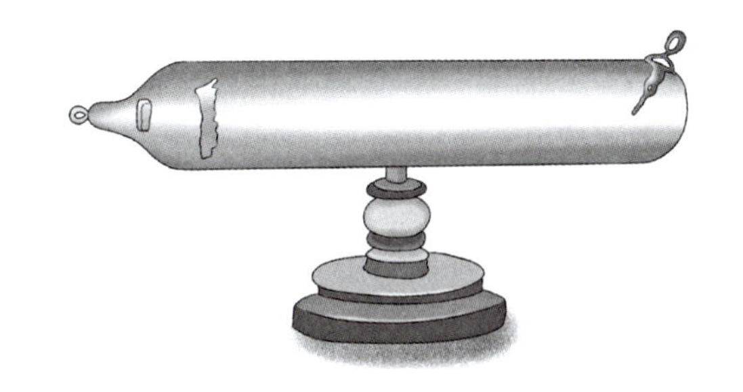

图 27-5　克鲁克斯管

克鲁克斯为了搞清楚阴极射线究竟是什么，他制作了各种形状的阴极射线管（图 27-6），并进行了很多实验，其中有一个现象使他异常激动。他在 1879 年英国的一次物理学讨论会上演示了他的这一发现。玻璃管中是高度稀薄的空气，带负电的阴极产生阴极射线，一个用薄云母片制成的十字放在射线的途中，在阴极对面的玻璃管壁上出现了形状清晰的十字形，这是十字形云母片投下的影子。影子的形状证明了荧光是由阴极沿直线发射出的某种东西引起的，而薄云母片把它们挡住了（图 27-6）。这些都是在场的物理学家们早就知道的。就在这时，克鲁克斯拿起一块马蹄形磁铁跨置在管子的中部，奇迹出现了，十字形的阴影发生了偏移！克鲁克斯得意地说："由此可见，阴极射线根本不是光线，而是一种带电的原子。否则，它们怎么会受到磁场的影响呢？"阴极射线不是光线而是带电粒子！在座的科学家们都震惊了。

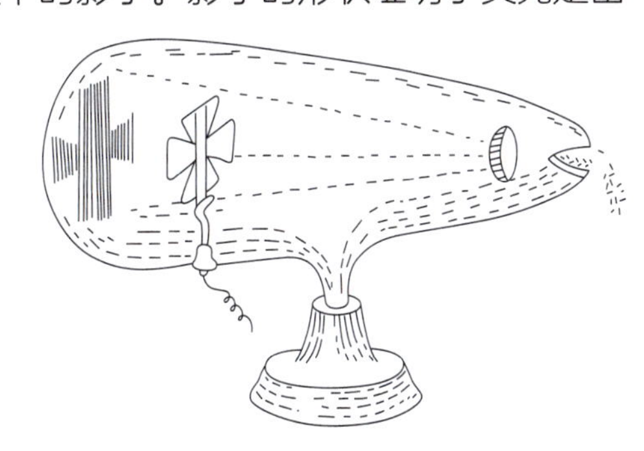

图 27-6　阴极射线管的示意图

● 菲利普 · 莱纳德的发现。对阴极射线的本质有两种完全不同的概念，德国物理学家认为阴极射线像普通的光线一样是以太（是物理学史上一种假想的物质观念）中的波动；以克鲁克斯为代表的英国物理学家流行另一种观点，认为阴极射线是由阴极发射的带负电的粒子所组成的。

要判断两种理论究竟哪种正确，需要更多的实验研究，然而实验遇到了很大的困

难。在那时，人们只限于观察玻璃管内的现象，因为阴极射线到达管壁就被停止了。若能将阴极射线引出放电管外，就可以更方便地进行观察和测量，进一步研究在放电管内无法进行的实验。

1889 年，德国物理学家菲利普·莱纳德（图 27-7）做到了这一点。菲利普·莱纳德的老师、著名的物理学家赫兹曾经观察到这样一个现象：阴极射线能够穿过置于放电管内的金属筒。在赫兹教授的启发下，菲利普·莱纳德做了一个特制的玻璃放电管，在管子的末端用一个很薄的铝片封口，他发现阴极射线能够穿过铝片继续在管外的空气中行进（图 27-8）。实验表明，从铝窗发出的射线和放电管内的射线具有相同的性质，即它们都能激发荧光，都可被磁铁偏转。

图 27-7　菲利普·莱纳德

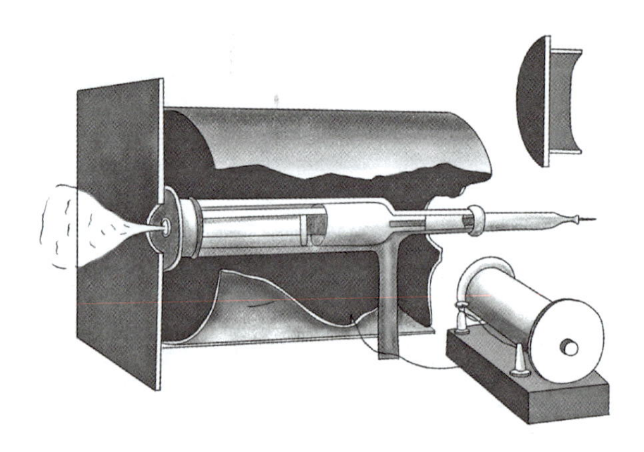

图 27-8　菲利普·莱纳德做了一个特制的玻璃放电管

这个发现使菲利普·莱纳德取得了一系列丰硕的实验成果。他进一步证明了阴极射线有某些化学效应，例如使照相底片感光、使空气变成臭氧、使气体电离导电等。还发现射线在气体中散射，散射随气体的密度而增加；射线对不同物体的穿透本领不同，吸收率和物体密度有直接的关系。勒纳证明了阴极射线即使在真空中也带负电，还发现阴极射线有不同的类型，它们在磁场中偏转的程度不同。

菲利普·莱纳德对阴极射线的研究成果，不仅增加了人们对这些现象的了解，而且在许多方面都成为以后电子论发展的基础。尤其是关于阴极射线可存在于放电管外的这一发现，开辟了物理学研究的新领域，它促进了对其他远未弄清的类似射线源的研究。鉴于菲利普·莱纳德的研究工作的科学价值和它的开创性意义，瑞典皇家科学院决定授予他 1905 年的诺贝尔物理学奖。

● 约瑟夫·约翰·汤姆生的发现。有关阴极射线的谜引起了著名的卡文迪许实验室主任汤姆生（1856—1940 年）（图 27-9）的浓厚兴趣。他思索着用什么方法可以解开这个谜呢？要是真像克鲁克斯所说的那样，阴极射线是一种带电的原子，那么它不仅能在磁场中偏转，也应该能在电场中偏转。汤姆生认为更重要的是应该设法测出阴极射线中那些原子的质量。

人们都知道，原子是非常非常轻的东西，在汤姆生那个时代，世界上还没有人发明出一种可以称原子质量的“秤”，没有人知道该怎样测量出如此微小的质量。年轻的汤姆生凭着他顽强的探索精神和扎实的实验技巧，一次又一次地改进自己的装置，克服重重困难，最后终于实现了自己的目标。图 27-10 为汤姆生和他的阴极射线管。

图 27-9　约瑟夫·约翰·汤姆生

图 27-10　汤姆生研究阴极射线管

汤姆生特制了一只克鲁克斯阴极射线管（图 27-11），在管子的中间加了一对金属电极 D 和 D_2，在管子端部的管壁上贴了一张标有刻度的标尺。当克鲁克斯管接通电源后，从阴极 C 发出的阴极射线穿过两个狭缝 A 和 A'，使阴极射线成为细束，然后穿过金属板 D 和 D_2 之间的空间，最后打在管壁标尺的中心，并发出荧光。然后，他在中间的那对电极 D 和 D_2 上加上一定的电压，于是，和克鲁克斯的实验一样，看到了同样奇妙的现象：阴极射线被电场推向一边，不再到达标尺的中心。如果将 D 和 D_2 板上的电压反向，发现阴极射线就偏离中心到达另一边，偏转的方向清楚地表明：阴极射线是带负电的。

克鲁克斯实验观察的是阴极射线在磁场中的偏转，汤姆生的实验观察到了阴极射线在电场中的偏转。这再一次证实了克鲁克斯的观点：阴极射线是带电的“原子流”，而不是什么光线，因为光线通过电场时是不会发生偏转的。

汤姆生巧妙地将电场和磁场结合起来，首先测出了阴极射线的速度，并进一步

测量出了阴极射线中带负电的“原子”所携带的电荷量和它的质量的比值，称为荷质比。

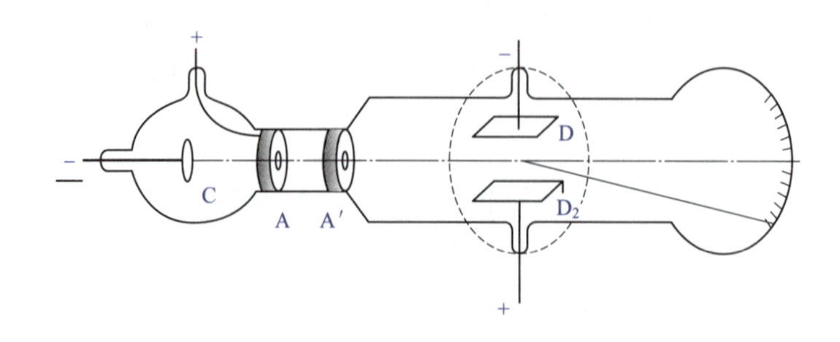

图 27-11　汤姆生特制的克鲁克斯阴极射线管

汤姆生发现，不论射线是怎样产生的，对于射线中的粒子来说，都具有相同的荷质比。例如，改变放电管的形状和管内气体的压力，可使粒子的速度发生很大的变化，但荷质比不变。荷质比不仅与速度无关，更令人惊奇的是，它与使用的阴极物质种类也无关，也与管内气体的种类无关。阴极射线中的粒子应该来自电极或者来自管中的气体，但汤姆生的实验证明，用任何一种物质作电极，用任何气体充入放电管中，测得的荷质比都不变。而且，测得的阴极射线粒子的荷质比比以前已知的任何系统的荷质比都大得多，它比带电氢原子的荷质比大 1700 倍。

图 27-12　英国物理学家威尔逊

这么大的差别令人十分惊奇，原因何在呢？不是阴极射线粒子的质量与氢原子相比很小，就是它的电荷比氢原子的电荷大得多。汤姆生又采用英国物理学家威尔逊（图 27-12）发明的云室，即带电粒子可以作为一个核心使它周围的水蒸气凝成小水滴的方法，测量了阴极射线粒子所带的电荷值。汤姆生发现阴极射线粒子与稀溶液电解中一个氢原子所携带的电荷是相等的。这样，最后确定了阴极射线粒子，人们给它起了一个名字叫“电子”。

电子的质量仅仅是氢原子质量的 1/1700，而且不管什么来源得到的电子，都具有相同的性质。汤姆生由此得出了明确的结论：原子并不是物质可分性的最后极限，从原子中可以进一步分出电子。从此，人们打开了神秘的原子世界的大门，物理学进入了微观世界的新纪元。汤姆生教授的成绩受到了人们的称颂，瑞典皇家科学院决定授予他 1906 年的诺贝尔物理学奖。

汤姆生的实验设计得很巧妙，然而其物理思想其实很简单，如果射线是带负电的，那它们不仅能被磁铁偏转，而且也应该在电场中偏转。为什么当时很多著名的物理学家想不到呢？事实上，当时有很多人想到了，还做了许多实验。著名科学家、电磁波的发现者赫兹就曾做过类似的实验，但他在实验中没有观察到阴极射线在电场中的偏转，因而得出了阴极射线是不带电的错误结论。

汤姆生是从重复赫兹的实验开始的，他制作了一个类似于赫兹实验用的克鲁克斯管，把偏转金属板放在放电管内，金属板上加一个电压形成电场，当阴极射线通过电场时，没有观察到任何持续而稳定的偏转。但细心的汤姆生没有放过实验中出现的非常细微的异常现象。他发现在金属板上外加电压的瞬间，阴极射线出现了短暂的偏转（图 27-13），然后又很快地回到管壁标尺的中点。

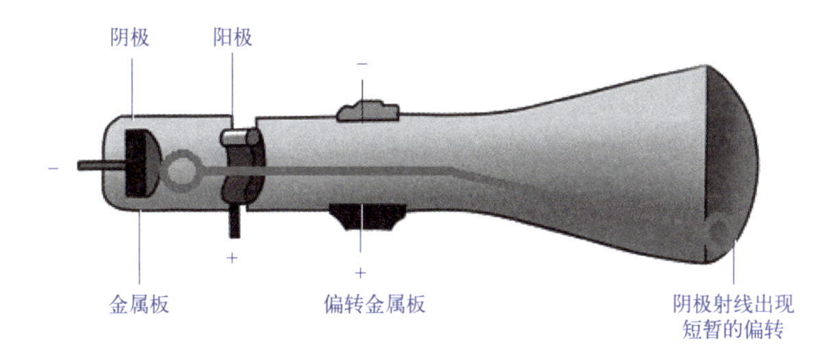

图 27-13　汤姆生实验的克鲁克斯阴极射线管

汤姆生抓住这瞬间的异常，分析出现这种现象的可能原因。他认为，如果克鲁克斯的实验是正确的话，在电场中也应该观察到阴极射线的偏转。而现在的装置中没有观察到持续而稳定的偏转很可能是由于放电管内气体的存在。他认为，当阴极射线穿过气体时会使气体变成导电体，射线将被导电体包围起来，屏蔽了电的作用力，就像金属罩把验电器屏蔽起来一样，使它不受外部的电作用。由此，他给自己的实验提出了新的要求，实验必须在更高的真空中进行。

汤姆生利用了当时最先进的真空技术，将放电管内抽到只剩下极小量的空气时，终于排除了电离气体的屏蔽作用，使阴极射线在电场中发生了稳定的电偏转。由此可见，物理实验的成果常常是和新的技术发展分不开的。没有当时高真空技术的发展，也许汤姆生无法确定电子的存在。

从 1869 年德国科学家希托夫（1824—1914 年）发现阴极射线以后，很多科学家，如克鲁克斯、赫兹、莱纳德、汤姆生等一大批人研究了阴极射线，历时二十余年。在许多科学家的实验成果的基础上，汤姆生最终发现了电子的存在。汤姆生成为最先打开通向基本粒子物理学大门的伟人。

趣闻轶事

● “抠门”的实验室主任。汤姆生在任卡文迪许实验室主任的三十多年间，表现出卓越的领导才能。他固执地奉行“自己动手”的原则，据说当了主任以后，经他手批准的扩大实验室、更新实验设备的费用只有一万多英镑，和世界上其他著名实验室相比，这真是一个微不足道的数字。他从来不图形式，非常强调实用，积极鼓励研究人员自己设计制作或加工改造实验仪器。他认为这样做既省钱，又得心应手，还可以培养和锻炼人才。由于汤姆生处处“抠门”，同事们给他起了“吝啬鬼”的绰号。不过大家都很佩服他，因为他以身作则，是“抠门”的模范。他发现电子所用的主要实验仪器——气体导电仪，就是他利用废旧材料，自己敲敲打打制成的。这就难怪这位“吝啬鬼”培养出了像卢瑟福、威尔逊这样的一大批出类拔萃的物理学家。

你知道吗？

● 阴极射线管用于构造显示系统（图 27-14）。阴极射线管因为最广为人知的用途是用于构造显示系统，所以俗称显像管、映像管。显示原理是阴极电子枪发射电子，电子在阳极高压的作用下射向荧光屏，使荧光粉发光，同时电子束在偏转磁场的作用下，做上下左右的移动来达到扫描的目的。早期的阴极射线管（CRT）技术仅能显示光线的强弱，展现黑白画面。而彩色 CRT 具有红色、绿色和蓝色三支电子枪，三支电子枪同时发射电子打在屏幕玻璃的磷化物上来显示颜色。阴极射线管是由克鲁克斯首创，所以又被称为克鲁克斯管。由于它笨重、耗电，所以在部分领域正在被轻巧、省电的液晶显示器取代。

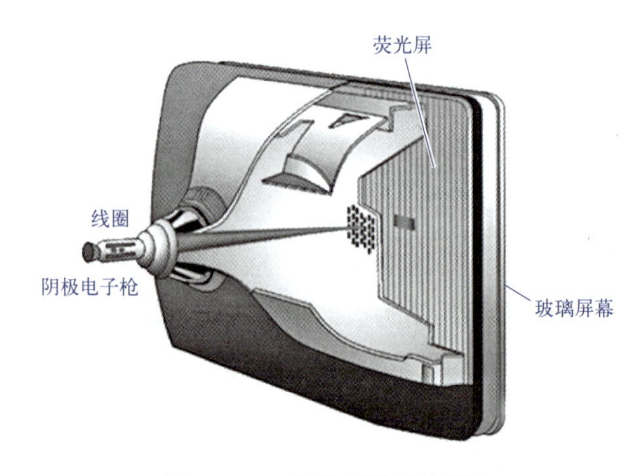

图 27-14　阴极射线管的用途

第 28 章
把电、磁、光统一起来的人

● 什么是电磁波。电磁波是在同相而且互相垂直的电场与磁场中产生的振荡粒子波，以波动的方式在交变电磁场的空间中传播。电磁波不依靠介质传播，在真空中的传播速度等同于光速。由于电磁波与电场方向、磁场方向以及传播方向垂直，所以电磁波是横波。电磁波由低频到高频的频谱（图 28-1）依次为无线电波、微波、红外线、可见光、紫外线、X 射线、伽马射线。人眼能够接收到的电磁波称为可见光，太阳光是电磁波的一种可见的辐射形态。不同频率的电磁波在不同领域发挥着巨大的价值，给人们的生活带来了极大便利。

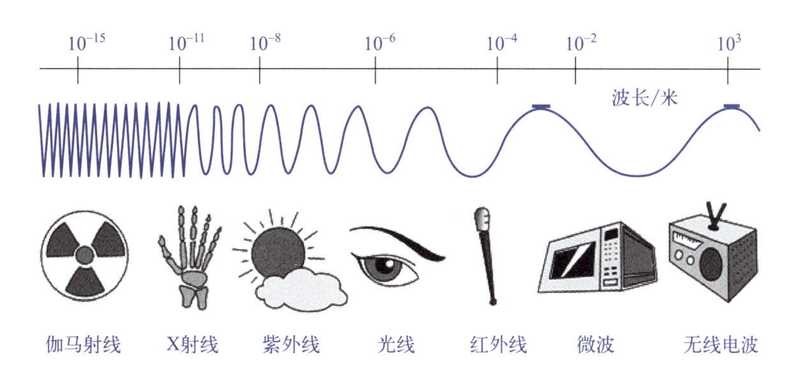

图 28-1　电磁波谱

人类一直在探索什么是光以及光的规则，孜孜以求，持续了整个人类历史。直到英国科学家詹姆斯·克拉克·麦克斯韦总结了前人的各种成果，才用他那闻名于世的麦克斯韦方程组揭开了光之奥秘的一角，让人们认识到光的本质是一种电磁波。

然而，哪怕到了今天，无论是走入千家万户的 WiFi 网络，还是为汽车、飞机提供导航的 GPS 信号；无论是明亮节能的 LED 光线，还是火星探测器上吸收的太阳能，所有与光和电磁波有关的现代设备无一不是毕恭毕敬地按照麦克斯韦方程组划定的范畴默默工作。毫无疑问，这个方程组是人类历史上一个伟大的成就，也是科学美的典范。

詹姆斯·克拉克·麦克斯韦（图 28-2），英国物理学家、数学家。麦克斯韦是继法拉第之后，集电磁学之大成的伟大科学家。他依据库仑、高斯、欧姆、安培、毕奥、萨伐尔、法拉第等前人的一系列发现和实验成果，建立了第一个完整的电磁理论体系，不仅科学地预言了电磁波的存在，而且揭示了光、电、磁本质的统一性，完成了物理学的又一次综合。这一理论是自然科学的成果，奠定了现代的电力工业、电子工业和无线电工业的基础。

图 28-2　詹姆斯·克拉克·麦克斯韦

● 少年时代的麦克斯韦。麦克斯韦 1831 年 6 月 13 日生于英国美丽的海滨古城爱丁堡，这个美丽的城市依山傍水，景色宜人。

麦克斯韦家族是苏格兰境内的名门望族。麦克斯韦的父亲是位学者，主要从事律师工作，他从小受到良好的家庭教育，在高贵的门庭中养成了思想开阔、精力集中、待人诚恳、宽容大度的品性。麦克斯韦的父亲心灵手巧，对于科学知识和技术创造情有独钟。他对科学技术和工程制造的热爱，使他放下律师的工作潜心研究科学知识，他还是爱丁堡皇家学会的会员。麦克斯韦的父亲把自己掌握的知识运用到日常生活的方方面面，从自家房屋建造修理，到为孩子制作玩具，他都亲自动手，不要别人代劳。

麦克斯韦的母亲（图 28-3）弗朗西斯·凯也出生于名门望族，性情果断，遇事有决断，颇有大家闺秀的风范。

刚刚出生不久的麦克斯韦随同父母一起到了乡下的庄园——格伦莱尔庄园。格伦莱尔庄园有着如画的田园景致，在 10 岁以前，麦克斯韦一直在这个美丽的庄园中生活。麦克斯韦是一个充满好奇心的孩子，在玩耍中时常向父母提出各种问题，从路边的桑树、脚下的石块，到行人的穿着表情，都成了他提问的内容。麦克斯韦的母亲承担了他的早期教育，然而，这位贤惠的母亲却因为胃癌在小麦克斯韦 8 岁那年撒手人寰。在这之后，父亲詹姆斯·克拉克为儿子付出了更多心血。父亲对麦克斯韦的童年影响巨大，给了他家庭的温馨和良好的启蒙，为这个幼年失母的孩子种下了探索的种子，许多年后这颗种子成长为参天大树。

图 28-3　小麦克斯韦和母亲

1841 年，小麦克斯韦 10 岁了，他被父亲送入负有盛名的爱丁堡中学读书。可能是一直在庄园成长而未见世事的缘故，麦克斯韦在融入学校环境时遇到了困难。入学第一天，他的举止和浓重的口音被他的同学认为非常土气，更由于父亲给他缝制的衣服不合潮流而被同学起了难听的绰号。此后，小麦克斯韦被其他学生孤立，受了许多冷嘲热讽，为了维持回家时服装的整洁，他时常需要靠拳头自卫。除了两个和他同病相怜的学生之外，没有人愿意和这只“丑小鸭”交朋友。这两个难兄难弟一位叫刘易斯·坎佩尔，另一位叫彼得·格思里·泰特，后来都成了知名学者，并成为麦克斯韦一生的挚友。

小麦克斯韦进入中年级后，在一次竞赛中一举囊括了诗歌和数学两个科目的一等奖，自此，再也没有人敢去嘲笑他的语调和服装了。麦克斯韦的数学才华很快突破了课本，未满 15 岁的他便写了一篇数学论文发表在《爱丁堡皇家学会学报》上。一个最高学术机构的学报刊登孩子的论文，是罕见的，麦克斯韦的父亲为这件事感到自豪。论文的题目是《讨论二次曲线的几何作图》。据说这个问题，当时只有大数学家笛卡尔（1596—1650 年）研究过。麦克斯韦的方法同笛卡尔的方法不但不相同，而且还要简便些。当审定论文的教授确证了这一点的时候，都感到非常吃惊。1846 年 4 月，这篇论文在皇家学会上宣读了。通常宣读论文的都是作者本人，这一次却不是。考虑到麦克斯韦实在太年轻了，论文是由一位教授代读的。

麦克斯韦写的诗歌经常被同学们传抄和朗诵。有趣的是，历史上不少科学家都有着非凡的诗歌天赋。罗蒙诺索夫常常把写诗当作消遣，化学大师戴维也是一位诗歌高手，只是因为他在科学方面的成就非常大，他诗歌创作的光华才被掩盖了。

● 青年时代的麦克斯韦。1847 年秋，16 岁的麦克斯韦踏着满地黄叶，满怀憧憬地走入了苏格兰最高学府爱丁堡大学，专门攻读数学和物理学。他是班上年纪最小的学生，座位在最前排，站队总是在最后，书包里揣着陀螺和诗集。这个前额饱满、两眼炯炯有神的小伙子，很快就引起了全班的注意。他不但考试名列前茅，而且经常对老师的讲课提出问题。有一次，他指出一位讲师讲的公式有错误。那个讲师起初不相信，回答说：“如果你的对了，我就把它称作麦氏公式！”可是，讲师晚上回家一验算，居然真是自己讲错了。

到大学二年级的时候，麦克斯韦掌握的知识已相当广泛了，他在《爱丁堡皇家学会学报》上又发表了两篇论文。一位赏识他的物理教授，还特许他单独在实验室做实验。爱丁堡大学给麦克斯韦留下了美好的回忆。在这里，他获得了登上科学舞台所必需的基本训练。但是，三年以后，对麦克斯韦说来，这个摇篮显得狭小了。为了进一步深造，1850 年他在征得父亲的同意以后，离开了爱丁堡，转到人才辈出的剑桥大学学习。

剑桥大学创立于1209年，是英国首屈一指的高等学府，有优良的科学传统。牛顿曾经在这里工作过30多年，达尔文也是在这里毕业的。19岁的麦克斯韦初到剑桥大学，一切都觉得新鲜，他几乎每天都和父亲通信，报告自己的见闻、感想和学习收获。他逐渐克服了少年时代的孤僻，活跃起来。不久，他加入了一个叫作“使徒社”的学术团体。有意思的是，“使徒社”的名称是根据《圣经》取的。因为耶稣只有12个门徒，所以“使徒社”也只能由12个成员组成，所以整个剑桥大学每届只能有12个学生属于这个团体。这个团体实际上是一个小小的“皇家学会”，必须是最出类拔萃的学生才有资格参加。

这个时期，麦克斯韦专攻数学，读了大量的专著。他的学习方法，不像法拉第那样循序渐进、井井有条。他读书不大讲究系统性，有时他可以接连几周其他什么都不管，只钻研一个问题；有时可能碰到什么他就读什么，漫无边际。麦克斯韦像一个性急的猎手，在数学领域里纵马驰骋。

幸运的是，有个偶然的机会，麦克斯韦遇上了伯乐，那就是剑桥大学的教授——著名数学家霍普金斯。一天，霍普金斯到图书馆借书，他要的一本数学专著恰好被人先借去了。一般学生是不可能读懂那本书的，教授有些诧异，向管理员询问借书人的名字，管理员回答说：“麦克斯韦。”教授找到麦克斯韦，看见年轻人正埋头做摘抄，笔记上涂得乱七八糟，毫无秩序。霍普金斯不由得对这个青年产生了兴趣，诙谐地说：“小伙子，如果没有秩序，你永远成不了优秀的数学物理学家！”这以后，麦克斯韦成了霍普金斯的研究生。霍普金斯学问渊博，培养出了不少人才。比如大名鼎鼎的开尔文勋爵——威廉·汤姆逊以及著名数学家斯托克斯。麦克斯韦在导师霍普金斯和师兄斯托克斯的指导下，首先克服了杂乱无章的学习方法，不出三年就掌握了当时所有先进的数学知识，成了年轻有为的数学家。霍普金斯对他的评价是：“在我教过的全部学生中，毫无疑问，这是最杰出的！”

麦克斯韦受到导师的直接影响，很重视数学的作用。他一开始就把数学和物理学结合起来，这一点对他以后完成电磁理论是很重要的。

1854年，23岁的麦克斯韦获得了甲等数学优等生第二名。也就是这一年，他对电磁学产生了浓厚的兴趣。

● 短暂而璀璨的人生。麦克斯韦毕业以后留在学校工作，他读到了法拉第的《电学实验研究》，马上被书中新颖的实验和见解吸引住了，并由此开始了对电学的研究。在麦克斯韦涉足电学领域的过程中，他的另一位师兄威廉·汤姆逊给了他许多帮助和指导。他在认真研究了法拉第的著作以后，领悟出力线思想的宝贵价值，也看到了法拉第定性表述的弱点。这个初出茅庐的青年科学家决心用数学来弥补这一点。1855 年，24 岁的麦克斯韦发表了《论法拉第的力线》，这是他第一篇关于电磁学的论文。在论文中，麦克斯韦通过数学方法，把电流周围存在力线这个现象，概括成一个高等数学里的矢量微分方程。仿佛是一种薪火传承的预兆，正是在这一年，法拉第恰好结束了长达 30 多年的电学研究，他在科学笔记里写下了最后一个编号：5430。正当麦克斯韦踌躇满志的时候，却突然获知了父亲病倒在床的消息。为了照顾父亲，麦克斯韦只得离开剑桥大学，到离家比较近的阿伯丁工作。在这个英国北部的海港城市，麦克斯韦整夜守在父亲床前，但是不论他怎样小心照顾，还是没有挡住死神的降临。1856 年春天快要到来的时候，他的父亲离开了人间。

那个寒冷的冬天，也是麦克斯韦人生中的严冬，他悲痛欲绝，久久难以平息。此后，麦克斯韦留在阿伯丁的马锐斯凯尔学院工作，他经常给法拉第写信，探索电磁的奥秘。他的案头一直摆着《电学实验研究》。每次打开这部辉煌的巨著，他的情绪就十分激动。法拉第，这位他当时还没有见过的伟人，给物理学描绘了一幅多么形象的图画啊！电、磁、光、力线、波动……在它们背后隐藏着什么规律呢？

麦克斯韦在阿伯丁的生活持续到了 1860 年初夏，由于马锐斯凯尔学院物理学讲座的停办，他转而前往伦敦皇家学院任教。到达伦敦后，麦克斯韦拜访了年近七旬的法拉第，他们的会面亲切而愉快。尽管两位科学巨匠相差近 40 岁，而且在性格、爱好、特长等方面也迥然不同，但这并没有成为他们相处的障碍，他们为对方惊人的才华而赞叹，对于真理的追求还让他们保持了定期交流的习惯。

1862 年，麦克斯韦 31 岁，长期的研究终于进入了收获的季节，他在英国《哲学杂志》第 4 卷 23 期上，发表了第二篇电磁学论文《论物理学的力线》，正是在这篇文章中，麦克斯韦预言了电磁波的存在。文章一登出来，立刻引起了广泛的注意。英国著名物理学家、电子的发现人约瑟夫 · 汤姆生后来回忆说：“我到现在还清晰地记得那篇论文。当时，我还是一个 18 岁的孩子，一读到它，我就兴奋极了！那是一篇非常长的文章，我竟把它全部抄下来了。”麦克斯韦继续向电磁学领域进军。1865 年，他发表了第三篇电磁学论文《电磁场动力学》。在这篇文章中，麦克斯韦完善了他那个著名的方程，后世称其为麦克斯韦方程（图 28-4），并基于方程计算大胆断定，光也是一种电磁波。这个预言为人类揭开了光之奥秘的帷幕，尽管只是一角，但却可

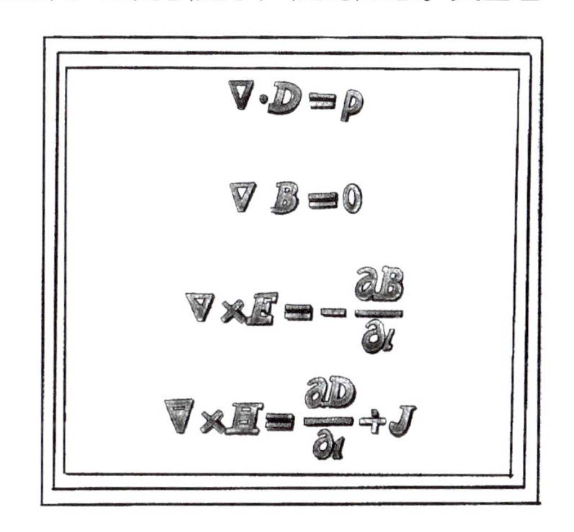

图 28-4　麦克斯韦电磁学方程组

以窥见幕布背后的波澜壮阔。

法拉第当年关于光的电磁理论的朦胧猜想，就这样由麦克斯韦变成了科学的理论。法拉第和麦克斯韦的名字，从此联系在一起，就跟伽利略和牛顿的名字一样，在物理学上永放光彩。

1865 年，麦克斯韦辞去伦敦国王学院的职位，与妻子凯瑟琳回到了格伦莱尔。在家乡宁静的庄园中，他开始系统地整理电磁学方面的成果。1873 年，他的《电磁学通论》终于问世。这是一部电磁理论的皇皇巨著，麦克斯韦系统地总结了 19 世纪中叶前后，库仑、安培、奥斯特、法拉第和他本人对电磁现象的研究成果，建立了完整的电磁理论。这部巨著的重大意义，完全可以同牛顿的《数学原理》和达尔文的《物种起源》相提并论。

1879 年 11 月 5 日，麦克斯韦，这位科学的巨匠因胃癌在剑桥逝世，享年 48 岁。麦克斯韦葬于离他长大的地方非常近的帕顿，他终生挚友刘易斯・坎佩尔为他做了翔实的传记《詹姆斯・克拉克・麦克斯韦的一生》。麦克斯韦不需要任何传记来传达他的盛名，因为他所总结完善的麦克斯韦方程已经将他的名字和宇宙中的奥秘联系在了一起，这才是他人生最雄伟的丰碑。

德国著名物理学家、量子力学的重要创始人之一马克斯・普朗克说：“麦克斯韦的光辉名字将永远镌刻在经典物理学家的门扉上，永远放光芒。从出生地来说，他属于爱丁堡；从个性来说，他属于剑桥大学；从功绩来说，他属于全世界。”

趣闻轶事

- 从“乡巴佬”到“神童”。麦克斯韦 8 岁那年，母亲去世，但在父亲深情的关照和耐心的指导下，加上自己的勇气和求知欲，麦克斯韦的童年是充实和美好的。在他 10 岁进入爱丁堡中学读书时，他衣着土里土气，带着浓重的口音，在班里受到出身名门的富家子弟的嘲笑、欺侮，他们叫他“乡巴佬”。但他十分顽强，勤奋学习，不受干扰，很快就显示出自己的才华，扭转了别人的看法。他在全校的数学竞赛和诗歌比赛中都取得了第一名，成了有名的“神童”。“神童”不是天生的，是他求知好问和刻苦钻研的结果。

麦克斯韦从小就有很强的求知欲和想象力，爱思考，好提问。据说还在他两岁多的时候，有一次爸爸领他上街，看见一辆马车停在路旁，他就问：“爸爸，那马车为什么不走呢？”父亲说：“它在休息。”麦克斯韦又问：“它为什么要休息呢？”父亲随口说了一句：“大概是累了吧？”“不”麦克斯韦认真地说，“它是肚子疼！”还有一次，姨妈给麦克斯韦带来一篮苹果，他一个劲儿地问：“这苹果为什么是红的？”姨妈不知

道怎么回答，就叫他去玩吹肥皂泡。谁知他吹肥皂泡的时候，看到肥皂泡上五彩缤纷的颜色，提的问题反而更多了。上中学的时候，他还提过像“死甲虫为什么不导电”“活猫和活狗摩擦会生电吗”之类的问题。父亲很早就教麦克斯韦学几何和代数。上中学以后，课本上的数学知识麦克斯韦差不多都会了，因此父亲经常给他开“小灶”，让他带一些难题到学校里去做。课间，当同学们欢蹦乱跳地玩的时候，麦克斯韦却进入了数学的乐园。他常常一个人躲在教室的角落里，或者独自坐在树荫下，入迷地思考和演算着数学难题。

● 接过大师的火炬。1854 年，麦克斯韦毕业后不久，就读到了法拉第的名著《电学实验研究》。法拉第在这本书中，把他数十年研究电磁现象的心得归结为“力线”的概念。法拉第做了一个构思精细、设计巧妙的实验：把铁粉撒在磁铁周围，铁粉就呈现出有规则的曲线，从一磁极到另一磁极，连续不断。法拉第把这种曲线称为力线，他还进一步用实验证明，这种力线具有物理性质。他把布满磁力线的空间称为磁场，而磁力就是通过连续磁场传递的。麦克斯韦完全被书中的实验和新颖的见解吸引住了。法拉第的著作，把他带到一个崭新的知识领域，使他无比神往。

一年之后，24 岁的麦克斯韦发表了《论法拉第的力线》，这是他第一篇关于电磁学的论文。在论文中，麦克斯韦通过数学方法，把电流周围存在磁力线这一特征，概括为一个数学方程。这一年，恰好法拉第结束了长达 30 多年的电学研究，在科学笔记上写下了最后一页。麦克斯韦接过了这位伟大先驱手中的火炬，开始向电磁领域的纵深挺进。

几年后，在一个晴朗的春天，麦克斯韦特意去拜访法拉第。他们虽然通信几年了，但还没有见过面。这是一次难忘的会晤。两人一见如故，亲切交谈起来。

阳光照耀着这两位伟人。他们不仅在年龄上相隔四十年，在性情、爱好、特长等方面也颇不相同，可是他们对物质世界的看法却产生了共鸣。这真是奇妙的结合，法拉第快活、和蔼，麦克斯韦严肃、机智。老师是一团温暖的火，学生是一把锋利的剑。麦克斯韦不善于说话，法拉第的演讲娓娓动听。

两人的科学方法也恰好相反，法拉第专于实验探索，麦克斯韦擅长理论概括。在谈话中，法拉第提到了麦克斯韦的论文《论法拉第的力线》。当麦克斯韦征求他的看法时，法拉第说：“我不认为自己的学说一定是真理，但你是真正理解它的人。”“先生能给我指出论文的缺点吗？”麦克斯韦谦虚地说。“这是一篇出色的文章，”法拉第想了想说，“可是你不应停留于用数学来解释我的观点，而应该突破它。”

“突破它！”法拉第的话大大地鼓舞了麦克斯韦，他立即以更大的热忱投入了新的战斗，要把法拉第的研究向前推进一步。

在紧张的研究中，两年的时光过去了。这是努力探求的两年，也是丰收的两年。

1862年，麦克斯韦在英国《哲学杂志》上，发表了第二篇电磁论文《论物理学的力线》。文章一登出来，立即引起了强烈的反响。这是一篇划时代的论文，它与七年前麦克斯韦的第一篇电磁论文相比，有了质的飞跃。因为《论物理学的力线》，不再是法拉第观点单纯的数学解释，而是有了创造性的引申和发展。

麦克斯韦从理论上引出了位移电流的概念，这是电磁学上继法拉第电磁感应提出后的一项重大突破。

麦克斯韦并未止步。他再一次发挥自己的数学才能，由这一科学假设出发，推导出两个高度抽象的微分方程式，这就是著名的麦克斯韦方程式。这组方程不仅圆满地解释了法拉第电磁感应现象，还做了推广：凡是有磁场变化的地方，周围不管是导体或者介质，都有感应电场存在。方程还证明了，不仅变化的磁场产生电场，而且变化的电场也产生磁场。经过麦克斯韦创造性地总结，电磁现象的规律，终于被他用明确的数学形式揭示出来。电磁学到此才开始成为一种科学的理论。

在自然科学史上，只有当某一科学达到了成熟阶段，才可能用数学表示成定律形式。这些定律不仅能解释已知的现象，还可以揭示出某些尚未发现的东西。正如牛顿的万有引力定律预见了海王星一样，麦克斯韦的方程式预见了电磁波的存在。因为，既然交变的电场会产生交变的磁场，而交变的磁场又会产生交变的电场，这种交变的电磁场就会以波的形式，向空间散布开去。麦克斯韦做出这一预见时，年仅31岁。这是麦克斯韦一生中最辉煌的一年。

之后，麦克斯韦继续向电磁领域进军。1865年，他发表了第三篇电磁学论文。在这篇重要文献中，麦克斯韦方程的形式更完备了。他采用一种新的数学方法，由方程组直接推导出电场和磁场的波动方程，从理论上证明了电磁波的传播速度正好等于光速！这与麦克斯韦四年前用实验推算出的结论完全一致。至此，电磁波的存在是确信无疑的了！

于是，麦克斯韦大胆地宣布：世界上存在一种尚未被人发现的电磁波，它看不见、摸不着，但是它充满在整个空间，光也是一种电磁波，只不过它可以被人看见而已。

麦克斯韦的预言，震动了整个物理界，麦克斯韦编写的《电磁学通论》的出版，成了当时物理学界的一件大事，第一版几天内就销售一空。

● 教授与爱犬。麦克斯韦教授每天都到剑桥大学的卡文迪许物理实验室去。他巡视每个人的工作，但在任何地方都不过多地停留。有时他沉浸于自己的思考之中，仿佛连学生向他提出的问题都听不见。因此，当第二天教授走到某个学生身旁对他说话时，这个学生会感到出乎意外的愉快。

“哦，昨天是你向我提出了一个问题，我考虑过了，可以告诉你……”

教授的回答自然是全面而详尽的，这里无需再加说明。麦克斯韦一向尽力使他的学生们相信，他只是向他们提出建议，而不想让他们把他的话当作是教训，仅仅是建议而已。

为使巡视实验室的工作尽量显得随便、自然，他去的时候几乎总带着一条小狗，狗的名字叫托比，是他从格林列依带来的。

“假如散步不带着狗，我就觉得自己很糊涂。”麦克斯韦总喜欢重复这句话。

托比在实验室里表现得很好，当离它不远的地方由于放电而“啪啪”作响时，它就发怒地叫起来，显出一副惊恐不安的样子，直到主人抚摸它后，才安静下来。它能满足主人的一切要求，即使把电极触在它颈上也可以，这时托比悄悄地叫几声，不过是装装样子而已。

有人在亨利·卡文迪许的记事簿上发现这样的记载：摩擦狗毛放的电要大于摩擦猫毛放的电。托比在实验室似乎应该为狗的同类捍卫这种荣誉。通常将托比安置在一个专门的坐垫上，之后，人们就用它的毛皮来摩擦。出于对主人的恭顺，托比忍耐着，而心里多半指望这一切能够早点结束。

托比享有特殊优待，当主人做实验时，它可以一直待在实验室里。麦克斯韦时常由于醉心于工作而忘掉了世界上的一切。工作时他总喜欢吹口哨，沉思时不由自主地把手伸向托比卧着的地方，一边抚摸着爱犬，一边还用低沉的嗓音说着：“托比……托比……托比。”

● 艰难困苦的晚年。任何新理论的问世，都要经过严峻的考验。《电磁学通论》虽然被抢购，但真正读懂它的人却不多。不久，就听到有人批评它艰深难懂。电磁理论问世后，在相当长的时间里，并未得到科学界和社会的承认，最初，只有一些剑桥大学的青年科学家支持这个理论。许多人，包括一批卓有威望的学者，对未经证明的新理论，都采取观望态度。一位著名的现代物理学家曾感叹说：“麦克斯韦的思想是太不平常了，甚至像亥姆霍兹和波耳兹曼这样有异常才能的人，为了理解它，也花了几年的力气。”

麦克斯韦晚年的生活相当不幸。他的学说没有人理解，妻子又久病不愈。这双重打击，压得他精疲力竭。妻子病后，整个家庭的生活秩序都混乱了。麦克斯韦为了看护妻子，甚至整整三周没在床上睡过觉。尽管如此，他的讲演、他的实验室工作，却从没有中断过。过分的焦虑和劳累，夺去了麦克斯韦的健康。同事们注意到这位勤奋的科学

家很快消瘦下去，面色也越来越苍白。只有他那颗科学家坚强的心灵，永远没有衰退。

1879年，是麦克斯韦生命的最后一年。这一年的春天来得很晚，也格外得冷。麦克斯韦的健康已经明显恶化，可是他仍然坚持着工作，不懈地宣传电磁理论。有一次，他的讲座仅有两位听众，一位是美国来的研究生，另一位就是后来发明了电子二极管的弗莱明。这是一幕多么令人感叹的情景啊！空旷的阶梯教室里，只在头排坐着两个学生。麦克斯韦夹着讲义，照样步履坚定地走上讲台，他面孔消瘦、目光坚定、表情庄重。他仿佛不是在向两名听众，而是向全世界解释自己的理论。

1879年，麦克斯韦因癌症不治去世。物理学史上一颗可以同牛顿媲美的明星坠落了。他正当壮年，却不幸逝世，这是非常可惜的。他的理论为近代科学技术开辟了一条崭新的道路，可是他的功绩生前却未得到重视。直到他死后许多年，在赫兹证明了电磁波存在后，人们才意识到他是自牛顿以来最伟大的理论物理学家。

● 电磁波的产生。电磁波是电磁场的一种运动形态。电与磁可说是一体两面，变化的电场会产生磁场（即电流会产生磁场），变化的磁场则会产生电场。变化的电场和变化的磁场构成了一个不可分割的统一的场，这就是电磁场，而变化的电磁场在空间的传播形成了电磁波。电磁的变动就如同微风轻拂水面产生水波一般，因此被称为电磁波，也常称为电波。

电磁波首先由麦克斯韦于1865年预测出来，而后由德国物理学家赫兹于1887年至1888年间在实验中证实。麦克斯韦推导出了电磁波方程，这清楚地显示出电场和磁场的波动本质。因为电磁波方程预测的电磁波速度与光速相等，麦克斯韦推论光波也是电磁波。

● 通信卫星中电磁波的传播。电磁波通过不同介质时，会发生折射、反射、绕射、散射等。电磁波的传播有沿着地面传播的地面波，还有从空中传播的空中波以及天波。波长越长其衰减越少，也越容易绕过障碍物继续传播。

第 29 章
电气时代的拓荒者

维尔纳·冯·西门子是西门子公司的创始人，同时他也是一位发明家。他的许多发明创造为我们如今的便利生活打下了基础。他的发明不仅充满了创造力，也更加注重实用性。尤其是他在电气领域的一系列发明创新，极大地推动了相关技术的发展，因此他被人誉为德国的“电气之父”。

● 西门子。西门子全名恩斯特·维尔纳·冯·西门子（图 29-1），1816 年 12 月 13 日出生于汉诺威附近伦特庄园的奥伯古特农庄。他的父亲克里斯蒂安是一位受过高等教育的德国人，但因为参与政治斗争失败了，来到了乡下做农民，并在乡下结婚成家。西门子的父母前前后后一共生下过 12 个孩子，维尔纳是第三个降生的孩子。因为唯一的哥哥不到两个月就夭折了，他实际上是家里的长子。一家人的生活虽然不富裕，但在教育上可是完全不落后于人的。外祖母负责教孩子们读书写字，父亲负责教授历史和文化。

图 29-1　西门子

人的一生会经历许许多多大大小小的事情，有些本应该牢记的大事可能如过眼烟云，并不会在记忆中留下太深的印象，而有些看似平常的小事或细节，却可能让人刻骨铭心。西门子在他的回忆录中写道：“我生命最初的 8 年时光就是在汉诺威附近伦特庄园的奥伯古特农庄度过的。我最初的，也是印象深刻的成就之一，居然是战胜了一只大鹅，因为我当时必须保护我的姐姐不被大鹅攻击，后来，这次历险无数次激励我，遇到困难不要退缩，而应积极自信地面对。”

1840 年，西门子的父母相继去世，作为家中长子，他是家里的主要经济来源。弟弟妹妹们没钱上学，西门子看在眼里，心里不是滋味，所以他一直竭尽所能将自己的发明创造转化成实实在在的收入。西门子的弟弟威廉对西门子的帮助很大。1843 年，威廉·西门子带着试探的心理去了英国，以期推广西门子的发明。他非常成功地把西门子的电镀专利卖到了海外市场。

西门子经过在英格兰和巴黎的一段旅行后，重新审视了自己的处境，决定把所有的精力都用来销售自己的发明创造。当时，它们的盈利状况不错。在这期间，西门子还在柏林大学旁听了很多课程。物理学会的成员古斯塔夫·马格努斯介绍西门子加入物理学会。在这里西门子有幸结识了很多著名的物理学家，例如亥姆霍兹·克劳修斯和克诺布劳赫。西门子感慨地说：“回首我的一生，我可以说我一心向往科学，没有技术领域的创新，就没有我在商业领域中的成就。”

● 指针式电报机。1844 年，西门子到巴黎参观了第一届法国工业博览会，会上先进的技术给他带来了很大的启发。展会上出现的电报机是西门子最关心的，最早的电报出现于 1837 年，是当时比较前沿的技术。虽然当时已经有比较多的国家采用电报通信，使用莫尔斯电码的体系也比较成熟，但西门子仍然觉得还能做出一番事业。

1847 年，西门子制造了一种新型的指针式电报机（图 29-2），性能比同期的电报机更加优越。这是一种可以不需要使用莫尔斯电码，而通过指针直接指示字母的设备，它极大地提高了电报的使用效率（图 29-3）。

西门子觉得电报最大的缺陷就是从莫尔斯电码到字母的转换，这极大地拖累了电报的效率。于是他用最普通的雪茄盒、马口铁和铜线缆发明了指针式电报机。

图 29-2　使用新型的指针式电报机

图 29-3　指针式电报机

这个发明可以把莫尔斯电码转换成字母，用指针指示每一个字母，直接省去了最复杂的步骤。

西门子请来了自己在物理学会上认识的颇有名气的精密仪器工程师来产品化这项发明。起初工程师还有些怀疑，但详细了解了工作原理之后立马态度大改，对西门子赞赏有加。两人一拍即合，西门子又找来了他的一个富裕的表兄入股，成立了电报公司，也就是那家德国著名的百年大企业的前身。

事业步入正轨，西门子凭借指针式电报机的发明赚取了一笔资金。第二年，他又有改变世界的成果诞生了，他发明了一种新型的导线，外层采用无缝的橡胶包裹，绝缘性能和耐用性都非常好。这其实就是我们如今所用的绝缘导线的原型。凭借这种性能优良的导线，西门子的公司承接了欧洲最长的一条通信线路的铺设项目。

在看到这个发明的商业潜质后，西门子和企业家哈尔斯克在柏林成立了西门子 - 哈尔斯克电报机制造公司——西门子股份公司的前身。

受当时普鲁士政府的委托，西门子铺设了从柏林到法兰克福的电报线路，并对电报系统进行了一系列的改进，包括发明了杜仲胶制成的绝缘保护套，使得在地下铺设电缆成为可能，以及为架空电报线路安装了避雷器。电报线路竣工不久，普鲁士国王威廉四世在法兰克福加冕为德国皇帝的消息在 7 小时内就传到了柏林。虽然在当时的技术条件下，线路的电阻使得信息每隔 30 英里（1 英里 =1.61 千米）就要重新录入一次，但是已经极大地提高了信息传递的速度。

1865 年，西门子建设了从伦敦到印度加尔各答的电报线路，并把现有的其他线路整合其中。这条总长 11000 千米的电报线路极大地缩短了信息传递的时间，从 30 天缩短到仅需 28 分钟。

1872 年，西门子公司为中国提供了第一台指针式电报机，开启了中国的电信时代。

● 直流发电机诞生。与此同时，西门子的发明生涯也进入了黄金时期，第一款足以改变世界的直流发电机即将诞生。

此前，英国人法拉第根据电磁感应现象发明了最早的直流发电机（图 29-4）。但足足三十年过去，发电机的功率依旧非常低，用来通信和照明还勉强，但不能作为动力。

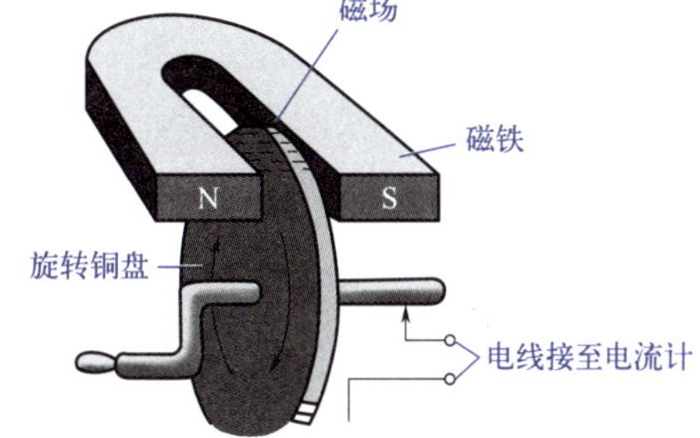

图 29-4　法拉第利用电磁感应发明了世界上第一台发电机

1866 年，西门子设计了一种全新的直流发电机，它巧妙地把一部分电力分出来，用于强化磁铁的磁性，让整个发电机实现了一种正反馈，提高了发电机的功率。这算得上是世界上第一台实用型直流发电机，打响了人类电气革命第一枪。

● 实用型发电机。许多人都知道迈克尔 · 法拉第在 1831 年发现了电磁感应原理。之后的许多年里，无数发明家都在锲而不舍地尝试制造发电机，但是这些早期发电机的发电量都很低。但很多人不知道，直到 1866 年西门子发明了实用型发电机（图 29-5），人类才真正意义上可以使用电力。他通过为发电机增加两个极靴，减少了磁散射损耗，再将导体盘绕成线圈，并让其在磁场中旋转。如此往复循环，导体两端产生交流电，极性转换器随后将其转化成直流电。有了直流发电机这个威力巨大的武器，西门子自然也是冲在了电气革命的最前线。发电功率的提升让发电机能够替代笨重的蒸汽机实现非常多的功能。

图 29-5 实用型发电机

这项发明最为巧妙的地方是：把生产出来的电力重新送回电磁铁。也就是说，它一遍又一遍地强化电磁铁的磁性直到铁心完全磁化，从而在磁场和电流之间产生一个正反馈循环。正是这项革命性的新发现，大大降低了发电成本，显著提高了电力产量。而我们之所以称之为人类科技史上的一大里程碑，是因为即使到了今日，电力生产仍然基于实用发电机的工作原理。

西门子也极有远见地看到了发电机的商业潜力，在一份给他弟弟的信中，他写道：“这项发明如果被正确地使用，潜力将是无比巨大的。它将打开通往电磁学新纪元的大门，电力将比以往更加便宜，从而使照明、电力冶金以及其他的小型电气设备变得更加实用。”

● 步入电气化时代。发电机的普及加快了电气化时代的开启，在之后的几年里，电气设备不断推陈出新。西门子也不断创造出许多新发明，这些发明都秉承了实用的特点。

● 第一条电气化铁路。在 1879 年，西门子的公司对外展示了一条电气化的铁路，通过线缆供电列车的速度能达到 18 千米 / 时。虽然算不上快，但整个列车机头的体积非常小，运行过程中不需要烧煤加水，看起来就像是那个时代的科幻物品（图 29-6）。

图 29-6 第一条电气化铁路

● 制造电梯。受到电气化铁路的启发，西门子又在第二年制造了一台电梯（图 29-7），可以乘坐四人，速度 1.8 千米 / 时。

● 世界上第一辆有轨电车。又一年之后，如图 29-8 所示，世界上第一辆有轨电车在柏林投入使用。后来北京的第一条有轨电车线路就是由西门子的公司修建的，是当时全中国速度最快的交通工具。

图 29-7　电梯

图 29-8　世界上第一辆有轨电车

● 第一辆无轨电动车。再一年之后，西门子又制造出了世界上第一辆无轨电动车（图 29-9）。这辆电动车由顶上的线缆供电，据说速度最高能达到 70 公里 / 时，超出了同时期的蒸汽动力车。而第一辆汽车还要再过四年才由卡尔·本茨制造出来。

图 29-9　第一辆无轨电动车

西门子的这些发明创造在那个时代是令人惊诧的。功成名就之后西门子选择急流勇退，将公司的领导权交给了弟弟和儿子，而他则开始好好享受天伦之乐，并在两年之后离开了人世。而他所创立的公司一直朝气蓬勃地发展至今也丝毫没有没落，是公认的世界著名企业。西门子的姓氏也同公司一起被传颂了 100 多年。西门子的故事也一直没有过时。他将理论技术转化为实用产品的能力正是我们今天所强调的科技成果转化，这种能力在每一个技术爆炸的时代都是迫切需要的。我们要记得的并不是西门子那一个个世界第一的发明，而是他不遗余力让科学技术造福世界的信念。

西门子是实用直流发电机和直流电动机的发明者，一个半世纪前就发明了电梯和电车的电力时代拓荒者。他是世界科技史上绝对不可磨灭的里程碑式的企业家，也是一位伟大的科学家。

人们为了纪念西门子，将他的姓氏作为电导率单位保留在了物理学中，规定当导体电阻为 1 欧姆时，其电导率为 1 西门子，简写为 1S。

趣闻轶事

● 维尔纳・冯・西门子的人生信条。8 岁时，西门子的父亲曾交给他一只手杖，叫他帮助姐姐驱赶上学路上凶狠的公鹅。虽然有点害怕，但在父亲的鼓励下，西门子还是只身冲了出去，最后公鹅被生猛的西门子吓得落荒而逃。虽然只是件小事，但它却使西门子从小就养成了坚毅的性格。

对科学的热爱，让西门子年轻时就投身研究工作，电镀金银和锌板印刷的专利为他赚到了第一桶金。但参观了首届法国工业博览会之后，西门子开始重新审视自己的发明之路，为了让自己的研究基础更牢固，他选择了进入柏林大学学习。西门子说：“进一步的努力应当更严肃、认真，要有一个牢固的基础，而不能好高骛远。”

西门子一直有一种追求，即把自然科学所获得的成果变为实际生活中有用的东西。

曾有很多人这样评价西门子：以他的素质和兴趣来说，从事科学研究要比从事工程技术更有优越性。但西门子却有自己的坚持。在西门子公司，他实现了自己的渴望。指针式电报机之后，他又发明了发电机、有轨电车、无轨电车……。西门子的一系列发明由西门子公司制造出来，最终造福社会。

西门子公司的前身只是一个仅有 10 人的小作坊，却迅速发展成为国际跨国企业，是什么让这家公司不断成长壮大的呢？西门子曾在给他的妻子玛蒂尔德的信中写道：“我更多是生活在未来，只要未来对我露齿一笑，我就乐于承受它的粗粝！”后来他的一个弟弟——卡尔身陷困境，他也建议卡尔：“始终专注于长远的未来，这才是最重要的。”

西门子先生已经把“着眼于未来”的精神注入到整个公司。

“绝不为短期利益而牺牲未来”这句话迄今仍悬挂在西门子全球各地办公场所的醒目位置，西门子的诞辰纪念日，经常被各大媒体转载。这是西门子的价值观，也是他为后人留下的商业信条，值得一生铭记。

● 西门子是什么单位。西门子是物理电路学及国际单位制中，电导、电纳和导纳，三种导抗的单位。

西门子的符号为 S，英文全写为 Siemens，中文简写为西，1S=1000mS=1000000μS。这个名字是为了纪念德国发明家维尔纳·冯·西门子。西门子是电导的标准国际单位，电导的老式单位为欧姆。跟虚数相乘时，西门子也用于表示交流电流（AC）和射频（RF）应用中的电纳。一西门子也等于一安培每伏特。

在直流电路中，电导为 1 S 的元件两端的电压差为 1 伏特（V）时，其通过的电流为 1 安培（A）。在数学上，电阻和电导互为倒数。

在 AC 和 RF 电路中，如果给定 AC 电压的均方根值（rms），传导西门子跟在直流电路中一样。在 AC 和 RF 电路中，只有存在净电容或电感时，存在导纳。电容导纳具有正的虚数值，电感导纳具有负的虚数值。特定电容或电感的导纳取决于频率。

第 30 章

电梯的发明人奥的斯

在美国的纽约，有座雄伟的联合国大厦，里面平稳起落的电梯，有着精美的装潢，惊人的速度。不过乘坐过这里电梯的世界各国代表们最难忘的还是电梯口上镶嵌的“奥的斯”的字样，他们往往会不由自主地用不同的语言读出来。奥的斯就是电梯的发明人。可以说正是奥的斯的这项发明，才使我们的建筑真正进入了现代化的时代。

● 伊莱沙·格雷夫斯·奥的斯发明了电梯。奥的斯（又译奥蒂斯，Elisha Graves Otis，1811—1861 年），美国人，发明家，电梯的发明者（图 30-1）。

图 30-1　伊莱沙·格雷夫斯·奥的斯

1811 年 8 月 3 日，奥的斯出生在一个富足的农民家庭里，不过他从小并不喜欢务农，而是总爱琢磨家里那台老式缝纫机。机轮怎样转动、纱线怎么穿过，等等。一个农家的子弟不会春种夏耘怎么行呢？在他 16 岁的时候，父亲硬拉着他去收割麦子。奥的斯把镰刀扔在了地上说：“我不学这个，长大也不干这个。”父亲又说：“你这个不学无术的小东西，那你长大要干什么？”奥的斯说：“我要去造机器！”父亲气坏了说：“那你现在就去造。”奥的斯倔强地说：“行！”

到了晚上，父亲的气消了不少了，他把奥的斯找来，和蔼地劝他好好务农，农场将来归他管理。父亲的话可以说得上是“推心置腹”了。却丝毫不能改变奥的斯的想法。奥的斯还向父亲谈了想尽早出去闯一闯的计划。父亲也没有了办法，只好给了他一点钱。一天，恰巧有一辆运货篷车从村子路过，前往纽约州东部的特洛埃，奥的斯搭上了这辆车，从此开始了自己的奋斗生涯。

奥的斯先在一家建筑公司做了两个月的小工，然后又转到了一个磨坊工作，后来又到了一家锯木厂。在这里他对机器的兴趣更浓了，靠着自己的努力和天资，不仅很快学会了使用工厂的机器，而且还在一年时间里掌握了全部的修理技术。

有了技术便有了小小的名气。一位教他本领的老技工，又把他推荐到了一家木器厂。奥的斯在这里使用的是一台老式木工车床，他总嫌它干活太慢，便琢磨起怎样提高它的效率来。一天下班以后，他又蹲下研究起这台车床来了。不知不觉，天黑了下来，有一个人站在了他的背后，他扭头找工具时才发现，这个人是厂里的老板——梅西。

“这么晚了，怎么还不下班？”梅西问道。“我想琢磨一下采取什么办法，能使这台车床快起来。”奥的斯不好意思地回答。短短几句话，使梅西喜欢上了这位潜心改进机械的奥的斯，这个晚上，两人聊了很久。他们从改进车床谈到人生，又从人生谈到社会，还没有哪个人与奥的斯谈过这么多、这么深的哲理呢，奥的斯感动极了。而梅西说的一句话，更是让奥的斯一辈子念念不忘，这句话就是“不断地改造旧的机械是时代进步的动力。”

在梅西的鼓励下，两年以后，奥的斯成功地发明了木工新车床，使工效一下子提高了 4 倍。奥的斯相当兴奋，因为这毕竟是个工作经验少、文化底子薄的年轻人取得的不同寻常的成绩。这时梅西为了使奥的斯在机械上有更大的发展，又把他推荐到了一家机器厂。在那里奥的斯有了更多接触机械的机会，加上他刻苦地学习，没用两年就被提升为机械师。没有想到的是，这家机器厂由于经营不好，倒闭了。奥的斯失去了工作，饥寒交迫，得了重病。他躺在床上，发着高烧，嘴里不住念叨着一个名字——梅西。

奥的斯在迷迷糊糊之中，觉得有人在拉他的手，他睁开了眼睛——是梅西！梅西来看望他，还给他留下了一笔钱，并殷切地邀请他病好了以后，去他的厂里安装一架升降机。

奥的斯康复以后，来到了梅西的工厂，将升降机安装了起来。但奥的斯并没有想得很远，也没有重视这台升降机，他开始收拾行装，打算参加西部淘金的队伍。这时梅西又来找他，给他带来了好几个客户要定制升降机的消息，并劝他留下来，共同建立生产升降机的工厂。奥的斯同意了，后来这个小小的企业，成为了美国赫赫有名的奥的斯电梯公司。

既然办起了升降机工厂，就不可能制作完那几个客户要的升降机以后就算完了。为了打开升降机的销路，奥的斯四面奔波，但是结果并不理想，他苦苦思索着哪里最需要升降机。

一天，奥的斯走进一家大型百货商场，看到楼梯上上楼下楼的顾客十分拥挤，他马上联想到，如果安上他制造的升降机，不就好多了吗。奥的斯顾不上买东西了，直奔

总经理办公室。这家商场的总经理霍华德开始还很热情，可是当奥的斯谈起在商场安装升降机的事情，态度马上冷淡了下来，他认为奥的斯无非是想推销出去谁也没有听说过的升降机这个产品。后来经过奥的斯再三解释，霍华德才感了点兴趣。不过他的兴趣并不是升降机能减轻顾客的拥挤状况，而是觉得这个玩意儿挺新鲜的，安装上以后会有很多人来观看、乘坐，这样买东西的人就会更多了。霍华德答应安装了，奥的斯真是喜出望外。

可以说，这架升降机就是现代电梯的始祖，奥的斯想尽了一切办法把它制作得好上加好：速度提高了，机件简化了，更重要的是，把它变成了一间小巧的木板房，让乘坐的人更有安全感。

果然，这个新奇的“升降小屋”为霍华德招来了不少顾客。不过要说收获最大的还要属奥的斯了，人们通过百货商场里的这台升降机，认识到奥的斯的产品是有用的，纷纷找他来订货，他的工厂也一天比一天兴旺。

一天，有人给奥的斯捎来了口信，说梅西已经病危了。奥的斯听到这个消息，心都要碎了。假如没有梅西那颗温暖的心，他绝不会有现在的处境。奥的斯拼命赶往梅西的住所，当时天刚下过大雨，有的道路被洪水冲毁了，他就下车猛跑，当他赶到梅西病榻前时，梅西说话已经困难了。

梅西喘着大气告诉他，自己已经同纽约建筑行业界的专家们研究了发展高层建筑的事业，现在关键是奥的斯要把他的升降机改制成电梯，如果有了电梯，修建再高一些的楼层都是没有问题的。奥的斯的升降机并不是电梯。因为当时电力出现的时间还不长，奥的斯的升降机最早是用蒸汽作为动力的，后来他进行了改进，用水压代替了蒸汽，安全性能提高了，速度也提高了一倍。奥的斯的升降机无论从哪个角度来看，和我们现在所用的电梯都是没法相比的。要不为什么梅西在病危的时候嘱咐奥的斯要把升降机改制成电梯呢。

古代的中国及欧洲各国都曾以辘轳等工具垂直运送人和货物。现代的升降机是 19 世纪蒸汽机发明之后的产物。1845 年，第一台液压升降机诞生，当时使用的液体为水。1853 年，美国人奥的斯发明自动安全装置，大为提高钢缆曳引升降机的安全。1857 年 3 月 23 日，美国纽约一家楼高五层的商店安装了首部使用奥的斯安全装置的客运升降机。自此以后，升降机的使用得到了广泛的接受和高速的发展。最初的升降机是由蒸汽机推动的，因此安置的大厦必须装有锅炉房。

● 人类历史上第一部安全电梯。1854 年，在纽约水晶宫举行的世界博览会上，奥的斯第一次向世人展示了他的发明（图 30-2）。他站在装满货物的升降梯平台上，那个平台由一根缠在驱动轴上的缆绳高高地吊着，他命令助手将平台拉升到观众都能看得到的高度，然后发出信号，令助手用利斧砍断升降梯的提拉缆绳。观众们屏住了呼吸。平台在落下几英尺后又停住了。令人惊讶的是，升降梯并没有坠毁，而是牢牢地固定在半空中，奥的斯发明的升降梯安全装置发挥了作用。此举迎来了观众热烈的掌声，站在升降梯平台上的奥的斯向周围观看的人们挥手致意。“完全安全”电梯就在这座城市里诞生了。

图 30-2　奥的斯先生公开展示他的安全升降机

谁也不会想到，这就是人类历史上第一部安全升降梯。奥的斯设计了一种制动器，在升降梯的平台顶部安装一个货车用的弹簧及一个制动杆与升降梯井道两侧的导轨相连接，起吊绳与货车弹簧连接，这样仅是起重平台的重量就足以拉开弹簧，避免与制动杆接触。如果绳子断裂，货车弹簧会将拉力减弱，两端立刻与制动杆咬合，即可将平台牢固地固定在原地停止继续下坠。“安全的升降梯”发明成功了！奥的斯开启了安全电梯的历史。他的发明使得楼宇以及建筑师的想象不断向上攀升，为城市的天际线注入新的活力。

奥的斯的发明彻底改写了人类使用升降工具的历史。从那以后，搭乘升降梯不再是“勇敢者的游戏”了，升降梯在世界范围内得到广泛应用。1889 年 12 月，美国奥的斯电梯公司制造出了名副其实的电梯，它以直流电动机为动力，通过蜗轮减速器带动卷筒上缠绕的绳索，悬挂并升降轿厢。1892 年，美国奥的斯电梯公司开始采用按钮操纵装置，取代传统的轿厢内拉动绳索的操纵方式，为操纵方式现代化开了先河。

经过奥的斯和他两个儿子的艰苦努力，到 1900 年，世界上第一台真正的用电作为动力的电梯终于诞生了！如今 100 多年过去了，奥的斯和他的儿子小奥的斯兄弟，

这三个奥的斯都已经不在人间了，然而他们的智慧结晶——电梯，还在为越来越多的人服务，并在后人的不断改进之下，变得越来越完善，越来越先进了。

● 电梯的定义和历史沿革。电梯包括以电动机为动力的垂直升降机，其装有箱状吊舱，用于多层建筑乘人或载运货物；也有台阶式电梯，踏步板装在履带上连续运行，俗称自动扶梯或自动人行道，是服务于规定楼层的固定式升降设备。电梯是垂直运行的电梯、倾斜方向运行的自动扶梯、倾斜或水平方向运行的自动人行道的总称。

电梯历史久远，它可以追溯到古代的一种人力驱动的卷扬机，19世纪初，欧美开始用蒸汽机作为升降工具的动力。

● 垂直运输的交通工具——垂直升降电梯。垂直升降电梯有一个轿厢，运行在至少两列垂直的或倾斜角小于15°的刚性导轨之间。轿厢尺寸与结构形式便于乘客出入或装卸货物。习惯上不论其驱动方式如何，将电梯作为建筑物内垂直交通运输工具的总称。

电梯的基本结构是：一条垂直的电梯井内，放置一个上下移动的轿厢，电梯井壁装有导轨，与轿厢上的导靴一起限制轿厢的移动。

根据驱动方式的不同，电梯可以分为曳引驱动、强制（卷筒）液压驱动等，其中曳引驱动方式具有安全可靠、提升高度基本不受限制、电梯速度容易控制等优点，其已成为电梯产品主流驱动方式。在曳引式提升机构中，钢丝绳悬挂在曳引轮绳槽中，一端与轿厢连接，另一端与对重连接，曳引轮利用其与钢丝绳之间的摩擦力，带动电梯钢丝绳，继而驱动轿厢升降。

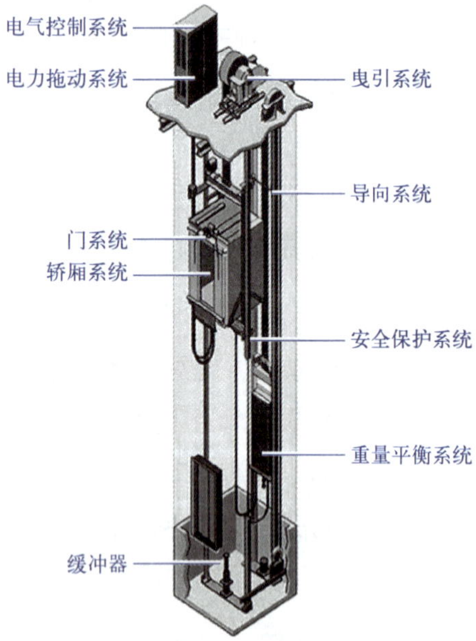

图30-3　电梯的组成

电梯由八大系统组成，如图30-3所示。

曳引系统的主要功能是输出与传递动力，使电梯运行。曳引系统主要由曳引机、曳引钢丝绳、导向轮、反绳轮组成。

导向系统的主要功能是限制轿厢和对重的活动自由度，使轿厢和对重只能沿着导轨做升降运动。导向系统主要由导轨、导靴和导轨架组成。

轿厢是运送乘客和货物的电梯组件，是电梯的工作部分。轿厢由轿厢架和轿厢体组成。

门系统的主要功能是封住层站入口和轿厢入口。门系统由轿厢门、层门、开门机、门锁

装置组成。

重量平衡系统的主要功能是相对平衡轿厢重量，在电梯工作时能使轿厢与对重间的重量差保持在限额之内，保证电梯的曳引传动正常。重量平衡系统主要由对重和重量补偿装置组成。

电力拖动系统的功能是提供动力，实行电梯速度控制。电力拖动系统由曳引电动机、供电系统、速度反馈装置、电动机调速装置等组成。

电气控制系统的主要功能是对电梯的运行实行操纵和控制。电气控制系统主要由操纵装置、位置显示装置、控制屏（柜）、平层装置、选层器等组成。

安全保护系统是保证电梯安全使用，防止危及人身安全的事故发生。由限速器、安全钳、缓冲器、端站保护装置组成。

垂直电梯的工作原理：曳引绳两端分别连着轿厢和对重，缠绕在曳引轮和导向轮上，曳引电动机通过减速器变速后带动曳引轮转动，靠曳引绳与曳引轮摩擦产生的牵引力，实现轿厢和对重的升降运动，达到运输目的。固定在轿厢上的导靴可以沿着安装在建筑物井道墙体上的固定导轨做往复升降运动，防止轿厢在运行中偏斜或摆动。常闭块式制动器在电动机工作时松闸，使电梯运转；在失电情况下制动，使轿厢停止升降，并在指定层站上维持其静止状态，供人员和货物出入。轿厢是运载乘客或其他载荷的箱体部件，对重用来平衡轿厢载荷、减少电动机功率。补偿装置用来补偿曳引绳运动中的张力和重量变化，使曳引电动机负载稳定，轿厢得以准确停靠。电气系统实现对电梯运动的控制，同时完成选层、平层、测速、照明工作。指示呼叫系统随时显示轿厢的运动方向和所在楼层位置。安全装置保证电梯运行安全，如图 30-4 所示

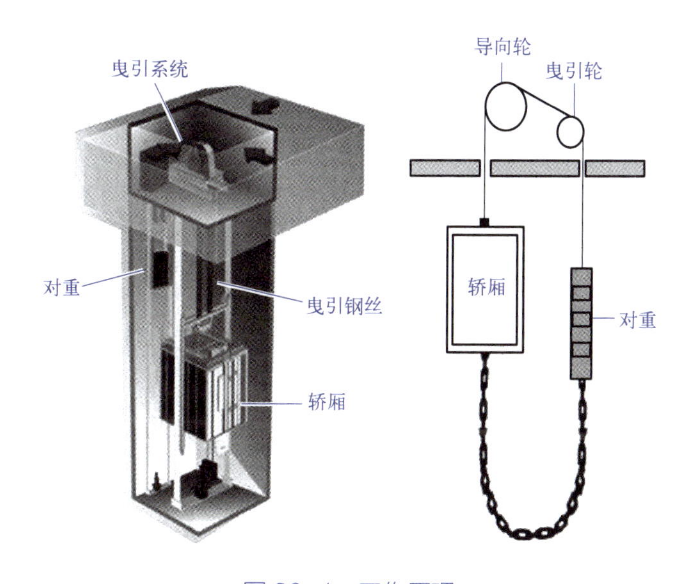

图 30-4　工作原理

● 连续运输的交通工具——自动扶梯。自动扶梯是由一台特殊结构形式的链式输送机和两台特殊结构形式的胶带输送机组合而成，带有循环运动梯路，用以在建筑物的不同层高间向上或向下倾斜输送乘客的固定电力驱动设备（图30-5）。广泛用于人流集中的地铁、车站、机场、码头、商店及大厦等公共场所的垂直运输。

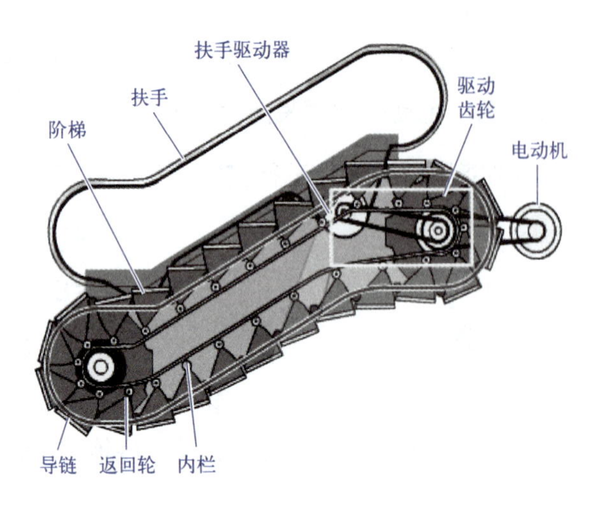

图30-5　自动扶梯工作原理

自动扶梯是人们日常生活中使用的最大、最昂贵的机器之一，但它们也是最简单的机器之一。从其最基本的功能来说，自动扶梯就是一个经过简单改装的输送带。两根转动的链圈以恒定周期拖动一组台阶，并以稳定速度承载多人进行短距离移动。

● 连续运输的交通工具——自动人行道。自动人行道是在水平或微倾斜方向连续运送人员的输送机。自动人行道常用于车站、码头、商场、机场、展览馆和体育馆等人流集中的地方。其结构与自动扶梯相似，主要由活动路面和扶手两部分组成。通常，其活动路面在倾斜情况下也不形成阶梯状。按结构形式可分为踏步式自动人行道（类似板式输送机）、带式自动人行道（类似带式输送机）和双线式自动人行道。

趣闻轶事

● 广阔的空间遐想。时代的发展，使新技术、新理念被大量运用在电梯上，各式新奇的、个性化的城市建筑又让电梯更加富于人性化。人们在各种电梯上穿梭，在放松自己身体的同时，也给思想留下了更广阔的遐想空间。

要登上192米的美国圣路易斯的拱门（图30-6）顶部，游客要么爬1076级台阶，要么五人一组乘坐卵形电梯，然后八个电梯间连成一体，只需要4分钟就可以到达顶部。

图 30-6　美国圣路易斯拱门

世界上最高的户外电梯——张家界百龙天梯。百龙天梯为世界上最高的户外电梯，垂直高度达 335 米，运行高度为 326 米，在世界各地的户外电梯中，没有一处比它高的。而且，百龙天梯就建造在悬崖边上，四周都是悬崖，百龙天梯给人们提供了交通便利，本来需要开车 5 小时才能到达的山顶，坐上百龙天梯之后只需 1 分钟就可到达山顶。在上面能看到张家界森林公园无与伦比的自然风光。

20 世纪 70 年代末美国科幻小说家阿瑟·克拉克在他的《天堂之泉》小说里就设想了建造一个太空电梯的故事。如今，这个构想已经有可能实现，美国维吉尼亚州科学研究中心的科学家提出要建造一座十万公里高的太空电梯，往返于地球和太空之间。这种太空电梯是一条从地表拉起的十万公里碳纳米管，碳管直径一米，厚度比纸还要薄，但能承载 13 吨的重物，而且电梯的基台可活动，让缆线能够避开人造卫星，观光客可以搭乘这种太空电梯从管子上下进出太空。虽然也有其他的科学家对这样的构想提出质疑，但电梯这种源于世博会上的新发明，在经历了 100 多年的发展后，还在继续带领人们在历史、现实与未来中穿行。

你知道吗？

你知道自动人行道和自动扶梯的区别吗？

标准的自动人行道的倾斜度是 10°、11°、12°，而自动扶梯的常见倾斜度是 30° 和 35°。还有个区别是有台阶的为自动扶梯，没有台阶的一般为自动人行道。

第 31 章

硫化橡胶的发明人 查尔斯·古德伊尔

橡胶，是大自然赠予人类的绝佳礼物，从绝缘手套到汽车轮胎，从胶鞋、雨衣到田径跑道，橡胶的应用随处可见（图 31-1 和图 31-2）。虽然橡胶改变了世界，惠及我们每一个人，但是，人类初识橡胶的时候，并没看出它有多大的能耐，甚至对它失去过信心。多亏了一位勤勉的发明家，用毕生的努力改良橡胶，才挽救了几乎“流产”的橡胶工业。这位发明家就是有着“现代橡胶之父”美誉的查尔斯·古德伊尔。

图 31-1　绝缘手套和胶鞋

图 31-2　汽车轮胎

● 橡胶工业的出现。橡胶的故乡在南美洲，那儿生长着一种橡胶树，割破树皮会看到白色的胶乳，一滴一滴流淌下来。土著居民把这种胶乳叫作“树的眼泪”。他们将胶乳风干凝固，做成弹性十足的圆球，然后一边唱着歌，一边围成圆圈跳舞，把球传来传去。15 世纪末，著名航海家哥伦布航行到达美洲时，看到当地人玩这种游戏。哥伦布感到很好奇，就将圆球带回了欧洲。哥伦布之后，越来越多的西方探险者抵达美洲，他们渐渐了解了橡胶树，知道了土著人采集胶乳的方法以及利用天然橡胶制作鞋子、水壶和其他坛坛罐罐的过程。

经过几个世纪对于橡胶知识的探索、沉淀和推广，19 世纪，欧洲终于出现了橡胶工业。1819 年，英国人查尔斯·麦金托什发现用煤焦油能够溶解橡胶，于是便用橡胶制剂给布料涂层，做成了人类最早的橡胶雨衣。1826 年，英国人托马斯·汉考克发现用一种机械方式反复挤压橡胶，能够降低其弹性，提高塑性，他用这种方法做出了世界上最早的松紧带。一时间，人们被橡胶材料带来的惊喜冲昏了头脑，以至于还没有对橡胶性质研究透彻，就过早地对橡胶进行大规模的商业化应用。

无论麦金托什，还是汉考克，他们用新方法制作的橡胶制品，本质上使用的仍然是天然橡胶。这些产品很快就暴露出问题——天冷会发硬开裂，天热会变软发臭，黏黏糊糊。由于技术问题难以解决，大量橡胶产品开始滞销，兴起的橡胶企业陆续倒闭，许多投资者和研究者纷纷对橡胶失去了兴趣。

● 古德伊尔结识了橡胶。在人们不再看好橡胶工业的时候，远在美国的古德伊尔（图 31-3）也正因为事业陷入困境而发愁。他三十岁出头，正值壮年，已经成为 9 个孩子的父亲，做了十多年的五金生意，但经营不善，公司破产。

图 31-3　古德伊尔

1834 年的夏天，古德伊尔已经一年多没有收入了，全靠典当家当来养活妻子和孩子。一天，古德伊尔无所事事地在街上闲逛，偶然看到商店橱窗中展示的橡胶充气救生圈，他想到，救生圈气门漏气也许是许多人溺水而死的重要原因。于是他想到这是一个商机，果断买下救生圈。通过数周的研究，古德伊尔设计出了一个防止漏气的气门。然而，当他找到代理商的时候，后者没有半分欣喜，而是无奈地把他带到储藏室。打开门的一瞬间，古德伊尔闻到了一股刺鼻的橡胶恶臭。原来，储藏室里堆满了卖不出去的橡胶产品——鞋子、雨衣以及救生圈。由于夏天的高温，这些东西变臭变黏，成为了无用的垃圾。

代理商告诉古德伊尔，橡胶行业已经过气，即将被淘汰，所以他设计的气门自然也就无用了。但古德伊尔却在此刻意识到，如果能够找到改善天然橡胶的方法，打破温度的限制，那么就可以变废为宝了。因此，古德伊尔决心要对天然橡胶进行改性，以充分利用好这种有很大商业潜力的材料。从此，古德伊尔的生活便与橡胶牢牢粘在了一起。

古德伊尔没有学过有机化学，根本不知道天然橡胶的化学成分是什么，更不知道应该要添加什么物质、进行什么化学反应才能有效改良橡胶的性质。所以，当时他的实验方法就是不停地尝试，根据效果来判断。比如，他向橡胶中掺入过松节油、镁粉、石灰甚至火药。可是这些方法都只是简单地将物质混合，并没有发生化学反应，因此都不成功。同时，漫无目的地尝试还给他带来了更多的负债。没过多久，古德伊尔便因为欠下太多债务而被拘捕，他只好带着做实验用的擀面杖和各种添加剂住进了监狱。

● “火炉事件”带来转折。古德伊尔在狱中还在想方设法继续自己的研究。后来，古德伊尔的亲戚替他还清了债务，他才得以出狱。

虽然重获自由，但古德伊尔的处境并没有太多好转，他依然疯狂地尝试，不停地实验。然而没有人再愿意借钱给他了，人们还这样调侃他：“如果你碰到一个人，帽子、围脖、外套、背心、鞋子全是橡胶做的，口袋里没有一分钱，那么这个人就是查尔斯·古德伊尔。”

图 31-4　古德伊尔做实验

但努力总会有所回报，1838 年 7 月，古德伊尔的尝试开始小有所成。他用硝酸溶液的蒸气处理橡胶，发现可以改善橡胶性能，于是发明了一种“酸蒸汽处理橡胶工艺”，获得了专利。1839 年，一次著名的“火炉事件”使他的研究发生了转折。一天，古德伊尔无意中把混有硫黄的橡胶掉在了灼热的火炉上，他惊讶地发现没烧焦的部分变得更坚韧、更有弹性。古德伊尔受到启发，便开始改用硫黄高温处理的方法来制造橡胶。

我们知道，橡胶被硫黄改性，是因为高温下两者发生了化学反应，硫原子和橡胶的有机聚合物形成了坚固的化学键和分子结构。但古德伊尔的时代，化学理论并不发达，他仍然只能用试错的方式一遍遍尝试。从修砌火炉、调控温度、掌握加热时间、确定硫黄和其他试剂的用量到机械运转、产物测试，这些事情花费了古德伊尔大量的时间和精力，而且，长期与有毒物质接触也严重损害了古德伊尔的健康。

1843 年，古德伊尔终于取得成功，他发明了一整套完备的程序来制作硫化橡胶，并在 1844 年再次获得专利。然而，发明研究和商业应用之间总是有一段距离的。古德伊尔的商业产品还没上市，他又再次破产入狱。更糟糕的是，这项技术虽然发明起来很难，但掌握起来很容易，因此许多没有专利权的人也争相模仿制作改良的硫化橡胶。橡胶工业一下子又火了，橡胶也终于成为了一种有价值的工业原料。

在古德伊尔人生余下的十几年里，他陷入了与侵权者无休止的法律斗争中。由于贫穷而请不起好的律师，古德伊尔赢得官司的次数非常少。而持久的维权斗争又使本就贫困的古德伊尔生活更加困难。终于，1860 年，古德伊尔在贫病中去世，陪他一起走到生命尽头的，只有那几十万美元的负债。

古德伊尔最先打开了大规模开发和使用弹性高分子材料的大门，其贡献被公认为是橡胶工业乃至高分子材料划时代的里程碑。美国化学学会建立古德伊尔奖章，每年授予国际上对橡胶科学技术做出重大贡献的科技工作者。

趣闻轶事

● “笨手笨脚”引发的发明。如果不是一名叫作查尔斯 · 古德伊尔的美国男子笨手笨脚的行为，我们今天所穿的橡胶底鞋子、汽车使用的橡胶轮胎可能都不会存在。那时，古德伊尔一直在研究橡胶的性能，当时的橡胶还无法制成生活中各种耐用品，古德伊尔希望找到一种方法，使橡胶既能耐热又能耐寒，也不会轻易变形，从而能用来制作各种生活耐用品。不过，古德伊尔始终没能找到一种合适的方法，直到一天，他一不小心将混有硫黄的橡胶掉到了一个火炉上，出现的意外“成品”终于让古德伊尔的梦想成了现实。当汽车时代来临时，美国俄亥俄州的两兄弟决定以古德伊尔的名字命名他们创办的汽车轮胎公司，世界知名的古德伊尔（固特异）轮胎因此诞生。

你知道合成橡胶是谁发明吗?

合成橡胶是由人工合成的高弹性聚合物，是三大合成材料之一。合成橡胶源自 100 多年前的一项专利，1909 年，化学家弗里茨 · 霍夫曼成功研制弹性物质甲基异戊二烯，为开发合成橡胶奠定基础。

当时的化学家们发现，构成这种弹性材料的链分子实际上是由一排排的组分构成的，他们将之称为橡胶基质。由于这种物质很难制取，霍夫曼转而研制具有类似化学结构的物质。霍夫曼把这种物质放到很多锡罐中加热，并耐心等待了数周乃至数月。最终他打开其中一个罐子时说了些什么，人们不得而知，人们知道的是，他在罐子里发现了一种奇特的物质，它可以随聚合温度的变化而变得很软或很硬，但是始终保持弹性，这种物质被称为甲基橡胶，它的发现标志着合成橡胶的诞生。甲基橡胶发明以后，人类就此开启了合成橡胶的历史。

第 32 章

维尔姆发明了铝合金

铝合金，顾名思义，就是以铝为基体元素，加入一种或多种合金元素组成的合金。铝是地壳中蕴藏最多的金属元素，其总储存量约占地壳质量的 7.45%。铝及铝合金的产量在金属材料中仅次于钢铁材料而居第二位，是有色金属材料中用量最多，应用范围最广的材料。如图 32-1 所示，液体导弹、运载火箭、各种航天器的主要结构材料大多采用铝合金，装甲、坦克、舰艇的制造也离不开铝合金。在机械、船舶、电子、电力、汽车、建筑和日常生活用具等生产行业，铝合金也同样有广泛的应用。说起来铝合金的发明，还有一段有趣的故事，让我们了解一下吧！

图 32-1　铝合金的用途

1901 年的一天，德国科学家比卡尔・维尔姆正在家中休息，他突然接到了政府部门的一个电话，让他迅速到国防部开会。维尔姆不敢耽搁，立即赶往国防部。到了国防部后，军工部门领导亲自接见他，并分配给他一项艰巨而光荣的任务，寻找一种比钢铁轻，但要像钢铁一样坚硬的材料，用来制造飞艇、飞机等。维尔姆知道这项任务的重要性，接受任务后便开始不停地思考。

他知道，现实材料中比钢铁轻的只有铝最合适，可如何让铝像钢铁一样坚硬呢？他查阅了大量的资料，可一直找不到一个好的思路。

一天，几位远方的朋友前来拜访，维尔姆十分高兴，表示要亲自做一桌上等佳肴招待朋友们。一位朋友听说维尔姆要为他们做一顿丰盛的菜肴，一下子来了精神，立即对维尔姆说："亲爱的，给我做一些黑森林火腿吧，你会吗？"他这一问，可把维尔姆难住了。黑森林火腿是一道名菜，可他只会做一些普通的家常菜，如何给朋友做呢？他只能抱歉地对朋友说做不了。那位朋友看到维尔姆的窘态，哈哈大笑起来，对维尔姆说："看你样子，我就是说着玩的，别的火腿你家里有吗，你就照着别的火腿的样子做，然后告诉我那就是黑森林火腿，反正我也没吃过。"其他朋友听后，都笑了起来。

这一天，朋友们在他家里玩得很高兴，直到晚上才离开。累了一天的维尔姆感觉很饿，便去厨房吃些东西。他突然看到了放在桌子上的火腿，想起了朋友黑森林火腿的笑话，不禁笑了起来。

维尔姆安静地坐下来吃饭，边吃边思考如何使铝硬起来。就在这一瞬间，朋友的那句话突然出现在他脑海里：照着原有的火腿做。对啊！硬铝也可以照现有的东西做啊！合金钢，他一下子想到这种材料，在钢材中加入其他金属元素，再冶炼，就有了合金钢，合金钢比原钢要坚硬许多倍啊。那能不能在铝里加入一些金属物质，然后再进行冶炼，说不定也能提高铝的硬度呢？维尔姆为这个灵感兴奋不已。第二天，他便开始做试验。可反复试了许多金属后，使铝变硬一直没有实现，为此，他沮丧不已。就这样，过去了半年，他的研究毫无进展，可他又不愿放弃，因为，他一直感觉既然合金钢实现了让钢材变硬，那同样是金属的铝也一定有可能，可到底应该在铝中加些什么金属呢？

一天，维尔姆把一些铜和镁加入铝中，然后再进行冶炼，炼出合金铝后，维尔把它拿在手里，合金块看上去和其他的没有什么区别，他恼火极了，直接把这块铝合金扔在地上，愤怒地拿起一把锤子想把它砸烂，可就在这时，一个奇迹出现了，"当"的一声，锤子反弹起来，可新材料上没有一点凹陷的痕迹。维尔姆一怔，"会不会是我累得没力气了呢？"维尔姆再一次举起锤子，用尽全力往新材料上砸，在听到巨大响声的同时，他觉得整个手臂被震得发麻。维尔姆精神为之一振，顾不得手臂疼痛，连忙拾起合金块。它完好无损！此时，维尔姆一下子跳了起来，铝合金成了，它真的十分坚硬，在铝中加入铜和镁，就可以提高铝的硬度。坚硬的铝合金终于诞生了！维尔姆对新材料——铝合金的强度做了测评，证实它的强度比铝高 3 ~ 5 倍。可是，这个硬度用于制造业还是不行。维尔姆立即想到了淬火，因为淬火可以提高钢铁的硬度，那对于铝合金能不能适用呢？维尔姆将铝合金放在炭火中烧。熊熊的火焰将铝合金烧得通红后，

他将铝合金夹出，很快地浸入水中。顿时，在“呲呲呲”的响声中，烟雾弥漫。维尔姆对淬火后铝合金的强度进行测算，奇迹出现了，淬火后的强度比没淬火前又提高了许多倍。后来，又经过一系列改良设计，铝合金的硬度不断提高，最终达到飞艇、飞机材料的制作要求。

如今的铝合金技术，已得到飞速的提高，但维尔姆发明铝合金的功劳任何人都无法抹杀，可以说，他开启了一种新材料的技术革命。

趣闻轶事

铝合金比钢铁还轻，但却像钢铁一样坚固。第一次世界大战期间，德国有的飞机和飞艇就是用铝合金制造的，关于这还有一段有趣的事情。

第一次世界大战期间，法国前线的一位战士在休战的空隙晒太阳，突然，他大声地惊呼起来：“快看，那是什么怪鸟？”原来，像一条大肚子鱼一样的东西，正在高空中向法军阵地慢慢飘来。

“快隐蔽，那是飞艇，德国人的飞艇！”一位对武器很有研究的技师惊慌地喊着。

他的话音刚落，那飞艇就投下了一颗又一颗炸弹。法国军官见状立即下令炮兵向飞艇开炮。随着一阵猛烈的炮火，那飞艇就像一只断了翅膀的飞鸟，“咚”的一声栽了下来。

“这飞艇是用什么材料制造的？这么厉害，我们要好好研究研究。”法国军官拉着技师，走到了飞艇旁边。

技师便把飞艇的残骸收集起来送到相关部门进行专门研究。后来，法国的专家终于弄明白，这飞艇竟然使用了德国科学家比卡尔·维尔姆刚刚发明的铝合金，所以飞艇才飞得那么高、飞得那么轻盈！

你知道吗？

在 19 世纪中期，法国皇帝拿破仑三世，珍藏着一套铝制的餐具，平时舍不得用，直到国宴时才拿出来炫耀一番，而元素周期表的创始人门捷列夫在受到英国皇家学会表彰时，得到的是一只铝制奖杯。为什么拿破仑没有珍藏金制的餐具，而门捷列夫得到的奖杯是铝做的呢？

我们也许觉得这很可笑，但当时，铝真的比黄金还贵重。当时的生产技术不过关，为了制取铝这种金属，必须要用钠做还原剂，制造铝的成本比黄金要高出好几倍。

第 33 章

塑料的发明者——贝克兰

塑料是人工合成的树脂，人类历史上第一种人工合成的塑料叫作酚醛树脂，它是由苯酚和甲醛合成的，又可称为贝克兰塑料。其制作工艺主要分为两步，先聚合成低分子化合物，再聚合成高分子化合物。这种塑料一旦成型便不可更改，这就是我们常说的热固性塑料。

用酚醛树脂制造的主要产品有插头、插座、收音机、电话外壳、螺旋桨、阀门、齿轮、管道、台球、把手、按钮、刀柄、桌面、烟斗、保温瓶、电热水瓶、钢笔和人造珠宝等（图 33-1）。

图 33-1 酚醛树脂主要产品

● 列奥·亨德里克·贝克兰。列奥 · 亨德里克 · 贝克兰（图32-2）被称为“塑料之父”，他发明了世界上第一种人工合成的塑料——酚醛塑料（酚醛树脂）。

图33-2　列奥 · 亨德里克 · 贝克兰

1863年，贝克兰出生于比利时的根特。他的父亲是一名鞋匠，母亲曾是个仆人；1882年贝克兰21岁从根特大学毕业，获得根特大学博士学位；1887年，24岁时贝克兰成为比利时布鲁日大学即布鲁日高等师范学院物理和化学教授；1888年回到根特大学任化学副教授，从事照相化学研究。1889年移居美国，娶了大学导师的女儿为妻，曾发明高光敏性照相纸并从事电解研究，同年获得一笔旅行奖学金。

获得的财富给了贝克兰自由地追求自己研究兴趣的机会。他在1899年7月21日给他的比利时朋友Remouchamps写信时写道：“我要建立一个小型实验室。”“我不知道是否应该建在哈德逊或是其他地方，来实现我的研究梦想。”最后，贝克兰买下了纽约附近扬克斯的一座俯瞰哈德逊河的豪宅，将一个谷仓改成设备齐全的私人实验室，还与人合作在布鲁克林建起实验工厂。

在20世纪初，由于塑料还没有发现，人们在制作纽扣、唱片等东西的时候，只能用一种名叫虫胶的天然树脂来代替。可是虫胶是从一种名叫紫胶虫的小介壳中分泌出来的，获得一千克的虫胶至少需要十万只的紫胶虫长时间地分泌，这大大阻碍了当时迅速发展的新兴工业。

今天我们随处都可以看到塑料，有些地方还出现了“白色污染”，但这并不能否认塑料给我们带来的巨大变化。今天在我们的周围，塑料制品随处可见，我们应该感谢美国著名的化学家贝克兰，是他下决心研究一种能替代虫胶这种天然树脂的东西，才使我们有了塑料。

● 酚醛树脂的发明。科学发明并不是一蹴而就的，尤其是开创性的研究，更是历尽坎坷。为了制造虫胶的代替品，贝克兰翻阅了许多的化学实验报告，在众多的资料中，他从法国化学家贝耶尔那儿受到了启发，决心将甲醛和苯酚混合进行实验。实验开始了，可结果却出人意料，二者混合并没有什么反应，他尝试给他们加热，可是即使加热也无济于事，这两者不发生化学反应。

贝克兰是伟大的，实验失败以后，他并没有放弃，失败了，他又做，屡败屡做。一天，他不小心将盛有实验药品的瓶子打翻了，药品流到了他正准备吃的奶酪上。等贝克兰拿起那块被药水浸泡了的奶酪时，他吃了一惊，原本松软的奶酪怎么变得光滑又坚硬了呢？贝克兰对这一偶然现象并没有轻易地放过。

经过分析研究，贝克兰发现把实验用的甲醛和苯酚的混合物同奶酪混合在一起就会变成一种坚硬的、光滑的新东西，他又尝试把甲醛和苯酚和其他的东西混合，特别是和松散的木粉进行混合，也会产生一种新的物质，这种物质外表光滑坚硬，就和天然的虫胶树脂一样，于是贝克兰就将这种用松散木粉和甲醛、苯酚混合后产生的新的物质称为电木。

科学家的耐心和细心得到了回报，贝克兰发明了电木。但是他并没有停止前进的脚步。他通过对甲醛和苯酚的进一步研究，并在实验中加入一些酸作为催化剂后，发现烧瓶里的反应物渐渐变成了黄色的胶状物，类似于桃树和松树的树脂，这些物质紧紧地粘在烧瓶壁上，贝克兰对这些物质进行加热，发现这些东西并不怕高温，这时他马上想到，这种崭新的材料不正是他梦寐以求的东西吗，一种不怕水、耐高温的新兴材料。

贝克兰经过四年的探索，终于搞清楚了这种材料的化学性质和反应过程，至此塑料的前身酚醛树脂就诞生了。科学家贝克兰是伟大的，他的精细、他的锲而不舍、他的孜孜不倦以及他那不达目的不罢休的精神，是他成功的关键。今天我们在使用塑料用具的时候不应该忘记这位伟大的化学家。

1909 年，贝克兰在美国化学学会的一次会议上公开了这种塑料。1924 年《时代》周刊称：酚醛塑料将出现在未来每一种机械设备里。毫无疑问，它是人类所制造的第一种全合成材料，它的诞生标志着人类社会正式进入了塑料时代。它的发明被认为是 20 世纪的炼金术，它的发明人贝克兰于 1924 年被选为美国化学学会会长，被 1940 年 5 月 20 日的《时代》周刊称为“塑料之父”（图 33-3）。

图 33-3 《时代》周刊封面刊登贝克兰照片

● 对于现代生活的影响。酚醛塑料是世界第一种完全合成的塑料，它的特点：绝缘、稳定、耐磨、耐腐蚀、不可燃、刚性好、变形小、耐热，能在 150 ~ 200℃的温度范围内长期使用。在水润滑条件下，有极低的摩擦系数，其电绝缘性能优良，称为“千用材料”。在中国，每年生产数百万吨的酚醛树脂并广泛应用于国内及全球出口，这便是酚醛树脂价值的最好诠释。酚醛树脂主要用于生产压塑粉、层压塑料，制造清漆或绝

缘、耐腐蚀涂料，制造日用品、装饰品，制造隔音、隔热材料、人造板、铸造、耐火材料等。

可以说没有酚醛塑料，就没有今天我们看到的这个世界。

趣闻轶事

作为科学家，贝克兰可谓名利双收，他拥有超过100项专利，荣誉职位数不胜数，死后也位居科学和商界名人堂。他身上既有科学家少有的商业精明，又有科学家的生活迟钝。除了电影和汽车，他最大的爱好是穿着衬衫、短裤流连于游艇“离子号”上。不过据说他只有一套正装，而且总是穿一双旧运动鞋。为了让他换套行头，身为艺术家的妻子在服装店挑了一件125美元的英国蓝斜纹哔叽套装，预付了店主100美元，要他把这套衣服陈列在橱窗里，挂上一个25美元的标签。当晚，贝克兰从妻子口中获悉这等价廉物美的好事，第二天就赶快去把这件衣服买了下来。回家路上碰到邻居律师萨缪尔・昂特迈耶，贝克兰的新衣服立刻被对方以75美元买走，成为他向妻子显示精明的得意事例。

1939年，贝克兰退休时，儿子乔治・华盛顿・贝克兰无意从商，公司以1650万美元出售给联合碳化物公司。1945年，贝克兰死后一年，美国的塑料年产量就超过40万吨，1979年又超过了工业时代的代表——钢。在伦敦科学博物馆的展览上，贝克兰的曾孙休・卡拉克一手执一个30年代的尿素甲醛塑料电话，一手展示着一个用生物可降解塑料制成的手机。

你知道吗？

你知道酚醛塑料有什么特点吗？

酚醛塑料这种看似坚不可摧的材料可以呈现出五彩缤纷的颜色。酚醛塑料是橡胶的替代品，但是它比橡胶更耐用，在用作煎锅手柄、电源插头时，橡胶总是容易干裂。酚醛塑料的发明人列奥・亨德里克・贝克兰最终以“塑料之父”享誉全世界，正是他开创了现代塑料制造业。

第 34 章
不锈钢之父亨利·布雷尔利

不锈钢是不锈耐酸钢的简称，将耐空气、蒸汽、水等弱腐蚀介质或具有不锈性的钢种称为不锈钢，而将耐化学腐蚀介质腐蚀的钢种称为耐酸钢。

由于两者在化学成分上的差异而使它们的耐蚀性不同，普通不锈钢一般不耐化学介质腐蚀，而耐酸钢则一般均具有不锈性。“不锈钢”一词不仅仅是单纯指一种不锈钢，而是表示一百多种工业不锈钢，每种不锈钢都在其特定的应用领域具有良好的性能。不锈钢的耐蚀性取决于钢种所含的合金元素，和建筑构造应用领域有关的钢种通常只有六种，它们都含有 17% ~ 22% 的铬，较好的钢种还含有镍。不锈钢是当今世界上应用最广泛，性能价格比最优的钢材表面处理方法。

1914 年，第一次世界大战爆发了，英国、法国与德国展开了激烈的战斗。当时，英国的炼钢技术差，英国士兵使用的步枪枪膛很容易磨损。这些因枪膛磨损而报废的枪支，需要花费一大笔费用运回后方，而且修理起来十分麻烦，可是如果扔掉呢，又太浪费。因此，英国政府决定重新研制耐磨损的新枪膛。这个任务交给了英国著名的金属专家亨利·布雷尔利（图 34-1）。布雷尔利接受任务后，立即组织研究小组，着手合成钢的研制工作。金属材料的冶炼、合成是一项艰苦的工作。为了尽快完成任务，布雷尔利夜以继日地进行研制。他在钢中加入各种各样的化学元素进行试验，以寻找一种较耐磨的合成钢。

图 34-1　亨利·布雷尔利

很快，一段时间过去了，可布雷尔利的研制工作却没有取得实质性的进展，实验室里的角落里，各种废弃的钢材堆成了一座小山。“所有的实验都失败了！为什么会这样啊？” 布雷尔利陷入了深深的思索之中。突然，他用力摇晃了一下脑袋，对自己说，“不，不能泄气，不能说研制工作没有取得进展，至少我们已经确认了许多种合成钢不能作为制造枪膛的材料。”

布雷尔利重新树立了信心。他决定搞一次卫生，清理一下实验室，以便开展新的实验。研究小组的人员都行动起来了。他们决定先把那堆废品处理掉。大家你一块我一块地将锈迹斑斑的废品往外搬。人多力量大，不一会儿，废品垒成的“小山”就被削下了一大截。“奇怪！”忽然，一个研究人员叫了起来，“为什么这块合金钢银闪闪、亮晶晶的，一点锈迹也没有呢？”“我看看！”布雷尔利闻声跑了过来，“确实很奇怪，为什么它‘一枝独秀’呢？”想了想，他对围在身边的人说：“快查查它的‘户口’。”大家赶紧把实验记载册全搬了出来。费了好大的劲，他们终于弄清楚了这种合金钢的成分。原来，它是铬合金，因为它的硬度不够、容易磨损，因此，布雷尔利把它淘汰了。“它不生锈，表明不容易被空气腐蚀，那么它容易被什么东西腐蚀呢？”好奇的布雷尔利把它分别放入酸、碱、盐溶液中浸泡，结果表明，它不怕酸、不怕碱、不怕盐，耐腐蚀能力特别强。

这时，研究小组的一个工作人员说：“可不可以利用它耐腐蚀的特性，把它做成什么东西呢？”“做成……”突然，布雷尔利想起了家里那些没用多久就生锈的刀叉，“对了，用它做餐具最合适！”自然，枪支材料的研究才是布雷尔利的首要工作，但是，布雷尔利在忙碌的研究工作之外，利用别人喝咖啡和睡觉的时间，把那块铬合金材料加工成了一把水果刀。这可是世界上第一件不锈钢产品！大家用这把刀削水果，都觉得非常好用。最重要的是，在使用了很长一段时间后，这把刀依然像新的一样，锃亮锃亮的。布雷尔利的劲头更足了！他又用铬合金材料制成了不锈钢叉子、不锈钢勺等，这些餐具同样受到人们的欢迎，成了抢手货。与此同时，布雷尔利也找到了适合做枪膛的合金钢，成功地试制出了耐磨损的新枪支。因此，人们称赞布雷尔利是“正品与废品均利用，正业与副业双丰收”！后来，科学家们发现，除了可在合金钢中放入适量的铬之外，还可在合金钢中放入少量的镍、钼、铜、锰等，这样生产出来的不锈钢的抗锈能力更强。如今，不锈钢在我们生活中已被广泛应用（图 34-2）。

图 34-2　不锈钢在我们生活中的应用

新材料的发展史充满了戏剧性，许多改变人们生活的新材料完全是偶然发现的。

看了这么多无意中的发现，是不是觉得科研很简单呢？其实，机会垂青于有准备的头脑，没有在科研上的日积月累，没有博学的知识与洞察力，即使机会送上门，也意识不到。抓住仅有的几次机会，这才是科学大神们的真正功力吧。

无意中被发现的神奇材料不锈钢

在第一次世界大战时期，一位金属专家受命研究枪膛因磨损而损坏的问题。在研究中他采用了几种新型高铬含量的合金钢做枪膛，但是用这种新“铬钢”制造的枪膛，在开了第一枪后就成了碎片。他懊恼地把碎片扔进了废料堆，过了一段时间，这位专家偶然发现，在那些生锈的金属废料中，那根铬钢枪膛的碎片仍然像原来一样，闪闪发亮。“不锈钢”的巨大优点就是从这个偶然中发现的。

你知道不锈钢餐具的利弊吗?

不锈钢餐具（图 34-3）一般都含有铬和镍，铬使产品不生锈，而镍耐腐蚀。此外，不锈钢餐具中还有钛、钴、锰和镉等微量元素，这些都是人体所需的微量元素，在适量摄入的情况下有益于人体健康。但这些元素摄入过量的话，就会暂时在体内蓄积起来，长此以往则会导致蓄积中毒，从而对健康产生危害。不过只要你选购的不锈钢餐具符合国家标准，你就可以放心使用了。

图 34-3　不锈钢餐具

第 35 章

编织美丽世界的合成纤维——尼龙

尼龙是聚酰胺纤维的一种说法，它是美国杰出的科学家卡罗瑟斯（图 35-1）及其领导下的一个科研小组研制出来的，是世界上出现的第一种合成纤维。

图 35-1　华莱士 · 卡罗瑟斯

尼龙的出现使纺织品的面貌焕然一新，它的合成是合成纤维工业的重大突破，同时也是高分子化学的一个非常重要的里程碑。

当我们走进一家商场选购服装，总有五彩缤纷、琳琅满目的衣物供我们选择。不过，在 20 世纪初，人类还基本依赖棉花、蚕丝等天然存在的纤维来织造衣服时，对普通家庭来说，添置一件崭新的衣服可谓是一件奢侈的事情。正是近百年来合成纤维的飞速发展，才使得现今我们的衣橱中能够挂满各式各样的衣服。这一伟大变革的背后是许许多多科学家的辛勤努力。其中有这样一位科学家，他在这个世界上仅仅走过了 41 年的短暂旅程，却为合成纤维乃至整个高分子科学的发展做出了不可磨灭的贡献，他就是美国化学家华莱士 · 卡罗瑟斯。

● 华莱士 · 卡罗瑟斯。1896 年 4 月 27 日，卡罗瑟斯出生于美国洛瓦的伯灵顿。卡罗瑟斯的父亲在得梅因商学院任教，后来担任过该院的副院长。受父亲的影响，卡罗瑟斯 18 岁时进入该院学习会计，但他对这一专业并不感兴趣，倒是很喜欢化学等自然科学，因此，1915 年以后他开始在一所规模较小的学院学习化学，并于 1920 年获理学学士学位。

1921 年，卡罗瑟斯在伊利诺伊大学取得硕士学位，而后到南达柯他大学任教，讲授分析化学和物理化学。

1923 年，他又回到伊利诺伊大学攻读有机化学专业的博士学位。在导师罗杰 · 亚当斯教授的指导下，他完成了关于铂黑催化氢化的论文，初步显露了才华，获得博士学位后他留校工作，1926 年，到哈佛大学教授有机化学。

1928 年杜邦公司在特拉华州威尔明顿的总部所在地成立了基础化学研究所，年仅 32 岁的卡罗瑟斯博士受聘担任该所有机化学部的负责人。

● 华莱士 · 卡罗瑟斯发明了尼龙纤维。卡罗瑟斯富于想象，勤于动手，他刻苦钻研的精神有口皆碑。卡罗瑟斯是一位才华出众的青年化学家。1930 年，当他进行聚酯实验时，发现一种熔融聚合物能够拉伸成纤维状细丝。更重要的是，这种纤维即使冷却之后，拉伸长度仍比最初的长度长几倍，而且纤维的强度和弹性大大提高。

1932 年夏季的一天，卡罗瑟斯像往常一样穿着白大褂早早地来到自己的实验室。细心的他注意到一根玻璃棒的尖端上粘有乳白色的细丝，这是上一次实验时未清洗掉的残渣形成的。这位科学家十分好奇地拿起玻璃棒认真研究起这几缕细丝来，发现它们的伸缩性和韧性都很好，不仅能被拉得很长，还不容易拉断。卡罗瑟斯立马眼前一亮：能不能研发一种人工纤维，让一些生活物品变得耐用？卡罗瑟斯着急入手重复上次的实验，尝试再次制造这种细丝，实验获得了初步成功。

1935 年初，卡罗瑟斯决定用戊二胺和癸二酸合成聚酰胺，实验结果表明，这种聚酰胺拉制的纤维；其强度和弹性超过了蚕丝，而且不易吸水，很难溶，不足之处是熔点较低，所用原料价格很高，还不适宜商品生产。紧接着卡罗瑟斯又选择了己二胺和己二酸进行缩聚反应，终于在 1935 年 2 月 28 日合成出聚酰胺 66。这种聚合物不溶于普通溶剂，具有 263℃的高熔点，由于在结构和性质上更接近天然丝，拉制的纤维具有丝的外观和光泽，其耐磨性和强度超过当时任何一种纤维，而且原料价格也比较便宜，1935 年，被称为尼龙的人造丝终于被研制出来了。杜邦公司立即组织人手研究尼龙制品。

1938 年 10 月 27 日，杜邦公司正式宣布世界上第一种合成纤维正式诞生，并将聚酰胺 66 这种合成纤维命名为尼龙，即锦纶。

锦纶一般指尼龙，它是世界上出现的第一种合成纤维。尼龙的出现使纺织品的面貌焕然一新。在民用上，可以混纺或纯纺成各种医疗及针织品。锦纶长丝多用于针织及丝绸工业，如织单丝袜、弹力丝袜等各种耐磨的锦纶袜，锦纶纱巾，蚊帐，锦纶花边，弹力锦纶外衣，各种锦纶绸或交织的丝绸品。锦纶短纤维大都用来与羊毛或其他化学纤维的毛型产品混纺，制成各种耐磨的衣料。

目前，合成纤维已经广泛应用于航空航天、机电、建筑、汽车、家居、服装和体育用品等方面。随着科技的发展，许多具有特殊功能的新型合成纤维正不断被研制出

来，如抗紫外线纤维、负离子纤维以及智能纤维等，其应用领域也在不断扩展，世界因为合成纤维变得更美丽。

● 尼龙的发明人卡罗瑟斯没能看到尼龙的诞生。卡罗瑟斯生活一向消极，精神抑郁，据说他从事高分子研究之初，就在自己的上衣口袋里随身携带了一颗剧毒氰化钾，他说，一旦自己失败了，就随时吞下它。1936 年，卡罗瑟斯获得诺贝尔奖提名，但最终没有获奖，于是他认为自己作为一个科学家，实在是一个失败者，这个念头一直缠绕着他，使他无法摆脱。加之 1936 年他的孪生姐姐去世，使他的心情更加沉重，这位在聚合物化学领域做出了杰出贡献的化学家，于 1937 年自杀身亡，没能看到尼龙的诞生。

为了纪念卡罗瑟斯的功绩，1946 年杜邦公司将乌米尔特工厂的尼龙研究室改名为卡罗瑟斯研究室。

趣闻轶事

1935 年，杜邦公司一位名叫华莱士 · 卡罗瑟斯的工程师发现，焦油、空气与水的混合物在高温下融化后，即可拉出坚硬、耐磨、纤细并灵活的细丝，1938 年尼龙诞生。

尼龙的合成奠定了合成纤维工业的基础，尼龙的出现使纺织品的面貌焕然一新。用这种纤维织成的尼龙丝袜既透明又比丝袜耐穿。

1939 年，尼龙丝长袜的公开销售引起轰动，被视为珍奇之物被人们争相抢购。很多底层女性因为买不到丝袜，只好用笔在腿上绘出纹路，冒充丝袜。人们曾用“像蛛丝一样细，像钢丝一样强，像绢丝一样美”的词句来赞誉这种纤维。

1940 年，第一批量产尼龙袜上市，7.8 万双丝袜在一天内被抢购一空。高筒尼龙袜在美国创造了历史最高销售纪录。当时的售价为 1.5 美元一双，相当于现在的 20 美元。

你知道尼龙纤维吗？

尼龙纤维学名为聚酰胺纤维，其原为杜邦公司所生产的聚己二酰己二胺的商品名，即一般通称为尼龙 66。聚酰胺纤维是第一个合成高分子聚合物商业化的合成纤维制品。美国杜邦公司卡罗瑟斯研究发明聚六甲基己二酰胺，因而开启了合成纤维的第一页，其至今仍是聚酰胺纤维的代表。在生活中尼龙制品随处可见，比如尼龙绳、尼龙袋、尼龙袜等。尼龙最大的特点就是牢固、耐用。

第 36 章
实现人飞天梦想的莱特兄弟

什么是飞机。飞机是由固定翼产生升力，由推进装置产生推力，在大气层中飞行的重于空气的航空器。飞机的种类很多，除了极少特殊形式的飞机外，大部分飞机主要由机身、机翼、动力装置、起飞装置、着陆装置五大部分组成。如图 36-1 和图 36-2 所示。

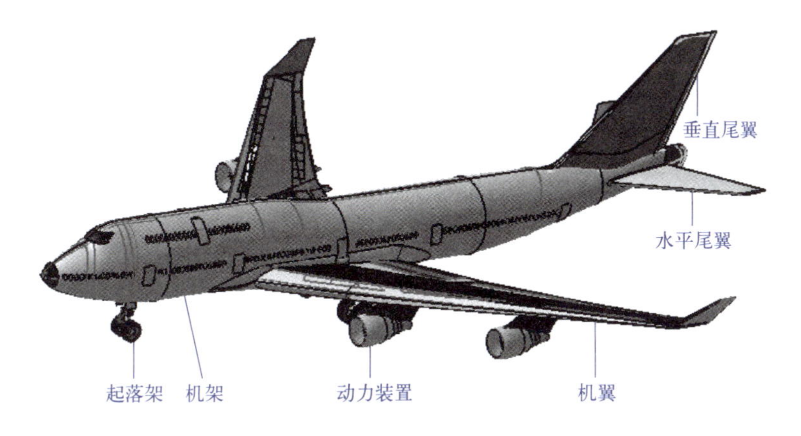

图 36-1　客机

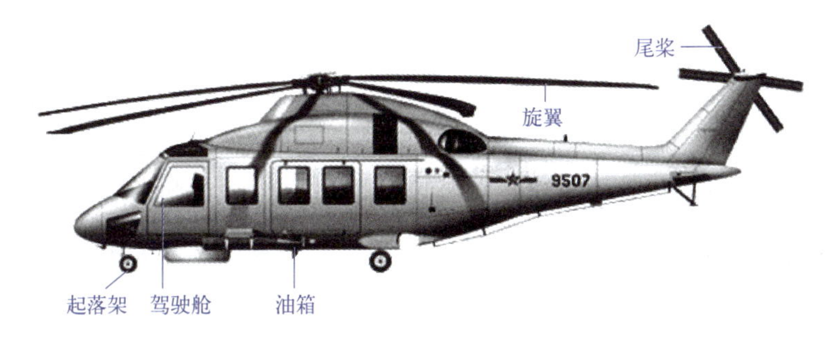

图 36-2　直升机

飞机能飞上天空，主要是四种力量交互作用所产生的结果。这四种力量分别是引擎的推力、空气的阻力、飞机自身的重力和空气的升力（图 36-3）。飞机以引擎的速度产生推力，并且以升力克服重力，使机身飞行在空中。当空气流经机翼时，飞机的机翼截面形成拱形，上方的空气分子因在同一时间内走较长的距离，相反下方的空气分子跑得较快，造成机翼上方的气压会比下方低，这样下方较高的气压就支承着飞机，使飞机浮在空气中，这就是物理学的伯努利原理。当推力大于阻力，升力大于重力时，飞机就能起飞爬升，待飞机爬升到巡航高度时就收小油门，称为平飞，这时候推力等于阻力，重力等于升力，也就是所谓的定速飞行。

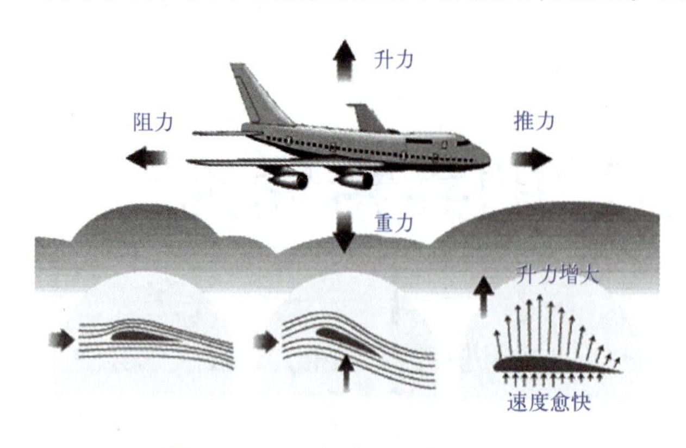

图 36-3　飞机为什么能飞上天

在科学技术飞速发展的今天，飞机仍然有着不可取代的地位。在运输方面，它既能载物，也能载人，飞行变得愈来愈快速及便利。

莱特兄弟发明了世界上第一架飞机，创造了人类航空史的骄傲，他们首次代表人类飞上蓝天。“飞行者”号是莱特兄弟发明创造的，但是在它身上，凝聚了此前众多航空先驱的心血。

莱特兄弟，指的是威尔伯·莱特（图 36-4）和奥维尔·莱特（图 36-5）两位美国发明家，飞机的制造者。他们于 1903 年 12 月 17 日首次完成完全受控制、附机载外部动力、机体比空气重、持续滞空不落地的飞行，因此“发明了世界上第一架飞机”的成就属于他们。

图 36-4　维尔伯·莱特

图 36-5　奥维尔·莱特

● 少年时代的莱特兄弟。莱特兄弟几乎在懂事的时候就对机械产生了浓厚的兴趣。成年后的奥维尔每当向别人回忆自己童年生活时，讲的几乎都是与机械设计有关的故事。

1877 年冬天，一场大雪降在美国的代顿地区，城郊的山冈上白茫茫一片。一群孩子来到堆着厚厚白雪的山坡上，乘着自制的爬犁飞快地向下滑去。

在他们旁边，有两个男孩静静地站着，眼睁睁地看着欢快的爬犁从上而下划过。大一点的男孩叹道："嗨！要是我们也有一架爬犁该多好啊！"

另一个孩子叹着气说道："谁叫我们爸爸总不在家呢！"他灵机一动，又接着说道："哥哥，我们自己动手做吧！"被称作哥哥的男孩一听，顿时笑了起来，愉快地说道："对呀！我们自己也可以做。走，奥维尔，我们回去！"于是，两个孩子一蹦一跳地跑下山坡，向家里飞快地跑去。

这两个男孩就是莱特兄弟，年龄大的叫维尔伯，年龄小的便是奥维尔。他们从小就喜欢摆弄一些小玩意儿，经常在一起做各种各样的游戏。他们的爷爷是个制作车轮的工匠，屋里有各种各样的工具，兄弟两个把那里当作他们的乐园，经常跑去看爷爷干活。时间一长，他们就模仿着制作一些小玩具。这次兄弟两个决定要做架爬犁，拉到山坡上与同伴们比赛。当天晚上，兄弟俩就把这种想法告诉了妈妈。妈妈一听，非常高兴地说道："好，咱们共同来做吧！"于是，兄弟俩跑到爷爷的工作房里，找到很多木条和工具，不假思索就做了起来。"不行！"妈妈阻止他们说："干什么事情得有个计划，我们首先得画一个图样，然后再做！"

兄弟俩明白了这个道理，就同妈妈一起设计图样。妈妈首先量了兄弟俩身体的尺寸，然后画出一个很矮的爬犁。"妈妈，别人家的爬犁很高，为啥你画的爬犁这么矮，这能行吗？"弟弟奥维尔不解地问。"孩子，要想叫爬犁跑得快，就得制成矮矮的，这样可以减少风的阻力，速度也就会快多了。"妈妈温和地解释道。兄弟俩这才明白，干任何事情都不应莽撞，应首先弄懂原理。

过了一天，莱特兄弟的矮爬犁做成了。兄弟俩把它推到小山冈上，他们刚把爬犁放在山坡上，就跑来了一个男孩。"快来看呀，莱特兄弟扛了一个怪物！"这个男孩大惊小怪地叫道。不一会儿，孩子们都围了上来，指手画脚地议论着这个怪模怪样的东西。莱特兄弟不以为然，勇敢地说道："谁和我们比赛？"先前跑过来的男孩连忙叫道："我来！我来与你们比赛！"说完，就把自己的爬犁拉了过来。比赛结果，当然是莱特兄弟获胜，孩子们再也不嘲笑这个爬犁，反而围着它左瞧右看，似乎想从中找到什么。莱特兄弟非常高兴，带着胜利的喜悦回家去了。

圣诞节到了，莱特兄弟的爸爸也从外地回来了。圣诞节早晨，爸爸把礼物送给了他们，兄弟俩急不可耐地打开一看，是一个不知名的玩具，样子挺奇怪的。

爸爸告诉他们，那是飞螺旋，能飞到高高的空中。“鸟才能飞呢！它怎么也会飞！”维尔伯有点怀疑。

爸爸笑了笑，当场做了表演。只见他先把上面的橡皮筋扭好，一松手，飞螺旋就发出“呜呜”的声音，飞向空中。兄弟俩这才相信，除了鸟、蝴蝶之外，人工制造的东西，也可以飞上天。

从那以后，在他们的幼小心灵里，就萌发了将来一定制造出一种能飞上高高蓝天的东西的愿望，这个愿望一直影响着他们。

● 为梦想而努力。莱特兄弟一直着迷于当时誉满大西洋两岸的无动力滑翔飞行家——德国的李林达尔。通过自学，两个人读了大量的书，掌握了基本航空理论，开始了艰难的探索。

1896年，两兄弟听闻了德国航空先驱奥托·李林达尔在一次滑翔飞行中不幸遇难的消息。按说，这条消息对那些梦想飞行的人是一个打击，但熟悉机械装置的莱特兄弟却从中认定，人类进行动力飞行的基础实际上已足够成熟，李林达尔的问题在于他还没有来得及发现操纵飞机的诀窍。对李林达尔的失败进行了一番总结后，莱特兄弟满怀激情地投入到了对动力飞行的钻研中去。

那时候，莱特兄弟开着一家自行车商店。他们一边干活挣钱，一边研究飞行资料。三年后，他们掌握了大量有关航空方面的知识，决定仿制一架滑翔机。

首先他们观察老鹰在空中飞行的动作。他们常常仰面朝天躺在地上，一连几个小时仔细观察鹰在空中的飞行，研究和思索它们起飞、升降和盘旋的机理。然后一张又一张地画下来，之后开始着手设计滑翔机。

1900年10月，莱特兄弟终于制成了第一架全尺寸的滑翔机，是一架无人驾驶双翼滑翔机，可以像风筝一样把它放上天。他们在飞机的前面安装了升降舵，也就是一种摆动舵，可以用来操纵横轴，然后，他们把它带到离代顿很远的吉蒂霍克海边，那里十分偏僻，周围既没有树木也没有民房，而且这里风力很大，非常适宜放飞滑翔机。

兄弟俩用了一个星期的时间，把滑翔机装好，然后系上绳索，像风筝那样放飞，结果成功了。然后由维尔伯坐上去进行试验，虽然飞了起来，但只有1米多高。

第二年，兄弟俩在上次制作的基础上，进行了多次改进，又制成了一架滑翔机。这年秋天，他们又来到吉蒂霍克海边，一试验，飞行高度一下子达到180米。

1900～1903年，他们制造了3架滑翔机并进行了1000多次滑翔飞行，设计出了较大升力的机翼截面形状。在此期间，他们的滑翔机多次滑翔距离超过 1000 米。弟兄俩非常高兴，但对此并不满足。他们想制造一种不用风力也能飞行的机器。从 1903 年夏季开始，莱特兄弟着手制造这架著名的“飞行者”1 号双翼机。

兄弟俩认为要建造一架飞行机器，主要有三个障碍：如何制造升力机翼；如何获得驱动飞机飞行的动力；在飞机升空之后，如何平衡以及操纵飞机。

针对这些问题，他们首先仔细研究了前人的试验数据，再通过大量风筝、滑翔机以及风洞试验做验证，设计出了最佳的机翼剖面形状和角度，以获得最大的升力。然后又把一般大小的机翼增大一倍。最重要的是，他们设计了通过直接控制机翼来操纵飞机飞行姿态的机构，同时，在飞机整体的升力增加后，飞机对于驾驶员自身位置的变化也不那么敏感了，这就使得飞机尽管机翼面积大大增加，但可操纵性能并不比小机翼飞机差。三个问题解决了两个。

兄弟俩反复思考，把有关飞行的资料集中起来，反复研究，始终想不到用什么动力可以把庞大的滑翔机和人运到空中。有一天，他们家门前停了一辆汽车，司机向他们借一把工具来修理一下汽车的发动机。兄弟俩灵机一动，能不能用汽车的发动机来推动滑翔机呢?

从那以后，兄弟俩围绕发动机动开了脑筋。他们首先测出滑翔机的最大运载能力是 90 千克，于是，他们向工厂定制了一台不超过 90 千克的发动机。但当时最轻的发动机是 190 千克，工厂无法制出这么轻的发动机。

后来，一名制造发动机的工程师知道了这件事情，答应帮助莱特兄弟。过了一段时间，这位工程师果然造出一部 12 马力、质量只有 70 千克的汽油发动机。兄弟俩非常高兴，很快便着手研究怎样利用发动机来推动滑翔机飞行。经过无数次的试验，他们终于把发动机安装在滑翔机上，并在滑翔机上安上螺旋桨，由发动机来推动螺旋桨旋转，带动滑翔机飞行。“飞行者”1 号的结构如图 36-6 所示。

“飞行者”号共有 3 架，分别被命名为“飞行者”1 号、2 号、3 号。“飞行者”1 号采用的双层翼，机身为木制构架，布制蒙皮，机翼剖面呈弧形，翼尖上翘，翼展 13.2 米，起飞着陆装置为木制滑橇，依靠滑轨起飞，机上安装一台 88 千瓦的水冷式内燃机及 2 副推进式螺旋桨。

“飞行者”飞机采用了升降舵在前，方向舵在后的鸭式布局，飞机包括一名飞行员在内总重 340 千克。机翼总面积 47.4 平方米。翼尖有卷角以便飞机的横侧操纵和稳定。飞行员基本上是趴在敞开的驾驶舱内驾驶的。

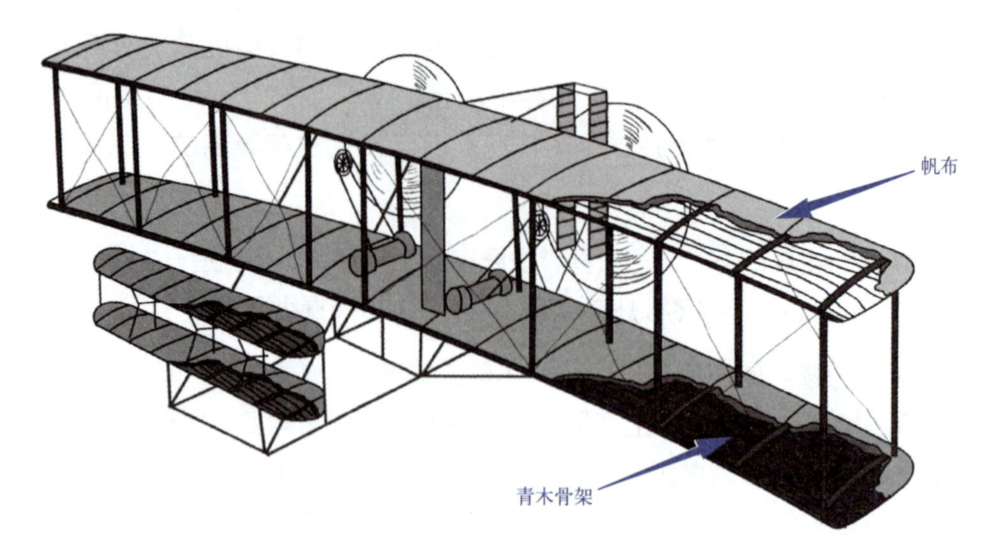

图36-6　“飞行者”1号

● 实现飞天梦想。1903年9月，莱特兄弟带着他们装有发动机的飞机再次来到吉蒂霍克海边试飞。虽然这次试飞失败了，但他们从中吸取了很多经验。过后不久，他们又连续试飞多次，但仍旧存在许多问题，不是螺旋桨的故障，就是发动机出了毛病，或是驾驶技术的问题。

莱特兄弟毫不气馁，仍然坚持试飞。就在这时，一位名叫兰莱的发明家，受美国政府的委托，制造了一架带有汽油发动机的飞机，在试飞中坠入大海。

莱特兄弟得知这个消息，便前去调查，并从兰莱的失败中吸取了教训，获得了很多经验，他们对飞机的每一部件都做了严格的检查，制定了严格的操作规定，于1903年12月14日，又来到吉蒂霍克，进行试飞试验。

那天下午，兄弟俩先在地面上安置两根固定在木头上的铁轨，铁轨有一定的斜度，方便飞机滑行。接着，他们就把制造的飞机放在铁轨上面。维尔伯上机后，俯卧在飞机正中，不一会儿便发动了飞机，发动机传出轰鸣的声音，螺旋桨也慢慢地转了起来！飞机在斜坡上刚滑行3米，就挣脱了接在后面的铁丝升到空中。“飞起来啦！”奥维尔兴奋地叫道。话音未落，飞机突然减慢速度，很快掉落在地上。奥维尔赶忙跑上前去。维尔伯已从坠落的飞机里跳了出来，兄弟俩赶紧观察飞机，飞机也未受损。“是什么问题呢？”兄弟俩左思右想，逐一检查。发动机没毛病，螺旋桨转动很好，技术操作也完全正确。“哥哥，我知道原因了！”奥维尔满面笑容地说道：“咱们是利用斜坡滑行的，距离只有3米飞机就起飞了。而这时螺旋桨的转动还没有达到高速，所以一会儿就栽了下来。”“对呀！”维尔伯点头称道，接着说道：“咱们不能利用斜坡滑行起飞，而要靠螺旋桨的力量飞上去。这样吧，把铁轨装在平整的地方再试验一下。” 他们连续工作了三天，把铁轨又重新安置在一片平坦的地面上。

1903 年 12 月 17 日上午 10 点钟，在美国大西洋沿岸北卡罗来纳州吉蒂霍克的基尔德维尔山海边，天空低云密布，寒风刺骨。莱特兄弟将他们的作品——“飞行者”1 号放在预先安装好的滑轨上。今天对他们来说，是意义重大的一天，无数的心血和探索，都将在随后的试飞中得到检验。兄弟俩决定以掷硬币的方式确定谁先登飞机试飞，结果弟弟奥维尔赢了。只见他爬上飞机，俯卧在操纵杆后面的位置上。手中紧紧握着木制操纵杆。然后维尔伯开动发动机并推动它滑行。飞机在发动机的作用下先是剧烈振动，发动机开始轰鸣，螺旋桨开始转动。经过短暂的振动，飞机便在滑轨上加速前进，很快便像一只刚学会飞行的小鸟一样飞了起来。

“飞起来啦！飞起来啦！”附近的几个农民高兴地呼喊着，并且随着维尔伯，在飞机后面追赶着。

飞机飞行了 36 米后，稳稳地着陆了。维尔伯冲上前去，激动地扑到刚从飞机里爬出来的弟弟身上，热泪盈眶地喊道：“我们成功了！我们成功了！”尽管这第一次升空仅仅持续飞行了 12 秒，36 米，但它具有的意义却是非凡的，它标志着人类开始征服蓝天，向着更自由的领空跃进。

45 分钟后，维尔伯也飞了一次，飞行距离达到 53 米，又过了一段时间，奥维尔又一次飞行了 61 米。最后一次维尔伯飞行了 59 秒，距离达到 260 米。人们梦寐以求的载人空中持续动力飞行终于成功了！但随后，突然刮来的一阵狂风把“飞行者”1 号掀翻了，尽管飞机严重损坏，但它已经完成了历史使命。人类动力航空史就此拉开了帷幕。

1904 ~ 1905 年，莱特兄弟又相继制造了“飞行者”2 号和“飞行者”3 号。其中“飞行者”3 号是世界上第一架适用型飞机。能在空中转弯、倾斜盘旋和做 8 字飞行，留空时间长达 38 分钟，飞行超过 38 千米。不久，兄弟俩又制造出能乘坐两个人的飞机，并且，在空中飞了一个多小时。

消息传开后，人们奔走相告，美国政府非常重视，决定让莱特做一次试飞表演。

1908 年 9 月 10 日这天，天气异常晴朗，飞机飞行的场地上围满了观看的人们。大家兴致勃勃地等待着莱特兄弟的飞行。10 点左右，弟弟奥维尔驾驶着他们的飞机，在一片欢呼声中，自由自在地飞向了天空，两只长长的机翼从空中划过，恰似一只展翅飞翔的雄鹰。

人们再也抑制不住他们激动的心情，昂首天空，呼唤着奥维尔的名字，多少人的

梦想终于变为现实。飞机在 76 米的高度飞行了 1 小时 14 分，并且运载了一名勇敢的乘客。当它着陆之后，人们从四面八方围了起来，庆祝飞行胜利。

就在这一年，莱特兄弟接受了美国陆军的订货，并成立了莱特飞机公司，同年，莱特兄弟还赴法国进行了 100 多次飞行表演。从此，在世界范围内掀起了航空的热潮，飞机成为人类征服蓝天的有力工具。

可以说，是“飞行者”号的成功，让人类增强了信心，同时也加快了人类航空技术发展的步伐。

趣闻轶事

发明飞机的美国莱特兄弟，一辈子的心思都用在飞机制造上了，两个人都终生没有结婚成家。当有记者问到这个问题时，莱特兄弟幽默地回答：“人生苦短，精力有限，我们没有时间和精力既照顾飞机又照顾家人，所以只好打光棍了。”

飞机需要动力使飞机前进。飞机的动力就是发动机，发动机是飞机的“心脏”，是飞行器技术发展的基石。

第 37 章

世界上第一辆汽车的诞生

● 汽车的组成。汽车的三个部分、两个系统如图 37-1 所示。即原动机部分——发动机；传动部分——离合器、变速器、传动轴、差速器等；执行部分——车轮；辅助系统——各类仪表、车灯、雨刮器等；控制系统——方向盘、排挡杆、刹车、油门等。

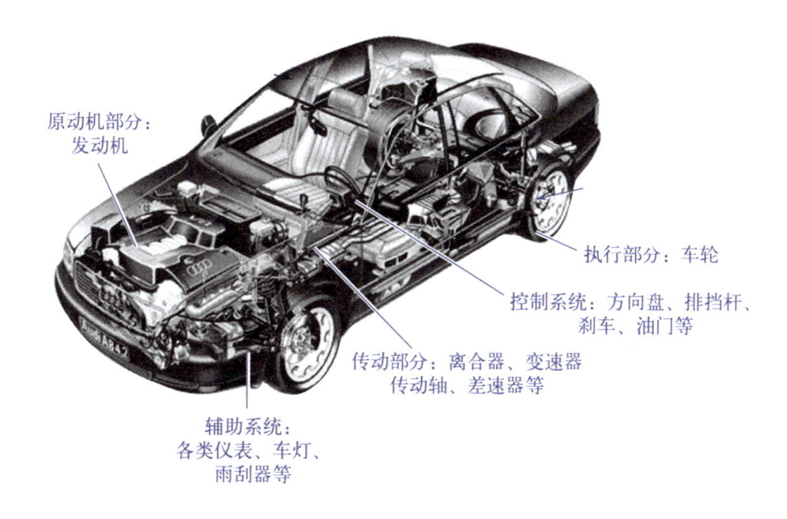

图 37-1 汽车的三个部分两个系统

汽车发明于一百多年前，从第一辆汽车诞生到现在，全球共计生产超过十亿辆汽车，汽车的运用极大地提高了人类的生产力和生活质量。那么，到底是谁发明了世界上第一辆汽车呢？

● 奔驰汽车创始人——卡尔 · 本茨。卡尔 · 本茨（图 37-2），德国著名梅赛德斯 - 奔驰汽车公司的创始人之一，现代汽车工业的先驱者之一，人称“汽车之父”。

图 37-2 卡尔 · 本茨

1844 年 11 月 25 日，本茨出生于德国巴登 – 符腾堡州的卡尔斯鲁厄的一个手工业者家庭，父亲约翰 · 乔治 · 本茨原是一位火车司机，1846 年，本茨 2 岁时父亲因一次火车事故丧生。

在中学时期，本茨就对自然科学产生了浓厚的兴趣。由于家境清寒，他还要靠修理手表来挣零用钱。1860 年，因为遵从母亲的意愿，本茨进入了卡尔斯鲁厄综合科技学校，并有幸遇到了两位深信“资本发明”学说的老师，他们影响了本茨的一生。本茨也在这个学校较为系统地学习了机械构造、机械原理、发动机制造、机械制造经济核算等课程，为以后的事业打下了基础。

在先后经历了卡尔斯鲁厄机械厂学徒、制秤厂的设计师、桥梁建筑公司工长等工作后，1872 年本茨决定要创建一个以自己名字命名的铁器铸造和机械工厂。但由于受到经济不景气的影响，工厂成立不久就面临倒闭。无力偿还债务，穷困潦倒的本茨想起了老师的“资本发明”理论，决定制造可以获取高额利润的发动机作为人生的转机。

● 世界上第一辆汽车诞生。汽车制造的前提是设计、制造出体积小、效率高的动力机。蒸汽机既大又笨重，显然不适用。德国工程师卡尔 · 本茨在总结前人经验的基础上设计了一台轻内燃机，它使用轻液体燃料，在气缸内燃烧。

卡尔 · 本茨申请了生产奥托四冲程煤气发动机的营业执照，却没有改变公司的经济窘境，破产的威胁依然存在。这位不服输的德国人并没有被清贫打败。

经过多年努力后，1885 年 10 月，德国的卡尔 · 本茨制造出世界上第一辆以汽油为动力的三轮汽车（图 37-3）。这辆汽车装有卧置单缸二冲程汽油发动机，785 毫升容积，0.89 马力，每小时行走 15 公里。该车前轮小，后轮大，发动机置于后桥上方，动力通过链和齿轮驱动后轮前进。该车已具备了现代汽车的一些基本特点，如电点火、水冷循环、钢管车架、钢板弹簧悬挂、后轮驱动、前轮转向和制动手把等。其齿轮齿条转向器是现代汽车转向器的鼻祖。

图 37-3　世界上第一辆汽车诞生

由于这辆汽车存在着一些技术问题，性能还未完善，发动机工作时噪声很大，而传递动力的链条质量不过关，常常发生断裂，造成汽车在行驶中抛锚，被别人嘲讽为“散发着臭气的怪物”，怕出洋相的本茨不敢在公共场合驾驶它。但这终究是第一辆实际投入使用的汽车，卡尔 · 本茨因此被称为“汽车之父”。后来，我们中国人根据本茨姓氏的译音，译为“奔驰”车，巧妙而恰当地表现出这种汽车的特征。

1886 年 1 月 29 日，本茨为他发明的三轮汽车成功申请了德国发明专利。政府授予他专利证书，世界上第一辆汽车正式诞生。此后，这辆车终于以全新的面貌行驶在曼海姆城的大街上。因此德国人把 1886 年称作汽车的诞生年。就在这一年，戴姆勒发明世界第一辆四轮汽车。他因此被人们称作“现代汽车之父”。

奔驰的这辆三轮汽车，现珍藏在德国慕尼黑科技博物馆，保存完好无缺，还可以发动，旁边悬挂着“这是世界第一辆汽车”的说明牌。

● 历史性的试验。“每个成功男人的背后，都有一名伟大的女人”，这句话用在卡尔·本茨身上，是非常贴切的，卡尔·本茨的妻子贝尔塔（图 37-4）全力支持自己的丈夫，使他成为世界汽车第一人。

本茨创业初期，既没有工厂也没有资金，贝尔塔就变卖了自己的嫁妆和首饰，毫无怨言地支持本茨的研究，陪伴本茨走过了饿着肚子研究汽车的艰苦日子，成为本茨工作的最大支持者。

1888 年 8 月的一天早上 5 点多钟，本茨还在梦乡，贝尔塔就唤醒两个孩子，把汽车推出来，然后启动发动机，向 100 多公里之外的普福尔茨海姆出发，去探望孩子的祖母。当时全世界还没有任何一辆汽车跑过这么远的路程。汽车离开曼海姆市不久，天就渐渐亮了，马路两旁早起的人们听到其怪异的响声都从窗口伸出头看这个“飞奔的怪物”，有的人还壮着胆子走近它，但一闻到汽油味就又走开了。

图 37-4　卡尔·本茨的妻子

汽车在行驶 14 公里后，燃料没有了，他们只好到一家药房购买粗汽油；在行驶 70 公里后，一个陡坡拦住了去路，只得由小儿子驾车，贝尔塔和大儿子在车后推，最后终于把汽车推过陡坡；发动机的油路堵塞了，他们就用发针修理；电气设备发生短路，只好用袜带作绝缘垫。直到日落西山，母子三人才又饿又累地到达目的地。孩子的祖母惊叹不已，小城的人都跑出来围观这个“怪物”。兴奋的贝尔塔立即给丈夫拍了一个电报：“汽车经受了考验，请速申请参加慕尼黑工业博览会。”本茨接到电报两手发抖，几乎不敢相信这是事实，但妻子确实驾着自己发明的三轮车到了普福尔茨海姆。他很快办妥了参展手续，在慕尼黑工业博览会上，他成功展示了自己的汽车，一下吸引了大批客户，从此他的事业蓬勃发展，拥有了德国最大的汽车制造厂，生产名扬四海的奔驰牌汽车。而本茨太太也因为这次历史性的试验被称为世界上第一位女汽车驾驶员。

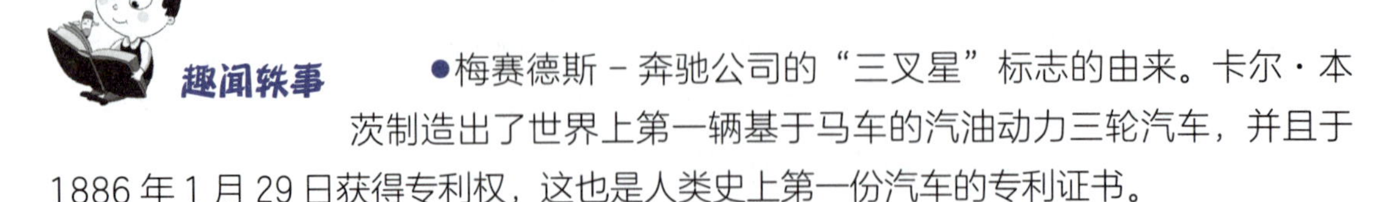

●梅赛德斯 - 奔驰公司的“三叉星”标志的由来。卡尔 · 本茨制造出了世界上第一辆基于马车的汽油动力三轮汽车，并且于 1886 年 1 月 29 日获得专利权，这也是人类史上第一份汽车的专利证书。

1893 年，奔驰公司提交的新图标，采用了“ORIGINAL BENZ”（原版奔驰）字母加上齿轮外框的设计样式（图 37-5）。

1909 年奔驰公司修改了他们的标志，新标志将旧标志中的文字内容精简到只剩下“BENZ”四个字母，而老标志中突出机械感的齿轮状外圈也被月桂花环代替（图 37-6）。在很多赛车运动中，月桂花环是给获胜车手的奖励，将月桂花环用到新商标里无疑与当时公司在赛车运动中的优异表现有直接关系。

图 37-5　1893 年奔驰公司的汽车商标

图 37-6　1909 年奔驰公司的汽车商标

戴姆勒汽车公司成立于 1890 年 11 月 28 日，由戈特利布 · 戴姆勒与威廉 · 迈巴赫联手创立。最大的成就便是 1883 年获得的高转速四冲程内燃机的专利，他们更加致力于将内燃机广泛应用到其他领域，比如摩托车、四轮汽车、船跟飞艇，使得内燃机的应用完全覆盖了海陆空这三个领域。戴姆勒公司首个受到法律保护的商标始于 1899 年，公司提出使用公司名称“Diamler-Motoren-Gesellschaft”的缩写“DMG”作为新商标并获得批复，从那时起“DMG”商标被正式启用（见图 37-7）。

而在同一时期，戴姆勒公司的最大客户埃米尔 · 杰林耐克在向公司提出产品需求时，给出了这样一个要求：用他女儿的名字梅赛德斯（Mercedes，来自西班牙语，有幸福的含义）来命名新车！结果公司采纳了他的要求，并于 1902 年 6 月 23 日申请将“MERCEDES”（梅赛德斯）这个人名注册为商标并得到批复（图 37-8），而梅赛德斯的时代也就此被开启。

图 37-7　1899 年戴姆勒公司的汽车商标

图 37-8　1902 年戴姆勒公司的汽车商标

在戴姆勒公司获得梅赛德斯品牌名称专利之后，公司觉得需要一个更有特色的商标。于 1909 年 6 月将三叉星徽与四叉星徽注册为公司商标（图 37-9），两个商标都受法律保护，但其中的四叉星徽一直没有启用，直到 1989 年成立戴姆勒航空公司才开始启用。关于这个三叉星标志的含义，最广为流传的说法是：它表现了戴姆勒本人在海、陆、空各个领域发展的抱负。

1916 年，戴姆勒公司又注册了一个新版本的三叉星标志，这个标志在原有标志三叉星的基础上加上了一个圆形外圈，并在圆环底部加入“MERCEDES”字样，同时在圆环的空白位置分别加入四颗小的三叉星（图 37-10），其用意也仅仅是为了填补商标上的空白位置。从该标志的整体样式来看，这枚新版的梅赛德斯标志也是日后的梅赛德斯 - 奔驰标志的雏形。

图 37-9　1909 年戴姆勒公司的汽车商标

图 37-10　1916 年戴姆勒公司的汽车商标

1926 年 6 月 28 日，戴姆勒公司与奔驰公司正式合并为“戴姆勒 - 奔驰”（Daimler-Benz AG）公司，而根据戴姆勒公司对其旗下汽车产品的命名方式，新公司生产的汽车产品就顺理成章地被命名为“梅赛德斯 - 奔驰”（Mercedes-Benz）。使用这样的命名是因为“梅赛德斯”与“奔驰”分别来自两家不同的公司，可体现两家公司的平衡与相互尊重。值得一提的是，由于两家公司合并的事情从很早就开始酝酿，所有前期工作也是一早就开始准备，包括新公司名称以及商标图形在内的相关申请于 1925 年就已经提出。但是最终批复的时间则在公司完成合并之后，所以大家也就顺理成章地认为新名称与商标都是在两家公司完成合并后的 1926 年才诞生的（图 37-11）。

新版标志在样式以及内容上，都完美地融合了两家公司合并前各自标志中的元素，在保留了梅赛德斯标志中的圆形和三叉星设计的前提下，又在三叉星外面的圆边框中加入了来自奔驰公司标志的月桂花环元素，而“MERCEDES”跟“BENZ”的英文字母也被分别置于圆边框的上下端。

1933 年，梅赛德斯 - 奔驰公司设计出了一款“简化版”标志，这款标志上没有任何文字，只是简单保留了三叉星外加一个圆圈（图 37-12），而这个标志中的三叉星明显比之前的要修长很多。之后在 1989 年，该标志又经过了一次立体化的处理，样式不变，从那之后该标志就一直沿用到了今天。

图 37-11　1926 年梅赛德斯 - 奔驰的汽车标志

图 37-12　1989 年梅赛德斯 - 奔驰的汽车标志

你知道吗？

你知道谁发明了汽车转向灯吗？

● 好莱坞女明星发明了汽车转向灯。现在大家转弯、并线开启转向灯已经是一个习惯性动作了，但是早年的汽车转弯停车都只能靠伸出手臂进行示意（图 37-13），这可不算优雅。所以当时已经拥有自己爱车的好莱坞女影星佛罗伦萨・劳伦斯设计了一个简单的机械装置：当转向时按下按钮，汽车的后保险杠就会升起一个旗子来警示后方司机，当踩下刹车后，车尾还会竖起一个写着“STOP”的旗子。这算是世界上首次出现车辆自带指示信号，虽然最后劳伦斯没有申请该项专利，但是我们依然不能忽略她为汽车安全带来的影响。

图 37-13　最早的汽车转向示意

第 38 章
现代汽车工业的先驱者

● 现代汽车工业的先驱者——戈特利布·戴姆勒。戈特利布·戴姆勒（图 38-1）是德国工程师和发明家，现代汽车工业的先驱者之一。

● 少年时代的戈特利布·戴姆勒。1834 年 3 月 17 日戈特利布·戴姆勒出生于德国巴登 - 符滕堡雷姆斯河畔舍恩多夫的一个手工业工人家庭，父亲是一位面包店老板。戴姆勒是家中的次子，其兄威尔海姆继承了家业——面包房。戴姆勒从小就对机械产生了浓厚兴趣，1848 年 14 岁的戴姆勒便开始在铁炮锻造工厂当学徒，1852 年 18 岁时进入斯图加特的工业进修学校学习，1857 年进入斯图加特高等工业学校学习。少年时代的戴姆勒就对燃气发动机产生了浓厚的兴趣，并开始学习研制奥托循环式燃气发动机。1859 年进入工业补习学校实习时受到关照在梅斯纳蒸汽机车工厂工作，1861 年成为在英国曼彻斯的阿姆斯特朗·霍特瓦士工厂学习的研究生，1862 年在参观伦敦世界博览会后回到德国，在斯特拉夫的机械工厂协助斯特拉夫之子海因里希制造水车、水泵。

图 38-1　戈特利布·戴姆勒

● 研究改进发动机。戈特利布 · 戴姆勒追求的是一个稍稍不同的目标，他希望开发通用发动机，他与威廉 · 迈巴赫一起在自己的工作车间内，设计了体积更小而功率更高的发动机。今天你仍可参观 Cannstatt 温泉公园内的这个工作车间，它早已成为历史古迹。1886 年戴姆勒给一辆四轮马车装上了自己发明的发动机，于是戴姆勒四轮汽车诞生了。1890 年戴姆勒发动机公司成立，为两年后首次向摩洛哥苏丹交付汽车奠定了基础。

● 戴姆勒卧式发动机问世。戴姆勒受到奥托与兰根邀请，与迈巴赫一起转入德国瓦斯发动机公司，协助改进四冲程发动机。可是，坚持工厂动力源的奥托和兰根，与坚持制造小型高速汽油机的戴姆勒、迈巴赫意见不合，戴姆勒1882年离开了该公司，迈巴赫也随之离开。他们在戴姆勒·奔驰公司总部的斯图加特的郊外康斯塔特设立了工厂，着手制造汽油机，他们将奥托四冲程发动机改进后于1883年推出首部戴姆勒卧式发动机。1884年又推出了性能更好的立式发动机（取名立钟，风冷，1/4马力，最高转速600转/分），并于1885年4月3日获得德国专利。

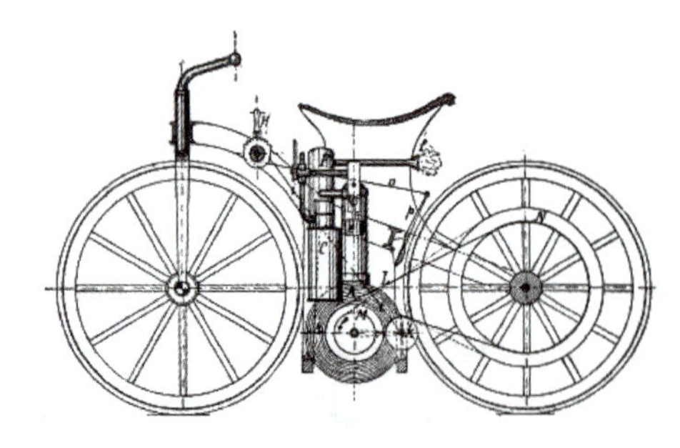

图38-2　戴姆勒发明世界第一台摩托车

● 戴姆勒发明世界第一台摩托车。1883年，戴姆勒卧式发动机问世，他将发动机安装在木质双轮车上，并让儿子保罗驾驶，该车很快就获得了专利，成为世界上第一辆摩托车，如图38-2所示。

1885年8月30日，德国工程师戈特利布·戴姆勒造出世界上第一台“真正”的摩托车。他通常还被认为参与制造了世界上第一台成功的内燃机。在造出摩托车前一年，戴姆勒就主张优先发展这种两轮装置。

但是，由发动机驱动的两轮车的创意最早并非来自于戴姆勒，也并不是戴姆勒第一个将这种装置变成现实。曾参加过美国内战的西尔维斯特·罗佩尔早在1867年就造出了“摩托车”原型。罗佩尔的支持者认为，他应该享受“摩托车之父”的殊荣。

但之所以将造出世界上第一辆“真正”摩托车的头衔授予戴姆勒，是因为这辆车将汽油作为燃料。而罗佩尔在美国内战后发明的摩托车原型采用小型两缸发动机，由蒸汽驱动。戴姆勒制造的摩托车基本上采用木制自行车结构（脚踏板被拆除），由一台奥托循环发动机驱动，还有一个喷雾器类型的化油器。

● 世界上第一辆汽油发动机驱动的四轮汽车诞生了。1883年戴姆勒与威廉·迈巴赫合作制成了第一台高速汽油实验性发动机，又在迈巴赫的协助下，于1886年在巴特康斯塔特制成世界上第一辆“无马之车”。该车是他为妻子43岁生日而购买的一辆四轮“美国马车”，他在上面安装了他们制造的功率为1.1马力，转速为650转每分钟的发动机，该车以18公里每小时的当时所谓“令人窒息”的速度从斯图加特驶向康斯塔特。世界上第一辆汽油发动机驱动的四轮汽车就此诞生了，如图38-3所示。

遗憾的是，当时的摩托车与四轮汽车在1903年的火灾中荡然无存，现在斯图加特的戴姆勒·奔驰博物馆的展车是于1905年制造的列普里加样车。

● 戴姆勒与卡尔·本茨。1883 年，戴姆勒把一台引擎附系在一辆自行车上，由此制造出世界上第一台摩托车。翌年，戴姆勒制造出他的第一辆四轮汽车。但是卡尔·本茨却抢先一步，在几个月前就制造出了他的第一辆汽车—— 三轮汽车，一辆无可否认的汽车。本茨的汽车与戴姆勒的汽车一样，也是用奥托引擎作动力。由于本茨引擎的转速远没有达到 400 转 / 秒的速率，这就不足以使他的汽车有实用价值。本茨不断地改进自己的汽车，几年内就成功地打入了市场。戈特利布·戴姆勒的汽车比本茨的稍迟些打入市场，但也获得了成功。最后，本茨和戴姆勒两家公司合并成一家，著名的梅赛德斯 – 奔驰牌汽车就是由这家合并公司生产的。

图 38-3　第一辆戴姆勒四轮汽车

“梅赛德斯”名字的由来

历经百年的发展，梅赛德斯 – 奔驰这一名称已经成为世界知名汽车品牌的代名词。

在这百年传奇中，有一个人不得不提，没有他，也许到今天我们在三叉星徽上不会看到“梅赛德斯”如此美丽的名字，他便是奥地利人埃米尔 · 杰林耐克。1886 年，当第一辆汽车问世的时候，埃米尔 · 杰林耐克还是一个喜欢追逐潮流与时尚的年轻人，他被这种全新的交通工具深深吸引，并于 1893 年购买了一辆四轮的奔驰维多利亚汽车。

一年后，杰林耐克已经不仅仅是一个客户了，他成为了戴姆勒汽车的授权代理商，开始将戴姆勒汽车推销给法国尼斯的社会上层人士。直到 1900 年戈特利普 · 戴姆勒去世以前，杰林耐克已经销售了 34 辆汽车。随着他与戴姆勒汽车公司的合作越来越紧密，他不断地对戴姆勒以及工程师迈巴赫提出技术创新的要求，以便使戴姆勒汽车能够更加适应市场的需求。他就如同一位营销策略家一样，洞悉行情，并以此给予汽车准确的定位和评价。

功夫不负有心人，杰林耐克最终使迈巴赫与戴姆勒认同了自己的理念：未来汽车的发展方向是激情的速度和优雅的外观。他推崇速度，并不是因为喜欢寻求刺激，而是出于对汽车用途的考虑。他曾说：“如果汽车比不过马车的话，那我还不如去骑马。”此外，他还建议发明者驾驶自己的汽车去参加比赛，以便提升工厂和品牌的

知名度。

杰林耐克本身也参与赛车运动。当他参加 1899 年在尼斯举行的赛车项目时，他拥有两辆戴姆勒汽车公司为他特别打造的戴姆勒凤凰汽车（图 38-4）。它 21 千瓦的输出功率在当时是相当令人羡慕的。

图 38-4　1899 年的戴姆勒凤凰汽车

按照当时的惯例，比赛时车手都会使用笔名以隐藏自己的真实身份，杰林耐克也不例外，他以“梅赛德斯先生”的名字参赛。梅赛德斯是他女儿的名字，源自西班牙语。但是他的比赛成绩却不尽如人意，无论是速度赛还是登山赛，他都没有取得靠前的名次。为此，他强势地参与到戴姆勒公司车型设计的方针制定中，明确地提出：他需要功率更大、性能更好的汽车，同时也对新车的底盘提出了要求。强劲的动能与提速一直是他追求的目标，就如他在人生格言中所说：“我对于今天与明天的汽车都不感兴趣，我需要的是未来之车。”

尽管在 1900 年的赛事中，戴姆勒汽车发生了几起严重的事故，杰林耐克仍旧成功地说服了迈巴赫，汽车重心较高才是事故的原因，而不是大家所认为的速度。此外，因为这些事故而停赛是不明智的，无异于在商业上将自己推向绝境。所以，戴姆勒汽车应该继续提升动能去参赛，以此提升品牌知名度，进而拉动销售。1900 年 4 月 2 日，杰林耐克向戴姆勒公司购买了功率为 26 千瓦的新车，并建议新车使用“戴姆勒 - 梅赛德斯”的名字。这是“梅赛德斯”首次作为品牌名称出现。

随后，杰林耐克与戴姆勒汽车公司签署协定，获得了“戴姆勒 - 梅赛德斯”汽车的官方经销授权。从 1900 年 4 月起，他成为了戴姆勒公司在奥匈帝国、法国、比利时以及美国的总分销商。在杰林耐克担任唯一经销商的国家里，这些汽车被命名为“梅赛德斯”，而在其他国家则被称为“新戴姆勒”，但是不久之后，“梅赛德斯”便成为了这种汽车的唯一代名词。

1900年3月22日，第一辆全新35马力汽车（图38-5），同时也是首辆现代汽车，交付给了杰林耐克。这辆命名为“梅赛德斯”的汽车由迈巴赫研制，它的蜂窝散热器可以减少为发动机降温所使用的水量，是当时重要的科技创新。对于车名的变化，杰林耐克给出的解释是对于德国以外的人来说，戴姆勒不好记。汽车的名称应该朗朗上口，且利于记忆，因为它对品牌至关重要。

1926 年 6 月 29 日，戴姆勒公司和奔驰公司合并，成立了在汽车史上举足轻重的戴姆勒－奔驰公司，从此他们生产的所有汽车都命名为“梅赛德斯－奔驰”。

图 38-5　第一辆 35 马力“梅赛德斯”汽车

你知道吗？

你知道汽车雨刷是谁发明的吗？

早年人们驾驶汽车时，是将一种洋葱和胡萝卜的混合液体涂抹在玻璃上，让水珠不停留在玻璃上，这个效果差强人意。

1903 年，一位名叫玛丽·安德森的女性发明了一种手动雨刷。她将橡胶刮板固定在一个金属曲柄上，然后利用弹簧的压力将橡胶刮板与汽车玻璃表面紧密贴合，驾驶员一边驾车行驶，一边转动雨刷曲柄擦玻璃。虽然这种雨刷现在看来并不方便，但在当时已经是一种进步了（图 38-6）。

图 38-6　玛丽·安德森发明了一种手动雨刷

第39章
世界上第一台空调

每到炎热的夏天，空调（图39-1）就成了人们的依托，它带给人们舒适与凉爽，随着人们生活条件的不断提高，空调已走进了千家万户。

图39-1　空调

● 空调的基本结构。空调的结构包括：压缩机、冷凝器、蒸发器、四通阀、单向阀、毛细管组件。

家用空调器按结构可分为窗式和分体式。窗式空调器（图39-2）是将压缩机、通风电动机、热交换器等全部安装在一个机壳内，主要利用窗框进行安装。其特点是结构紧凑、体积小、安装方便并有换气装置。分体式空调器（图39-3）是将压缩机、通风电动机、热交换器等分别安装在两个机壳内，分为室内机组和室外机组，用紫铜管将内外机的制冷系统连接起来，用导线把电气控制系统连接起来，组成一套完整的制冷装置，即分体式空调器。分体式空调器按室内机类型又可分为挂壁式、吊顶式、嵌入式和落地式等几种。分体式空调器的特点是噪声小、冷凝温度低、室内占地面积小、安装容易和维修方便。

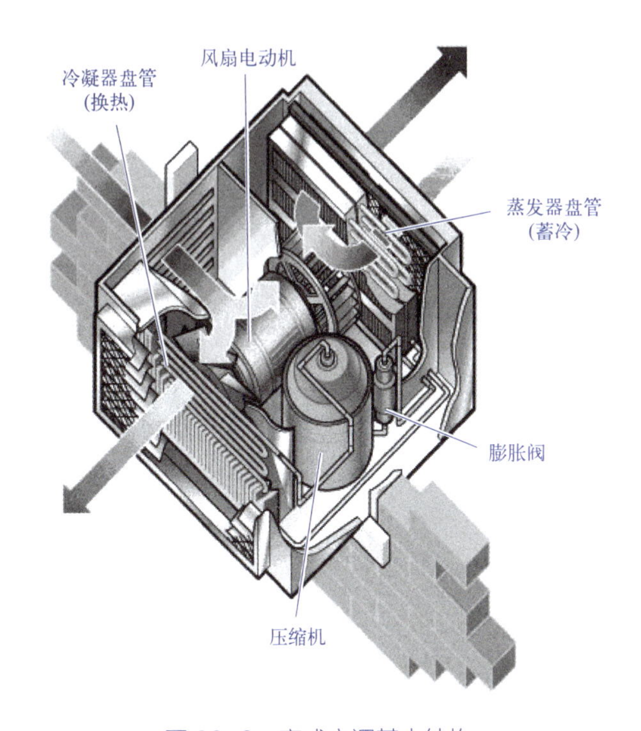

图 39-2　窗式空调基本结构

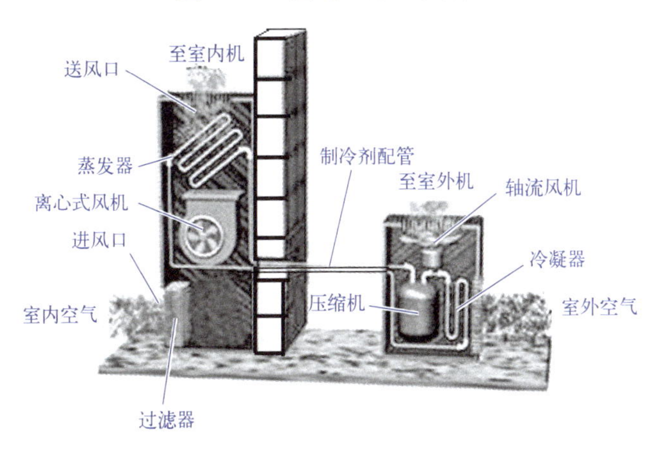

图 39-3　分体式空调器

● 空调的工作原理。制冷工作时，低压低温的制冷剂气体被压缩机压缩成高压高温的过热蒸气，蒸气经四通阀后进入冷凝器中，制冷剂气体在冷凝器中冷凝后，经单向阀、毛细管、干燥过滤器，由液体截止阀送入室内机组蒸发器中。制冷剂液体在室内蒸发器中蒸发后，由气体截止阀返回到室外机组的压缩机中，再次进行压缩，以维持制冷

循环，如图 39-4 所示。

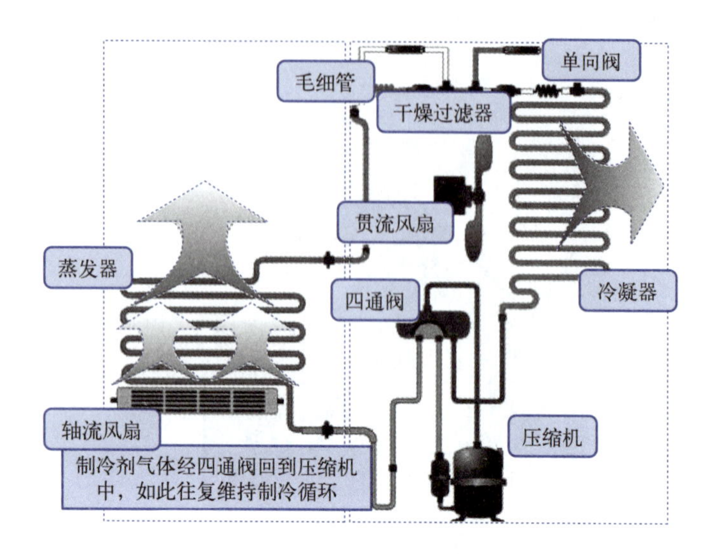

图 39-4　冷暖空调制冷原理

制热的时候有一个叫四通阀的部件，使制冷剂在冷凝器与蒸发器的流动方向与制冷时相反，所以制热的时候室外吹的是冷风，室内机吹的是热风，如图 39-5 所示。

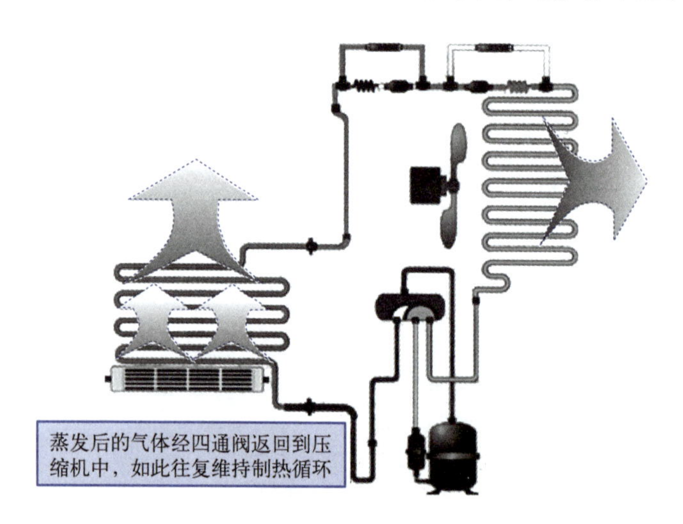

图 39-5　冷暖空调的制热原理

今天，我们的生活当中已经离不开空调了，各种新型空调还在不断涌现。空调从诞生发展到今天，从简单的空调扇到传统的制冷空调，再到今天节能化、智能化的空调，已经走过了百余年的历程。

● 空调的发明者。威利斯·开利（图 39-6），美国工程师及发明家，是现代空调系统的发明者，开利空调公司的创始人，因其对空调行业的巨大贡献，被后人誉为“空调之父”。

图 39-6　威利斯 · 开利

威利斯 · 开利，1876 年生于纽约州伊利湖畔的小镇安哥拉，他父亲杜安经营着一个农场，他母亲伊丽莎白则常常为农场维修钟表、缝纫机以及家用器具，他自小受母亲的熏陶和培养，具有很强的解决问题的能力，并梦想长大后成为一个伟大的工程师。1901 年，他获得了康奈尔大学机械工程专业的硕士学位。

● 世界上第一台空调的诞生。1902 年，威利斯 · 开利到一间制作暖气机、风箱及排风机的公司——水牛城锻造公司的研发部工作，担任采暖工程师。

年仅 25 岁的开利被指定解决该公司的布鲁克林印刷厂的印刷技术问题。由于空气温度与湿度的变化使得纸张伸缩不定，油彩对位不准，印出来的东西模模糊糊。他找到了问题的根本原因，是不稳定的温湿度影响了印刷的质量。怎样解决这个问题呢？直到数周后，在一个雾气弥漫的火车站站台上，一个想法渐渐成形，开利知道，雾是湿度达到 100% 的空气。这让他想到或许可以人工制造出 100% 的湿度，这样他就有了一个精确的湿度起点，只要加入足够的干燥空气，就能将湿度降低到 55%，正如印刷厂老板所要求的。

开利立刻投入工作，他组装了一个盒子，以锁住并控制其中空气，他还收集一些常见的配件，一台风扇，一个喷嘴，还有加热线圈。他用风扇将外部的热空气吸入盒子中，然后用冷水喷雾，来降低吸入空气的温度，当空气经过水汽的时候转变成雾。现在盒子中达到 100% 的相对湿度了，接下来，他开始给盒子加注精确体积的干燥空气，这样就能把湿度降到 55%，既不潮湿，也不干燥。

开利可以将经过完美调节温湿度的空气释放到印刷车间了（图 39-7）。印刷厂老板很满意这样的结果，开利独特的发明，制造出了完美的温度和湿度，世界上第一台空调从此诞生了。

● 威利斯 · 开利设计了一种奇妙的装置。开利注意到大家突然都想在印刷机附近就餐，于是他开始着手设计一种奇妙的装置，以调节室内空间的湿度和温度。

第一次世所瞩目的空调试验发生在 1925 年的一个周末，当时，开利首次在曼哈顿派拉蒙电影公司最大的新式瑞福利电影院展现了他的试验性空调系统。他甚至说服了

派拉蒙的传奇式当家人物阿道夫·祖克尔，使其相信，在剧院投资安装中央空调系统能够带来利润。

图 39-7　开利调节印刷车间温度湿度

开利和他的试验小组在启动和运行空调时遇到了一些技术问题。在电影放映前，满屋子人都在使劲扇扇子。开利后来回忆道：“剧院里一下子挤满了人，而在大热天里使空气降温需要时间，但慢慢地，人们几乎毫无察觉地把扇子放到了膝盖上，因为他们越来越明显地感受到了空调系统的效果。之后我们去大厅等祖克尔。他看到我们时激动地说了一句‘没错，人们会喜欢的。’”

1925—1950 年，大多数美国人只能在电影院、百货公司、酒店或写字楼等大型商业场所感受空调。开利知道空调要进入普通家庭，但这种机器即使对中产阶级家庭来说也太大太贵。到了 20 世纪 40 年代后期，随着第一台便携系统的面市，空调终于进入了家庭。五年内，美国人每年安装空调超过 100 万台。那些炎热潮湿得无法忍受的地方，突然待得住人了。

到 1964 年，内战后人们从南到北的历史性迁徙已被逆转。伴随寒冷地区新移民的到来，南部阳光地带扩大了，这要归功于家用空调，是它的出现使人们可以忍耐炎热潮湿或炽热的沙漠气候。

● 威利斯·开利对空调研发的成就。威利斯·开利不懈地对温度、湿度和露点进行研究，并于 1911 年向美国机械工程师学会公开了他发现的焓湿图公式。该公式后来成为空调行业的计算标准和根本依据。工业由此受益，并被广泛用于胶片、烟草、食品、制药、纺织等生产工业的空气温湿度控制上。

1915 年，开利和其他六位工程师合资 35000 美元在新泽西州成立了开利工程公司，即开利空调的前身，该公司致力于研发空调技术，并研究空调的商业价值。

1921 年，开利发明了第一台离心式冷水机组，适用于大型空间的制冷，并在同年获得专利。

1922 年，开利对其发明进一步改良，摒弃有毒的氨而使用更安全的冷媒，并且大大减小了机组体积，开创了舒适性空调的先河。

1924 年，他成功地将空调从单一的工业使用发展到了民用上。公司最初的几笔订单包含了麦迪逊广场花园、美国国会的会议厅和美国众议院，还有白宫。

1928 年，他开发了第一台家用空调，安装在明尼苏达州的明尼阿波利斯。

1930 年，开利将公司总部搬到了纽约州的雪城，并于同年，在日本建立了分公司东洋开利，从而成了空调行业领袖。

在第二次世界大战期间，开利着手研发将空调用于军用，开利公司生产的空调机组被广泛用于战舰、军用货轮、兵工厂（特别是一些精密军用装置的生产线上），其中数千台空调用于海军的食物保鲜，可移动空调用于空军的军用飞机降温，开利甚至受国家顾问委员会委托，开发了模拟极地气候的空调装置，用于军用飞机的测试。

你知道吗？

你知道什么是变频空调吗？

变频空调开机后，为疾速到达设定温度会高频率运转，快速制冷。当房间温度到达设定温度后，开始以低频率运转，温和送风，低噪声运转，保持房间安静、温度稳定。变频空调没有频繁启动，对压缩机和整机系统的影响较小，有效延长使用寿命。

第40章
发明电冰箱的故事

电冰箱是保持恒定低温的一种制冷设备，也是一种使食物或其他物品保持恒定低温冷态的民用产品，是内有压缩机、制冰机用以结冰的储藏柜或箱。

● 电冰箱的工作原理。电冰箱由箱体、制冷系统、控制系统三部分组成。普通电冰箱制冷系统由压缩机、过滤器、毛细管、蒸发器、冷凝器等组成，如图40-1、图40-2所示。

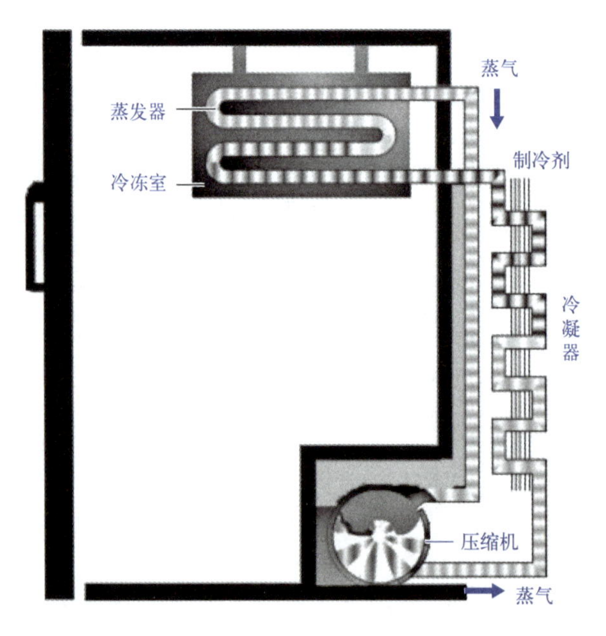

图40-1　电冰箱的工作原理

制冷系统中充入适量的氟利昂制冷剂，接通电源后，电动机带动压缩机活塞往复运动，当活塞向下运动时，吸气阀打开，来自蒸发器的低温低压制冷剂蒸气通过吸气管进入气缸。当活塞向上运动时，排气阀打开，被压缩的高温、高压制冷剂蒸气经排气阀、排气管进入冷凝器，被冷却后形成高压制冷剂液体，同时冷凝器向外界空气放出热量。

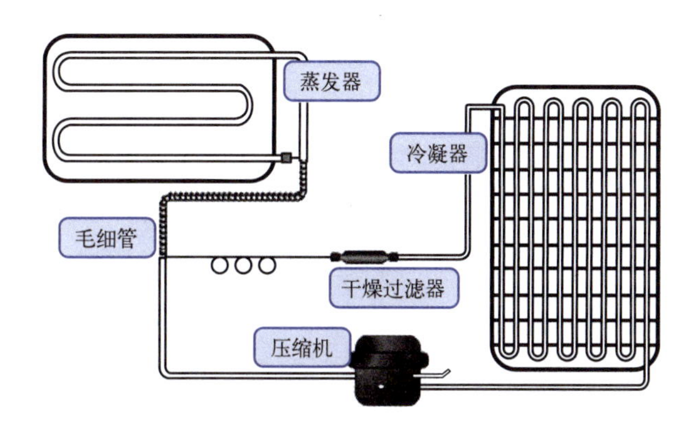

图 40-2 电冰箱制冷系统的结构原理

在冷凝器中的高压制冷剂液体经毛细管节流降压进入蒸发器，在低压条件下开始蒸发吸热，使冰箱内部降温；吸收了箱内热量的低压、低温制冷剂气体再次被压缩机吸入，完成一个制冷循环，如此不断地循环，便可以使冰箱内部的温度降下来。在整个循环中，制冷剂通过蒸发器吸收箱内热量，又通过冷凝器把吸收的热量散发到箱外。压缩机迫使制冷剂流动，从而实现热量的转移工作。当普通电冰箱只有一个门时，箱内的上部为蒸发器，蒸发器兼作冷冻室，冰箱下部是冷藏室。

人类从很早的时候就已懂得在较低的温度下保存食品。公元前 2000 多年，西亚古巴比伦的幼发拉底河和底格里斯河流域的居民就已开始在坑内堆垒冰块以冷藏肉类。中国人在商代（公元前 17 世纪初 ~ 公元前 11 世纪）已懂得用冰块制冷保存食品了。

数千年来，冰是唯一的制冷剂。每逢冬季，人们便从池塘中切割大块大块的冰，用稻草等包好放入地窖。早期的希腊人曾经建造此类冰窖。14 世纪，中国人发现浓盐水挥发可以迅速制冷。1600 年，此项技术传入意大利，后来又被首次用于冷冻伦敦的溜冰场。

冰块只能在短时间内保存食品，要想长时间保存食品，必须有制冷机制冰。那么电冰箱是怎么发明的呢？我们通过以下几个小故事了解一下。

● 现代压缩式制冷系统的雏形。1822 年，英国著名物理学家法拉第发现了二氧化碳、氨、氯等气体在加压的条件下会变成液体，压力降低时又会变成气体的现象。在由液体变为气体的过程中会大量吸收热量，使周围的温度迅速下降。法拉第的这一发现为后人发明压缩机等人工制冷技术提供了理论基础。

雅可比・帕金斯是世界上第一台制冷机（即冰箱的前身）发明者。作为日常生活中最普遍的家用电器之一，电冰箱的发明经历了一系列循序渐进的过程，而雅可比・帕金斯为电冰箱的发明打响了“第一枪”。

两千多年前，人们存放的食物过不了几天就变坏了，尤其是煮熟的肉制品，在夏天根本就没法保存，于是人们就开始想办法阻止这类事情的发生。经过多年的探索，人们发现把食物存放在冰块里就能保存很久。所以在很长时间里，普通百姓都把自然界的冰块当作“圣物”。可是新的问题又接踵而至，单纯从自然界里采撷冰块很麻烦，而且更让人头痛的是冰块的保存。“如果能制造出生产冰块的机器就好了。”喜欢钻研的帕金斯为此经常陷入苦思冥想中。有一天，他在做实验时，发现水变成水蒸气时会吸收热量，同时产生制冷效应。帕金斯茅塞顿开，迅速找来一批技术工人，要求他们按照自己的想法制造出一台制冷机，然后对他们说：“大家试试看能否生产出冰块。如果生产出来，将会是一项巨大的发明。”

经过一段时间试验，工人成功地用制冷机生产出了几个冰块。他们兴奋地带着冰块，跳进马车，向帕金斯家里驶去，告诉帕金斯这个好消息。

帕金斯由此推断，可以制造一个充满气体的密闭圆环，把热量从一处传导到另一处。电动机可以用来发动气体压缩机。在伦敦简陋的公寓中，他用这一装置建造了一个可运转系统。帕金斯设想出这样一个工作系统：压缩气体从喷嘴中释放时会膨胀，同时从需要制冷的区域吸收热量；然而，气体并不排入空气中（即使在膨胀后），而是保留在密闭金属管中；接着，从制冷区抽出的气体再次压缩；压缩释放的热量即在制冷区吸收的热量，排到外界空气中；最后，气体重新被压入制冷区域，从而开始另一轮循环过程。

帕金斯把自己发明的制冷机报告给了英国政府，英国政府向他颁发了第一台制冷机发明专利。继帕金斯之后，电冰箱的研究和推广步伐大大加快。

● 约翰·哈里森。约翰·哈里森是生活在澳大利亚的一个苏格兰印刷工。哈里森很可能在并不了解帕金斯成果的情况下发现了冷却效应。他用醚来清洗金属印刷铅字，某一天注意到了物质的冷却效应。醚是一种沸点很低的液体，它很容易发生蒸发吸热现象。哈里森经过研究制出了使用醚和压力泵的冷冻机，并把它应用在澳大利亚维多利亚的一家酿酒厂，供酿酒时制冷降温用。

图 40-3　卡尔·冯·林德

● 卡尔·冯·林德发明了以氨为制冷剂的制冷机。德国制冷工程师、低温实验学家卡尔·冯·林德（图 40-3），是制冷科学的奠基人。1842 年 6 月 11 日生于贝恩多夫，1934 年 11 月 26 日卒于慕尼黑。1861 ~ 1864 年在苏黎世综合技术联盟向 R. 克劳修斯等学习科学和工程学。1864 ~ 1866 年在柏林附近的博尔西格机车和机器工厂实习。1866 年任新建立的慕尼黑机车公司技术部门的领导人。1868 年慕尼黑工业大学成立，即在该校任教，1872 年任理论工程学教授。1870 年开始研究制冷学，1875 年创建了德国第一座工程实验室。1873 ~ 1877 年，设计出第一台利用连续压缩氨的原理进行工作的制冷机，它安全可靠、经济而又效率高，可以用来制冰和冷却液体。林德 1879 年不再任教，在威斯巴登创建了林德制冰机有限公司，以便使他的发明工业化。1891 年，重新在慕尼黑工业大学执教，并于 1902 年创建了应用物理实验室。1895 年利用焦耳 - 汤姆逊效应和逆流换热原理发明了空气液化装置，从而使大规模生产液态空气成为可能。林德还是巴伐利亚科学院和维也纳科学院院士，1897 年被封为贵族。

1873 年，卡尔 · 冯 · 林德发明了以氨为制冷剂的冷冻机。林德用一台小蒸汽机驱动压缩机，使氨受到反复的压缩和蒸发，产生制冷作用。林德首先将他的发明用于威斯巴登市的塞杜马尔酿酒厂，设计制造了一台工业用冰箱。后来，他将工业用冰箱加以改进，使之小型化，于 1879 年制造出了世界上第一台人工制冷的家用冰箱。这种蒸汽动力的冰箱很快就投入了生产，到 1891 年时，已在德国和美国售出了 12000 台。

● 第一台用电动机带动压缩机工作的冰箱。第一台用电动机带动压缩机工作的冰箱是由瑞典工程师布莱顿和孟德斯于 1923 年发明的。后来一家美国公司买去了他们的专利，1925 年生产出第一批家用电冰箱。最初的电冰箱其电动压缩机和冷藏箱是分离的，后者通常是放在家庭的地窖或贮藏室内，通过管道与电动压缩机连接，后来才合二为一。

● 爱因斯坦和他的“绿色冰箱”。爱因斯坦（图 40-4）是在从报纸上读到了一篇有关一个普通的柏林家庭因为冰箱发动机外泄二氧化硫而被毒死的报道之后下决心研发出一款无毒冰箱的。

冰箱的原理是利用磁场和特殊金属合金，当磁场接近合金的时候，就类似于压缩气体，远离的时候，就类似于解压过程。这个原理就像橡皮圈，当它拉伸的时候，会变热，当你压缩它的时候，它就会变冷。

科学家齐拉特（图 40-5）建议选择钠钾合金，他们想让电流通过液态金属，由此产生磁场，把液态金属变成活塞，推动冷却剂通过冰箱里的线圈，如图 40-6 所示。

在试验初期，他们遇到一个难题，钠钾合金酸性太强，会腐蚀管道中的电线，所以他们需要换一种办法。爱因斯坦想出了一个办法，为什么不舍弃管道内部的电线，而将电线缠绕在外部呢，如图 40-7 所示。就想象你拿着一串香肠，你一挤肉就会扑出来。电磁铁的原理就是这样，通过给电磁铁通电穿过管道的磁场，磁力可以推动液态金

属，同时使冰箱冷却剂保持流动状态。爱因斯坦发明的其实是世界上第一台电磁泵，一台没有运动部件的泵。

图 40-4 物理学家阿尔伯特 · 爱因斯坦

图 40-5 利奥 · 齐拉特

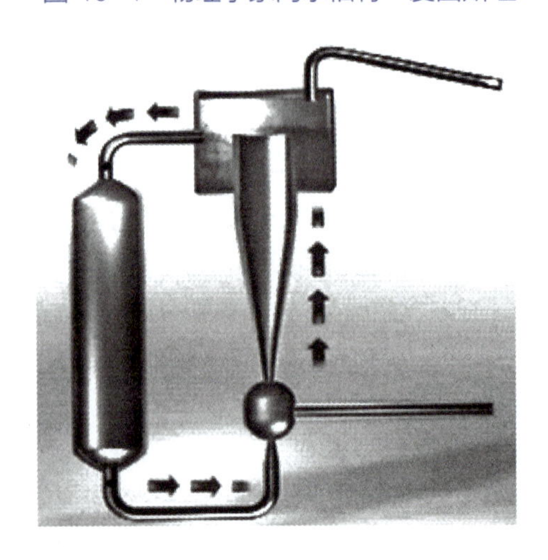

图 40-6 制冷系统

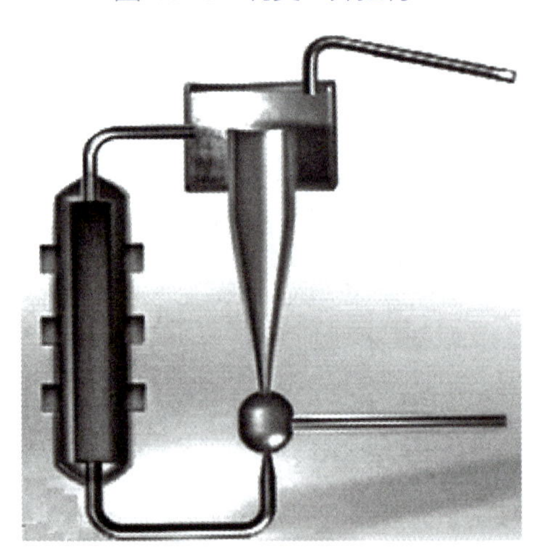

图 40-7 电线在管道外面的制冷系统

几个月后，他们制造出一台冰箱的原型，启动机器，一切运转正常，牛奶变凉了，他们让厨房变得更安全了。但是，这台冰箱有一个显著的缺点，它的声音越来越大，在场有人说“它的咆哮声像女巫一样”。这不会令两位物理学家感到困扰，但这种冰箱却很难被普通百姓接受。1929 年，科学家们发现了氟利昂。这种无毒的制冷剂，淘汰了爱因斯坦制造的冰箱。

但是世界上最聪明的大脑构思出来的家用发明，最终有了更为重要的作用，冷却核电站的核反应堆。现在核增殖反应堆遍布全球，它们都基于爱因斯坦在柏林公寓中产生的想法，也许两位 20 世纪最伟大的科学家一起研究如何改进冰箱，才是你期待的圆满结局。

- 冰箱制冷剂的发展。在 20 世纪 30 年代以前，冰箱使用的制冷剂大多不安全，如醚、氨、硫酸等，或易燃，或腐蚀性强，或刺激性强，等等。后来科学家们开始探寻比较安全的制冷剂，1929 年科学家发明了氟利昂，氟利昂是无毒、无腐蚀、不可燃的氟化合物，很快它就成为各种制冷设备的制冷剂了，一直使用了 50 多年。

1931 年研制成功新型制冷剂氟利昂。1939 年，通用电气率先推出双温电冰箱（把电冰箱分成两部分：一部分用于冷冻，另一部分用于冷藏），即现在家庭所用的电冰箱，一进市场便很快飞入寻常百姓家。自从有了电冰箱，人类再也不会为食物变质而发愁了。

因为有了无数次了不起的技术突破，电冰箱进入人们家庭生活的 100 多年，可谓经历了千变万化，冰箱的发展凝结了无数科学家的心血。

你知道吗？

氟利昂是一种性能优良的制冷剂，在家用电冰箱和空调器中广泛应用。氟利昂无毒性或少毒、不可燃、化学和热稳定性好，但氟利昂中的氯会和大气中的臭氧结合破坏臭氧层，它遇到明火或温度达到 400℃以上时会产生对人体十分有害的氟化氢、氯化氢、光气（碳酰氯），当浓度达到 80% 左右时人就会窒息。

第41章
带给人们凉爽的电风扇

电风扇简称电扇，也称为风扇、扇风机，是一种利用电动机驱动扇叶旋转，来使空气加速流通的家用电器，主要用于清凉解暑和流通空气，广泛用于家庭、办公室、商店、医院和宾馆等场所。

● 电风扇的主要组成。电风扇主要由扇头、风叶、网罩和控制装置等部件组成。扇头包括电动机、前后端盖和摇头送风机构等，如图41-1所示。

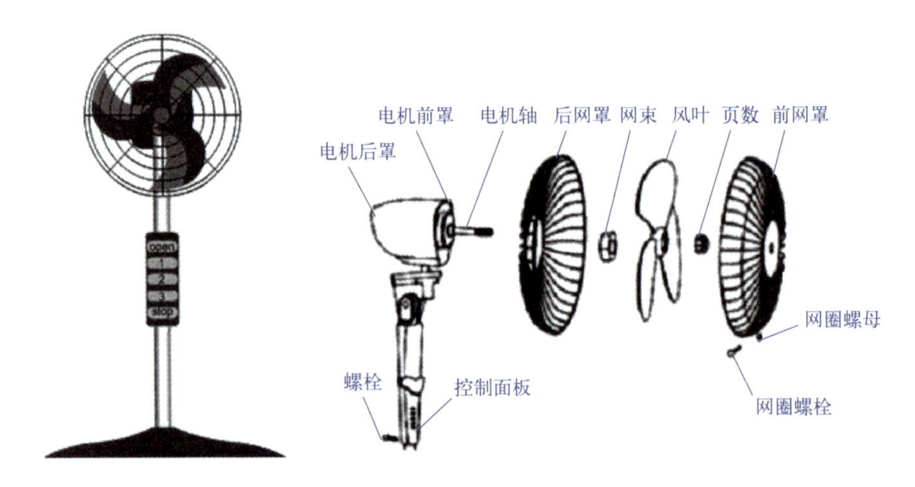

图41-1　电风扇主要组成部件

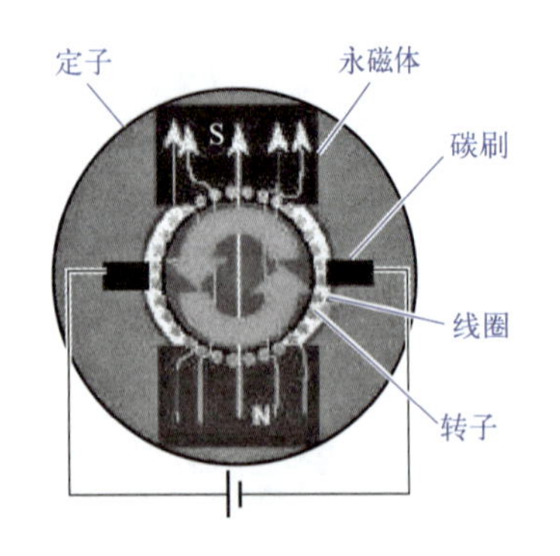

图41-2　电风扇结构

● 电风扇的工作原理。电风扇的主要部件是交流电动机。其工作原理是：通电线圈在磁场中受力而转动，电能转化为机械能，同时由于线圈电阻，因此不可避免地有一部分电能要转化为热能，如图41-2所示。此外，直流电机、直流无刷电机等小功率电机在小型电风扇中的应用也越来越广泛。

电风扇工作时室内的温度不仅没有降低，反而会升高。

来分析一下温度升高的原因：电风扇工作时，由于有电流通过电风扇的线圈，导线是有电阻的，所以会不可避免地产生热量向外放热，温度自然会升高。但人们为什么会感觉到凉爽呢？因为人体的体表有大量的汗液，当电风扇工作起来以后，室内的空气会流动起来，促进汗液的蒸发，结合“蒸发需要吸收大量的热量”，故人们会感觉到凉爽。

● 摇头电风扇的工作原理。电风扇的摇头是通过机械传动来实现的，机械传动其实是由蜗轮和蜗杆来实现的，如图 41-3 所示。

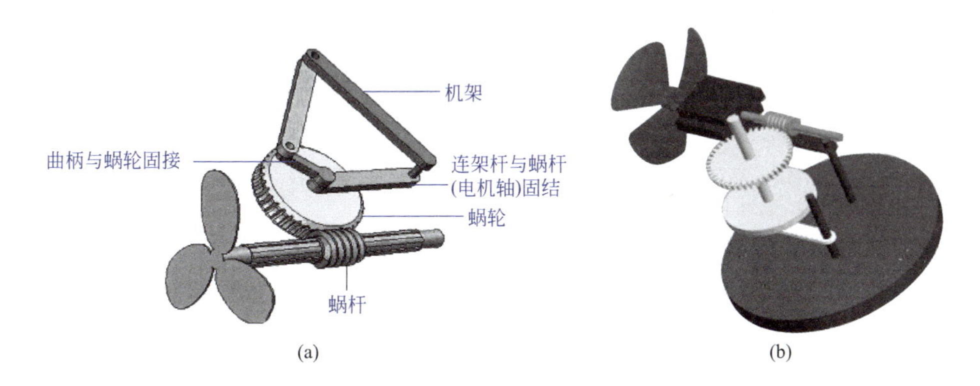

图 41-3　电风扇摇头机构

图 41-3（a）所示为电风扇摇头机构的原理模型。该机构把电机的转动转变成扇叶的摆动。曲柄与蜗轮固接，连架杆与蜗杆（电机轴）固接。电机带动扇叶转动，蜗杆驱动蜗轮旋转，蜗轮带动曲柄做平面运动，完成电风扇的摇头（摆动）运动。机构中使用了蜗轮蜗杆传动，目的是降低扇叶的摆动速度、模拟自然风。

图 41-3（b）为电风扇摇头装置，此装置在电动机主轴尾部连接蜗轮蜗杆减速机构以实现减速，蜗轮与小齿轮连成一体，小齿轮带动大齿轮，大齿轮与铰链四杆机构的连杆做成一体，并以铰链四杆机构的连杆为原动件，则机架、两个连杆都做摆动，其中一个连架杆相对机架的摆动即是摇头动作。扇叶直接接到原动机上，即可实现电风扇的功能。

此装置改变了四杆机构的机架及各杆的位置，消除其自转，达到扇叶随摇杆左右摆动的效果。蜗轮与下面的转盘同轴还可以拉伸，在需要电扇转头时放下蜗轮使其与蜗杆啮合，蜗杆带动蜗轮转动，带动转头；当不需要转头时，拔起蜗轮即可脱离啮合。

● 电风扇的发明者们。对于电风扇的发明者，一直没有定论，说是谁的都有，其实电风扇发展的各个历史阶段其发明者都是不同的，最近最权威的一份报告，指出了电风扇真正的发明者，下面就让我们一起来看看，一起寻找吧！

① 发条驱动的机械风扇。真正的使用机械为动力的风扇起源于 1830 年，一个叫

詹姆斯·拜伦的美国人从钟表的结构中受到启发，发明了一种可以固定在天花板上，用发条驱动的机械风扇。这种风扇转动扇叶带来的徐徐凉风使人感到欣喜，但得爬梯子上去上发条，很麻烦。这个时期的风扇只是一个简单的雏形，还没有形成完善的风扇体系。

② 齿轮链条装置传动的机械风扇。当时间转到 1872 年，电风扇又有了新的发展，一个叫约瑟夫的法国人研制出一种靠发条蜗轮启动，用齿轮链条装置传动的机械风扇，这个风扇比拜伦发明的机械风扇精致多了，使用也方便一些。

③ 真正的电风扇。其实真正的电风扇的发明是在 1880 年，这是一款真正依靠电机动力进行转动的风扇。美国人舒乐首次将叶片直接装在电动机上，再接上电源，叶片飞速转动，阵阵凉风扑面而来，这就是世界上第一台电风扇。

④ 两片扇叶的电风扇。1882 年，美国纽约的可罗卡日卡齐斯发动机厂的主任技师休伊·斯卡茨·霍伊拉，最早发明了商品化的电风扇。第二年，该厂开始批量生产，当时的电风扇只有两片扇叶。

⑤ 左右摇动的电风扇。1908 年，美国的埃克发动机及电器公司，研制成功世界上最早的齿轮驱动的左右摇动的电风扇。这种电风扇防止了不必要的 360° 转头送风，而成为以后销售的主流。

⑥ 中国的第一台电风扇。制造中国第一台电风扇的，既不是电器专家，也不是高级工程师，而是一个普普通通的账房先生，此人就是杨济川先生。

1880 年，杨济川出生于江苏镇江，童年上过私塾，16 岁他从家乡江苏镇江来到上海，先在一家洋布店当学徒，因为他自学英文进步很快，后转入裕康洋行做账房先生。当时处在辛亥革命前夕，杨济川受“推翻帝制”“抵制洋货”爱国思潮的影响，再加上他自幼对电器产生的浓厚兴趣，除了买来一些电器书刊自学，他还买了坏电风扇拆卸研究，立志要造出华人自己的电风扇。

杨济川感到独木不成林，于是找到喜爱电器的叶友财、袁宗耀，三人相处得十分愉快。以后每次相聚，杨济川总喜欢把他珍爱的电器零件拿出来，做一些小实验给叶、袁两人看，于是三人决定自己制造电器产品，首先从家用电风扇开始。三人商定由杨济川仿照美式奇异牌电风扇，自行制造样机。当时一台奇异牌电风扇要一百多银圆，他们买不起，只得向亲戚借来一台，拆开仿造。没有加工力量，他们就请白铁店、铜匠店、翻砂作坊等协作，电器装配则由杨济川亲自动手。经过半年多努力，到 1915 年初，中国第一台电风扇（图 41-4）终于试制成功了。当时共仿制了两台。之后他们又找到了投资者，于 1916 年在四川路横浜桥创办华生电器制造厂，取“中华民族更生”之意。开始因厂小技术力量不足，只能生产一些电器小零件销售。

杨济川等经过八年努力，既提高了技术，又筹集了资金，并积累了办厂经验，于是 1924 年又在周家嘴路新建路口购地建造新厂房，正式生产华生牌电风扇。这是我国第一家自研自制的电风扇厂。

图 41-4　中国第一台电风扇

当华生电器制造厂生产的我国第一批国产电风扇上市后，特在苏州设公开试验展示橱窗，样品风扇一天 24 小时不停旋转，竟连转了 6 个月，由此华生电风扇一鸣惊人，声名鹊起，深受人们的赞扬。

华生牌电风扇问世前，美商慎昌洋行经销的奇异牌电风扇独占中国市场。1929 年，华生牌电风扇大量上市，使得奇异牌电风扇在中国市场上销量大大减少。为此，美商千方百计想把华生这块牌子搞掉，他们扬言，愿出 50 万美元收买华生的牌子，华生厂方毅然拒绝。美商不甘心失败，又生一计，想用跌价倾销来扼杀华生电风扇，后又以惨败告终。到了 1936 年，华生牌电风扇年产量已达 3 万余台。

● 无扇叶电风扇（图 41-5）。无扇叶电风扇是由一位叫詹姆士·戴森（图 41-6）的英国发明家发明的，于 2009 年 10 月 12 日首次推出。这种新型的风扇因为没有叶片所以被称为无叶电风扇，或叫空气倍增机。其吹风原理类似于烘手机。62 岁的戴森是英国最知名的发明家之一，他说自己是在发明自动烘手机的时候突然得到灵感，“烘手机是从一个小裂缝吹出气流，把手烘干。于是我想到制造一个不用扇叶的空气推动装置。”

图 41-5　无扇叶电风扇

图 41-6　詹姆士·戴森

空气倍增机是让空气从一个 1.3 毫米宽、绕着圆环转动的切口里吹出来。由于空

气是被强制从这一圆圈里吹出来的，通过的空气量可增到 15 倍，它的速度可增至 35 公里 / 时。空气倍增机的空气流动比普通电风扇产生的风更平稳。它产生的空气量相当于目前市场上性能最好的电风扇。因为没有叶片来“切割”空气，使用者不会感到阶段性冲击和波浪形刺激。它通过持续的空气流让你感觉更加自然的凉爽。

这款新发明比普通电风扇降低了三分之一的能耗，更因为它抛弃了传统电风扇的叶片部件，使风扇变得更安全、更节能、更环保，因此，无叶电风扇被美国科技杂志评为了 2009 年的全球十大发明之一。

● 无叶电风扇的工作原理。无叶电风扇基座中带有的 40 瓦电机每秒将 33 升的空气吸入风扇基座内部，经由气旋加速器加速后，空气流通速度最大被增大 16 倍左右，经由无叶电风扇扇头环形内唇环绕，其环绕力带动扇头附近的空气随之进入扇头，并以高速度向外吹出。

如图 41-7 所示，传统电风扇是通过电力让电动机转动扇叶，此时靠近扇叶边缘的空气流速快，气体压力小；靠近轴心的空气流速慢，气体压力大。因而空气向电风扇边缘外流动。另一方面，透过扇叶的形状导引，扇叶表面的空气沿着扇叶往前推进，电风扇后方的空气因气流压力关系，持续补充进来形成推进气。

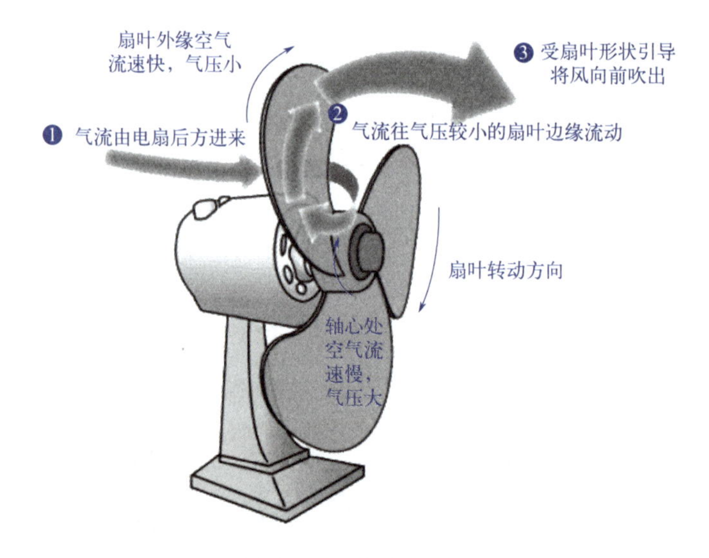

图 41-7　传统电风扇

如图 41-8 所示，无叶电风扇的外形包括一个圆柱形的基座，上面接着一个圆环或椭圆环形状的出风口。这个圆环看似一个薄片，但其实内部是空的，而且一边厚一边薄，这样的形状设计能增加伯努利效应。

无叶电风扇运转时，基座内的电机会先从边缘的许多小孔吸入空气，再把这些空气向上推升到圆环内的中空管道，这个管道在较厚的那一边，有一圈很窄的缝，空气从缝中喷出。此时由于伯努利定律，这些气流会在圆环中间产生较低的气压，因而带动圆环后方、上下周围的空气一起流入，朝着圆环前方吹。基座吸入一份空气，就可以吹出 15 ~ 18 倍的风量。因为没有扇叶转动干扰，产生的风比由扇叶转动而产生的风更加柔顺。

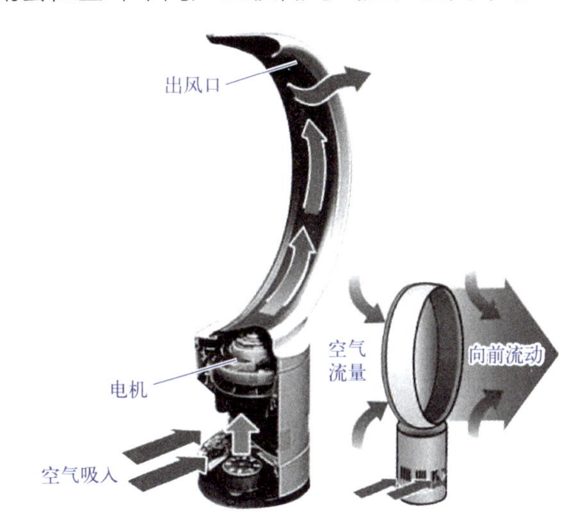

图 41-8　无叶电风扇结构

目前科学家正在解决无叶电风扇声音大的问题，他们可能的做法是在基座的电机下方设计共振腔，让声波在里边反弹后稍微相互抵消，减轻电机的声音，以及在环形的气体通道内设计流线型隔板，减轻风声。相信安静又稳定的无叶电风扇，会越来越受人欢迎。

● 未来的电风扇。这些年来电风扇有了飞速的发展，设计构思更加巧妙，款式花样更加丰富，功能趋向多样化、时尚化，如图 41-9 所示。一改人们印象中的传统形象，电风扇在外观和功能上都更加追求个性化，而电脑控制、自然风、睡眠风、负离子功能等这些属于空调器的功能，也逐渐出现在电风扇上。还有照明、驱蚊等功能。这些外观不拘一格并且功能多样化的产品，预示了整个电风扇行业的发展趋势。

图 41-9　构思巧妙、款式多样的电风扇

第 42 章

洗衣机的发明

洗衣机被誉为历史上 100 个最伟大的发明之一。它代表着现代工业革命的智慧成果，更是把千千万万的人从繁重的家务劳动中解脱出来，成为人们不可或缺的生活必需品。光是这些，就足够给这项发明记上一大功了。

洗衣机是利用电能产生机械作用来洗涤衣物的清洁电器。洗衣机分搅拌式、滚筒式和波轮式三种，而在亚洲市场，尤其是中国市场，最主要的还是后两者。

● 波轮洗衣机。波轮洗衣机主要由箱体、洗涤脱水桶、传动和控制系统组成。波轮洗衣机结构如图 42-1 所示。

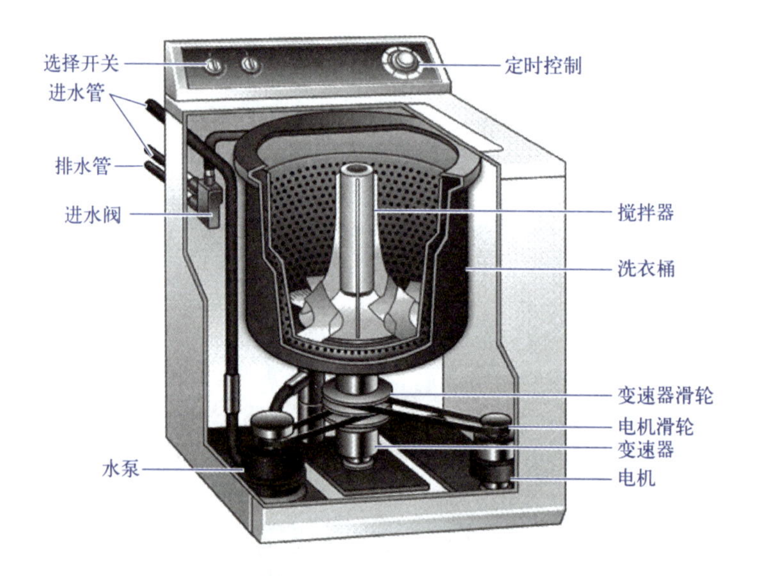

图 42-1　波轮洗衣机结构

● 波轮洗衣机是怎么工作的呢？波轮洗衣机的桶底装有一个圆盘波轮，上有凸出的筋。在波轮的带动下，桶内水流形成了时而右旋、时而左旋的涡流，带动衣物跟着旋转、翻滚，这样就能将衣服上的脏东西清除掉。波轮洗衣机有单桶、套桶、双桶几种。它的结构比较简单，维修方便，洗净率高，但对衣物磨损率大，用水多。如今随着科技发展，出现了电脑控制的新水流洗衣机，采用大波轮、凹型波轮等。优点是衣物缠绕少、洗涤均匀、损衣率低，洗涤缸体有全塑、搪瓷、铝合金、不锈钢四大类。波轮式洗衣机工作原理：依靠装在洗衣桶底部的波轮正反旋转，带动衣物上下左右不停地翻转，使衣物之间、衣物与桶壁之间，在水中柔和地摩擦，在洗涤剂的作用下去污清洗。

● 滚筒洗衣机。滚筒洗衣机主要由箱体、洗涤脱水桶、传动和控制系统及加热装置组成，如图 42-2 所示。

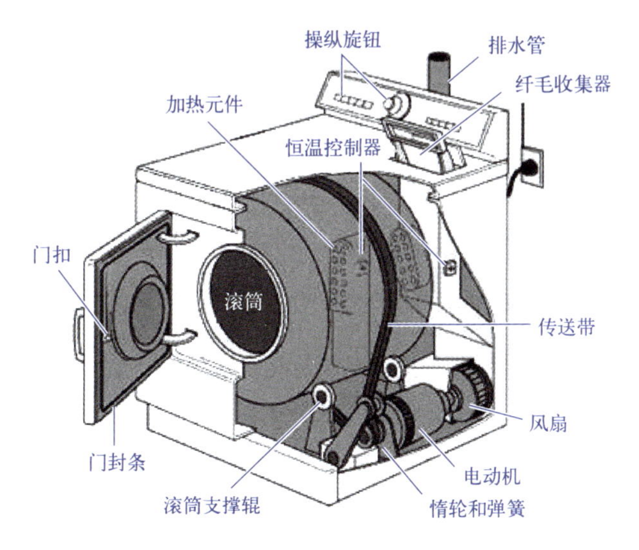

图 42-2 滚筒洗衣机的结构图

● 滚筒洗衣机是怎么工作的呢？滚筒洗衣机在洗涤时，进水电磁阀打开，自来水通过洗涤剂盒时连同洗涤剂一起冲进滚筒内，内筒在电动机的带动下以低速度周期性地正方向旋转，衣物便在滚筒内翻滚揉搓，一方面衣物在洗涤剂中与内筒壁以及筒壁上的提升筋产生摩擦力，衣物靠近提升筋部分与相对运动部分互相摩擦产生揉搓作用；另一方面，滚筒上的提升筋带动衣物一起转动，衣物被提升出液面并送到一定高度，由于重力作用又重新跌入水中，与水撞击，产生类似棒打、摔跌的作用。这样内筒不断正转、反转，衣物不断上升、跌落以及与水的轻柔运动，都使衣物与衣物之间，衣物与水之间、衣物与内筒之间产生摩擦、扭搓、撞击，这些作用与手搓、板搓、刷洗等手工洗涤相似，从而实现洗涤衣物的目的，最终将衣物洗涤干净，同时将对衣物的磨损降到最低。

● 世界上第一台洗衣机。汉密尔顿·史密斯（图 42-3），美国人，洗衣机的发明者。

1858 年，汉密尔顿·史密斯在美国的匹兹堡制成了世界上第一台洗衣机。该洗衣机的主要部件是一只圆桶，桶内装有一根带有桨状叶子的直轴。通过手动摇动和它相连

的曲柄转动轴来洗涤衣物（图 42-4）。同年史密斯取得了这台洗衣机的专利权。但这台洗衣机使用费力，且损伤衣服，因而没被广泛使用，但这却标志了用机器洗衣的开端。

图 42-3　汉密尔顿 · 史密斯

图 42-4　世界上第一台洗衣机

次年在德国出现了一种用捣衣杵作为搅拌器的洗衣机，当捣衣杵上下运动时，装有弹簧的木钉便连续作用于衣服上。19 世纪末期的洗衣机已发展成一只用手柄转动的八角形洗衣缸，洗衣时缸内放入热肥皂水，衣服洗净后，由轧液装置把衣服挤干。

1874 年，“手洗时代”受到了前所未有的挑战，美国人比尔 · 布莱克斯发明了木制手摇洗衣机。布莱克斯的洗衣机构造极为简单，是在木筒里装上 6 块叶片，用手柄和齿轮传动，使衣服在筒内翻转，从而达到“净衣”的目的。这套装置的问世，让那些为提高生活效率而冥思苦想的人士大受启发，洗衣机的改进过程开始大大加快。

1880 年，美国又出现了蒸汽洗衣机，蒸汽动力开始取代人力。经历了上百年的发展改进，现代蒸汽洗衣机较早期有了极大的提高，但原理是相同的。现代蒸汽洗衣机的功能包括蒸汽洗涤和蒸汽烘干，采用了智能水循环系统，可用高浓度洗涤液与高温蒸汽同时对衣物进行双重喷淋，贯穿全部洗涤过程，实现了全球独创的全新洗涤方式“蒸汽洗”。与普通滚筒洗衣机在洗涤时需要加热整个滚筒的水不同，蒸汽洗涤是以深层清洁衣物为目的，当少量的水进入蒸汽发生盒并转化为蒸汽后，通过高温喷射分解衣物污渍。蒸汽洗涤快速、彻底，只需要少量的水，同时也可节约时间。对于放在衣柜很长时间，产生褶皱、异味的冬季衣物，蒸汽洗涤能让其自然舒展，抚平褶皱。“蒸汽烘干”的工作原理则是把恒定的蒸汽喷洒在衣物上，将衣物舒展开之后，再进行恒温冷凝式烘干。通过这种方式，厚重衣物不仅干得更快，并且具有舒展和熨烫的效果。

● 洗衣机的发展。蒸汽洗衣机之后，水力洗衣机、内燃机洗衣机也相继出现。水力洗衣机包括洗衣筒、动力源和与船相连接的连接件，洗衣机上设有进、出水孔，洗衣机外壳上设有动力源，洗衣筒上设有衣物进口孔，其进口上设有密封盖，洗衣机通过连接件与船相连。它无需任何电力，只需自然的河流水力就能洗涤衣物，解决了船民在船上洗涤衣物的烦恼，为人们节约时间、减轻家务劳动强度。

任何事物的产生都有其特殊的时代背景，洗衣机当然也不例外，电动洗衣机的发明自然是要依托电力基础设备的进步，比如维尔纳·冯·西门子发现了电机原理，才让电器的发明和使用成为可能。

现在人们公认的一个说法是，1910 年诞生了世界上第一台电动洗衣机，如图 42-5 所示，是由美国人阿尔几·费希尔于芝加哥制成。它由一种小型发电机供电，利用一个转动的大桶，把衣服和肥皂放在里面，在搅拌器叶片的作用下，衣物在肥皂水中剧烈地前后翻滚。电动洗衣机的问世，标志着人类家务劳动自动化的开端。

1922 年，美国玛塔依格公司改造了洗衣机的洗涤结构，把拖动式改为搅拌式，如图 42-6 所示，使洗衣机的结构固定下来，这就是第一台搅拌式洗衣机。这种洗衣机是在筒中心装上一个立轴，在立轴下端装有搅拌翼，电动机带动立轴，进行周期性的正反摆动，使衣物和水流不断翻滚，相互摩擦，以此涤荡污垢。搅拌式洗衣机结构科学合理，受到人们的普遍欢迎。

图 42-5　第一台电动洗衣机

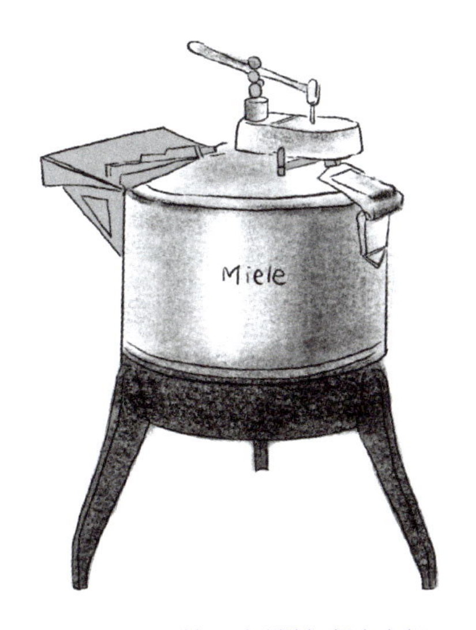

图 42-6　第一台搅拌式洗衣机

1928 年，第一款性能稳定、耗电量小、洗净度高的洗衣机由德国西门子推出，这就是滚筒式洗衣机，这种洗涤结构奠定了以后洗衣机发展的基础，甚至现在仍在普遍使用。

1932 年，美国本德克斯航空公司宣布，他们研制成功第一台前装式滚筒洗衣机，洗涤、漂洗、脱水在同一个滚筒内完成。这意味着电动洗衣机的发展跃上一个新台阶，朝自动化又前进了一大步。

第一台自动洗衣机于 1937 年问世。这是一种“前置”式自动洗衣机。靠一根水平轴带动的缸可容纳 4 千克衣服。衣服在注满水的缸内不停地上下翻滚，使之去污除垢。到了 20 世纪 40 年代便出现了现代的“上置”式自动洗衣机。

随着工业化的加速，世界各国也加快了洗衣机研制的步伐。首先由英国研制并推出了一种喷流式洗衣机，它是靠筒体一侧的运转波轮产生的强烈涡流，使衣物和洗涤液一起在筒内不断翻滚，洗净衣物。

1955 年，在引进英国喷流式洗衣机的基础之上，日本研制出独具风格并流行至今的波轮式洗衣机。至此，波轮式、滚筒式、搅拌式在洗衣机生产领域三分天下的局面初步形成。

20 世纪 60 年代的日本出现了带甩干桶的双桶洗衣机，人们称之为“半自动型洗衣机”。70 年代，生产出波轮式套桶全自动洗衣机。

20 世纪 70 年代后期，电脑控制的全自动洗衣机在日本问世，洗衣机发展进入新阶段。

20 世纪 80 年代，“模糊控制”的应用使得洗衣机操作更简便，功能更完备，洗衣程序更遂人意，外观造型更时尚。

20 世纪 90 年代，由于电机调速技术的提高，洗衣机实现了宽范围的转速变换与调节，诞生了许多新水流洗衣机。此后，随着电机驱动技术的发展与提高，日本生产出了电机直接驱动式洗衣机，省去了齿轮传动和变速机构，引发了洗衣机驱动方式的巨大革命。之后，随着科技的进一步发展，滚筒洗衣机已经成了大家司空见惯的产品。伴随着科技的进一步发展，相信新型更适合人们使用的洗衣机会给我们带来新的生活方式。

第 43 章
电影的诞生

电影诞生于 19 世纪末，它是现代科学技术的产物，是人类文明史上的一次革命。电影的发明对 20 世纪人类的认知方式产生了深刻的影响，并延续到新的世纪。电影是“一种重现生活的机器”，电影是一门综合的全新的视觉艺术，它不仅可以真实地记录生活，还原历史，更可以凝固时光留住永恒！电影带给人们的远远不止感官上的娱乐满足，它还是我们了解世界、认识世界和开阔眼界的一个全新的知识窗口。

● 最早的发现。一块燃烧着的木炭在被挥动时变成一条火带，这种现象曾被古时的人们发现过。但是，将这种视觉现象同电影的发明联系起来，却是 19 世纪的事情。

早在 1829 年，比利时著名的物理学家约瑟夫·安托万·费迪南·普拉多（图 43-1）为了进一步考察人眼耐光的限度，以及对物像滞留的时间，他曾长时间对着强烈的日光凝目而视，结果双目失明。但他发现太阳的影子却深深地印在了他的眼睛里，他终于发现了“视觉滞留”的原理，即当人们眼前的物体被移走之后，该物体反映在视网膜上的物像不会立即消失，会短暂滞留一段时间。当一个物体在人的眼前消失后，该物体的形象还会在人的视网膜上滞留一段时间，这一发现，被称为“视像暂留原理”。普拉多根据此原理于 1832 年发明了“诡盘”。

图 43-1　约瑟夫·安托万·费迪南·普拉多

“诡盘”是在盘状装置的边缘绘制连续动作的分解图，快速旋转时，从镜子里观看反射的图像，能看到连续运动的图像，如图 43-2 所示。“诡盘”能使被描画在锯齿形的硬纸盘上的画片因运动而活动起来，而且能使视觉上产生的活动画面分解为各种不同的形象。“诡盘”的出现，标志着电影的发明进入到了科学实验阶段。

图 43-2　诡盘

1834 年，美国人霍尔纳的“活动视盘”试验成功；1853 年，奥地利的冯乌却梯奥斯将军在上述的发明基础上，运用幻灯，放映了原始的动画片。

图 43-3　法国人约瑟夫 · 尼埃普斯

摄影技术的改进是电影得以诞生的重要前提，也可以认为摄影技术的发展为电影的发明提供了必备条件。法国人约瑟夫 · 尼埃普斯（图 43-3）是世界上第一幅永久性照片的成功拍摄者。1826 年的一天，尼埃普斯在房子顶楼的工作室里，拍摄了世界上第一张永久保存的照片。他当时的制作工艺是在白蜡板上敷上一层薄沥青，然后利用阳光和原始镜头，拍摄下窗外的景色，曝光时间长达 8 小时，再经过薰衣草油的冲洗，才获得了人类拍摄的第一张照片。而在初期的银版照相出现以后，一张照片的曝光时间缩短至 30 分钟左右，由于感光材料的不断更新，摄影的时间也在不断缩短。1840 年拍摄一张照片仅需 20 分钟，1851 年，湿性珂珞酊底版制成后，摄影速度就缩短到了 1 秒，这时候 “运动照片”的拍摄已经在克劳黛特、杜波斯克等人的实验拍摄中获得成功。

- “电影”的由来。电影的发明和照相术及放映术息息相关。其中，照相术的飞跃，要感谢一个人，就是美国的铁路大王、加利福尼亚州州长斯坦福。

1872 年的一天，在美国加利福尼亚州一个酒店里，斯坦福与科恩发生了激烈的争执：马奔跑时是否一直都有蹄子着地？斯坦福认为奔跑的马在跃起的瞬间四蹄是腾空的；科恩却认为，马奔跑时始终有一蹄着地。争执的结果谁也说服不了谁，于是就采取了美国人惯用的方式打赌来解决。他们请来一位驯马好手来做裁决，然而，这位裁判员也难以断定谁是谁非。这很正常，因为单凭人的眼睛确实难以看清快速奔跑的马蹄是如何运动的。

裁判的好友——英国摄影师迈布里奇（图 43-4）知道了这件事后，表示可由他来试一试。他在跑道的一边安置了 24 架照相机，排成一行，照相机镜头都对准跑道，在跑道的另一边，他打了 24 根木桩，每根木桩上都系上一根细绳，这些细绳横穿跑道，分别系到对面每架照相机的快门上。

图 43-4 英国摄影师埃德沃德 · 迈布里奇

一切准备就绪后，迈布里奇牵来一匹漂亮的骏马，让它从跑道一端飞奔到另一端。当马经过这一区域时，依次把 24 根引线绊断，24 架照相机的快门也就依次被拉动而拍下了 24 张照片（图 43-5）。迈布里奇把这些照片按先后顺序剪接起来，相邻的两张照片动作差别很小，它们组成了一条连贯的照片带。裁判根据这组照片，终于看出马在奔跑时总有一蹄着地，不会四蹄腾空，从而判定科恩赢了。不过这毕竟是 24 台照相机的成果。

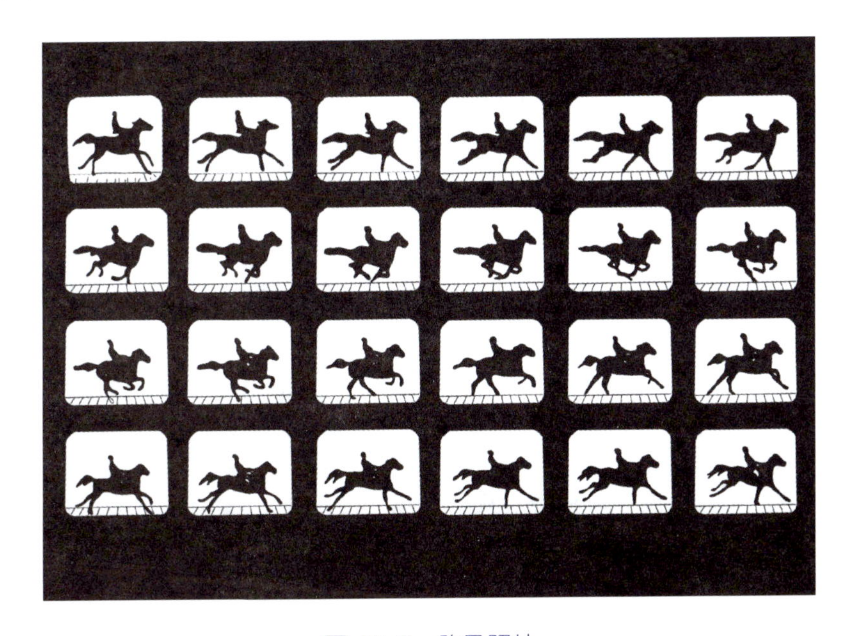

图 43-5 跑马照片

按理说，故事到此就应结束了，但这场打赌及其判定的奇特方法却引起了人们很大的兴趣。迈布里奇一次又一次地向人们出示那条录有奔马形象的照片带。一次，有人无意识地快速牵动那条照片带，结果眼前出现了一幕奇异的景象：照片中那些静止的马叠成一匹运动的马，它竟然“活”起来了！

人们从这里得到了启迪，从此以后，许多发明家将眼光投向了电影摄影机的研制上。

不久之后法国人马雷听说了迈布里奇的研究后，根据左轮手枪的原理，发明了可以一次拍摄十二张照片的“摄影枪”。摄影术又向电影迈进了一大步。

图 43-6　艾蒂安 - 朱尔 · 马雷

● 摄影枪的发明——艾蒂安 - 朱尔 · 马雷。1881 年，英国摄影师埃德沃德 · 迈布里奇拜访法国，艾蒂安 - 朱尔 · 马雷（图 43-6）受其影响决定使用照相作为研究方法。1882 年，他发明了摄影枪（图 43-7~ 图 43-9），摄影枪每秒可以拍 12 张至 20 张照片，每次曝光时间为 1/720 秒。通过视觉暂留原理，将运动物体的轨迹显示在一张照片上，使得人们可以短暂看到动物的活动过程。

当然，它的操作也不算困难，只要将“枪口”对准拍摄目标（图 43-8），然后对焦（改变枪管长度），最后就是“啪啪啪”。这把摄影枪比那些箱式照相机更轻、更小、更易管理。这种运动的照片好处多多，比如历史上一直流传的说法——马在奔跑时是“三蹄离地”——就被马雷推翻了，通过拍摄马的奔跑影像，他验证了在短暂瞬间马是四脚离地的，流言因此不攻自破，这就是科学的力量。

图 43-7　艾蒂安 - 朱尔 · 马雷发明的摄影枪

图 43-8　艾蒂安 - 朱尔 · 马雷用摄影枪拍摄

虽然在使用几个月之后，这个轻便、活动性又强的“摄影机”就被马雷放弃了，但它使得马雷声名鹊起，巴黎市政府也因此专门将布洛涅森林里的一块空地交由他建起了一个生理研究所。正是在这个世界上第一个“摄影棚”中，他不断完善自己的器材，通过拍摄加强对运动本身的认识，并最终将机器改进为连续摄影机。可以说，他基本上发明了现代摄影机，而他的机器所采用的取景方式以及原理，更是在之后一百年的时间内没有多大变化。正因如此，他成为了电影发明链条中的最重要一环。甚至在这个原始的“摄影棚”中，他和助手还修建了一段铁路轨道，以便记录行进中的人，原始的电影轨道似乎也可以追溯至此。

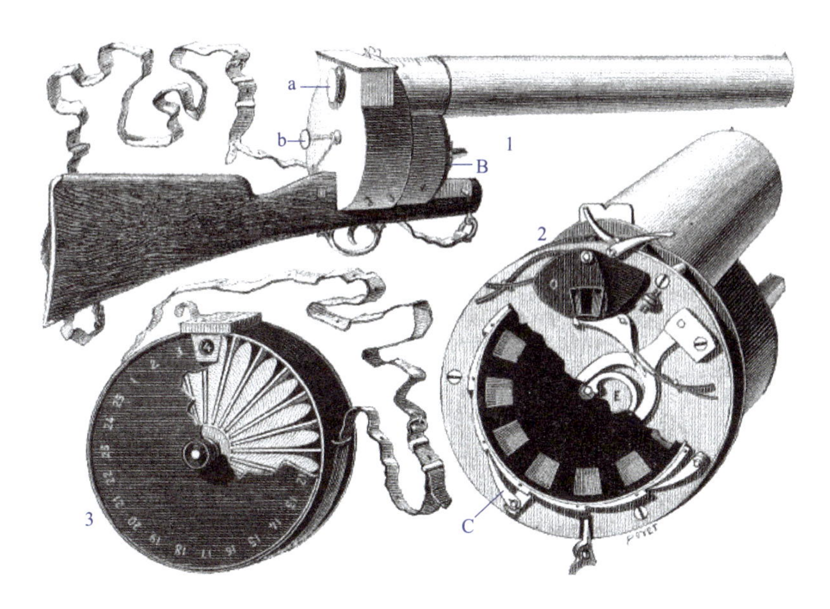

图 43-9　世界上第一支摄影枪的构造图

1888 年，美国伊士曼公司发明了新型的感光材料——赛璐珞胶片，由纳达尔引进到法国之后，马雷立刻使用了这种宽 9 厘米、长 110 厘米的新材料，利用它改进的连续摄影机，每秒可以捕捉 10 个至 50 个画面。1890 年 11 月 3 日，马雷在科学院展示了第一部赛璐珞影片，“生命”由此第一次被人们记录了下来，现代电影的雏形已然出现，需要等待的只是后人的努力与改进。

马雷留下了 450 多个连续摄影作品，绝大部分都是在生理研究所拍摄的：人的行走、各种动作和体育运动、鸟的飞翔、马的跳跃，还有云的远去……如今再看这些画面，我们会发现也许有着超凡摄影眼光的马雷已然将世间最美的东西都记录下来，他那一代的科学家和后一代的艺术家对解构运动的兴趣似乎隐隐之间也与电影从最深之处建立了关系，毕竟来源于希腊语的“电影”一词，最初的意思就是运动。当然，马雷对于自己的发明所具有的极大商业潜力是毫不在意，甚至是反对的。因此，导致了他与自己一直以来最重要的助手乔治 · 德米尼分道扬镳。他始终保持着一个博学者的视角，他作为一个分解运动的科学家，以及一个有关电影本质的思考者，通过还原人类肉眼看不到的细节，并将它们投射于银幕之上。

马雷不仅仅是现代电影科技的奠基者，更是电影艺术的先驱人，他明白科技与艺

术之间的奥妙关系，正如他后来所说的那样“在寻找真实的过程中，科技与艺术是一体的。”正是由于他在电影发明中举足轻重的作用，郎格卢瓦主持下的法国电影资料馆在第二次世界大战后第一个名为“电影之诞生”的展览中，就有马雷的作品，之后更是在电影博物馆开馆后专门组织了一个有关马雷的展览。正是在这个展览中，马雷的“电影”与杜尚的《下楼梯的裸女》、恩斯特的《群鸟》等作品摆在了一起，动力主义和未来主义等流派的画家向这个启发他们创作的先导者完成了致敬，仿佛是提醒人们回到电影的本源，感受电影最初的魅力。

● 动画之父——埃米尔·雷诺。1844年，埃米尔·雷诺（图43-10）出生于法国蒙特勒依，他的双亲对他一生影响很大。

父亲是一个钟表师和奖章雕刻师，教会他精巧的机械技术。母亲是学校教师，很精通水彩画。雷诺没有受过正规的学校教育，他的父母负责他的教育。家庭教育给雷诺打下了坚实的基础，包括植物学、动物学、天文学和物理学等。14岁时，他在巴黎一个精密工程师手下当学徒，后来又师从雕刻家和摄影师亚当·萨洛蒙。很快，他就可以为艾伯·墨伊格诺组织的一个视听讲座制作幻灯、拍照并绘画。

1865年，父亲逝世后，雷诺与母亲一起来到叔叔位于法国中南部上卢瓦尔省勒皮昂韦莱的城堡。他叔叔是一个外科医生，藏书丰富。他在这里扩展了解剖学、生理学和其他医学知识，还学习了希腊语和拉丁语。在他和墨伊格诺返回巴黎的时候，他已经积累了和放映相关的所有知识。

1876年，雷诺决定为一个孩子制作一个光学玩具，在转盘活动影像镜和西洋镜的基础上，他设计了活动视镜（图43-11），并于1877年12月21日申请了专利。该设计用12面镜子拼成圆鼓形，彩色的图片条装在其中，当玩具旋转的时候，反射出每一幅图片，不需要复杂的机械装置。图片条展现了清晰、明亮、不失真的动画效果，并且没有抖动。他在巴黎租了一套公寓，将活动视镜商业生产，在1878年巴黎世界博览会展出，引起轰动。

1879年，他改进了活动视镜，设计了活动视镜影戏机，将镜子放在一个木箱中，上面有一个玻璃的观看孔。1880年，他又发明了投影活动视镜，原理与以前的设计相同，加入了一个幻灯装置，使图片投射到屏幕上，这样就可以有很多观众一起观看。图像被描绘在一个圆盘上，依然和以前一样，只有12幅图像。

1888年12月，他再度改进了设计，申请了光学影戏机的专利。这是一个大型的活动视镜，适合面向公众放映。利用线轴扩展了图片条的长度。图像被描绘在胶带条上，两侧打孔，这样转动起来更平滑。一条胶带通常绘有500～600幅图片。

图 43-10　埃米尔 · 雷诺

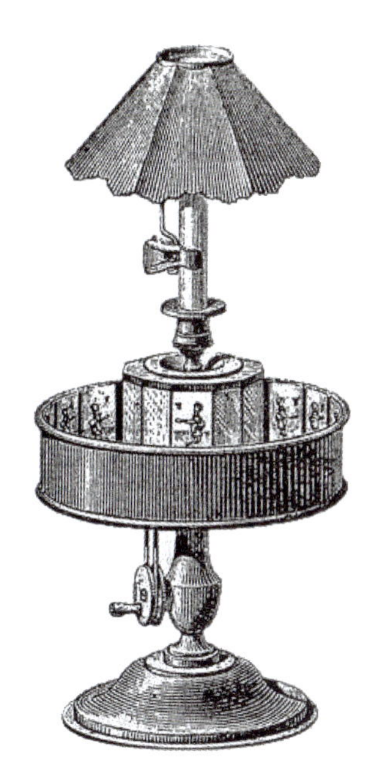

图 43-11　埃米尔 · 雷诺发明的活动视镜

1892 年，雷诺和巴黎蜡像馆签订了合约。10 月 28 日第一场动画电影公开放映。仪器被放置在一个透明的银幕后方。雷诺是影片的剧本作者，同时还负责大部分影片的放映，他灵巧地控制图片条的播放次序。《可怜的比埃罗》长达 12 ~ 15 分钟，共计 500 幅图片（图 43-12）。故事讲述了比埃罗向女主角科伦比娜求爱不成，反而被科伦比娜的爱人阿勒干痛打一顿等内容的故事。真是名副其实地表现了片名中的“可怜”！这部由 500 多幅画面完成的作品，可能放在当下，人们会感觉这样的剧情略显庸俗，但在 20 世纪黑白电影的黄金时期，我们可以在卓别林的作品找到这种幽默的延续与效应。另外两部早期的片子《丑角和他的狗》图片数量为 300 幅，《一杯可口的啤酒》为 700 幅。影片播放时还配上了专门设计的音乐。1894 年 3 月 1 日到 1895 年 1 月 1 日，放映暂停，然后再度开放，增加了新的影片《炉边偶梦》和《更衣室旁》。巴黎蜡像馆的动画影片一直放映到 1900 年，累计观众达 50 万人。

埃米尔 · 雷诺一生中创作了不少的作品。如《一杯可口的啤酒》《丑角和他的狗》《可怜的比埃罗》《更衣室旁》《炉边偶梦》《威廉 · 退尔》《富梯与巧克力》《第一支雪茄》等。这些作品都拥有一定的放映长度，有趣的情节，新颖的角色设计。这些影片都是他单人完成的。包括编剧、绘画（角色设计、中间画、背景布景）、剪辑等。但要强调的是，19 世纪的剪辑，不是今天所谓的剪辑，仅是纸片的拼贴。

埃米尔 · 雷诺是世界上第一位动画家，而且，他给这个世界送了一份贵重的礼

物——光学影戏机，还有最早的动画作品。1918 年，第一次世界大战结束，埃米尔 · 雷诺在塞纳河畔伊夫里的痼疾医院去世，享年 74 岁。

图 43-12　埃米尔 · 雷诺在蜡像馆播放动画

● 电影的发明者们。神秘失踪的电影发明人——早期电影之父，路易斯 · 艾梅 · 奥古斯丁 · 雷 · 普林斯（图 43-13）1842 年 8 月 28 日出生于法国梅斯，1890 年 9 月 16 日失踪。普林斯是一位法国发明家，他是第一个将运动影像记录下来并放映出来的人，电影史学家将他视为真正的早期电影之父。

普林斯的助手，木工弗里德里克 · 梅森，1931 年 4 月 21 日在美国驻英国布拉德福领事馆的一段证词是这样说的："总之，我要说，普林斯先生具有发明的天赋，这无疑是伟大的，他在很多方面都是一个非凡的人。他穿长筒袜，站起来有 6 英尺 3 英寸或 4 英寸（约 190 厘米）高，身材匀称，为人和善有加，体贴入微。尽管是一名发明家，性情却极其平和，似乎没有什么事会使他急躁。"

普林斯的父亲是法国军队中的一名炮兵少校，同时也是荣誉勋位团的一名官员。他的父亲是摄影术发明人达盖尔（图 43-14）的挚友，所以在普林斯的成长过程中，有很多时间是在达盖尔的照相馆中度过的。年青的普林斯从达盖尔那儿接受了有关摄影术和化学的教育，而他也常常成为达盖尔摄影时的拍摄对象。后来，他又在巴黎学习了绘画，毕业后在德国莱比锡研修了化学，他后来用到的理论知识就是这样获得的。

1866 年，普林斯移居到英格兰西约克郡的利兹市，1869 年，他与一位颇有天赋的画家伊丽莎白 · 惠特利结为伉俪。1871 年，普林斯夫妇在利兹的公园广场开办了一所工艺美术学校——利兹工艺美术学校。那是利兹第一所这类的学校。

图 43-13　法国电影发明家
路易斯 · 艾梅 · 奥古斯丁 · 雷 · 普林斯

图 43-14　法国摄影师达盖尔

他们从事将彩色照片固定在金属和陶器上的工作，并且名噪一时。他们甚至接受委托，以这种方式制作维多利亚女王的肖像和长期担任英国首相的威廉 · 格拉德斯通的肖像。

这期间，摄影技术取得了若干重大的进展。1874 年法国著名天文学家皮埃尔 · 朱尔 · 塞扎尔 . 让森在日本用他自己设计的“摄影转轮”成功拍摄了金星凌日的过程，从而被认为是电影摄影技术的鼻祖。1878 年，埃德沃德 · 迈布里奇在美国加利福尼亚州用一排照相机成功拍摄了马匹奔跑过程系列照片。1882 年，艾蒂安 – 朱尔 · 马雷研制成功能够连续拍摄 12 张照片的摄影枪。1885 年，伊斯曼推出了纸基胶卷，在 1889 年末又推出了硝酸片。这些事件促使普林斯产生了设计一台能拍摄系列照片的摄影机的想法，并对其后来事业的发展产生了重大影响。

1881 年，40 岁的画家和摄影师普林斯作为惠特利合资公司的代理商前往美国，合同一结束，他便携家人留在了美国。在那里，他遇见了一小群法国画家，这些人绘制一些表现著名战役的大幅面全景壁画，在纽约、华盛顿和芝加哥展出。他成了这群画家的经理人。欧美的观众对气势宏大的全景画赞叹不已，而普林斯却不满足于用静止的全景画来表现这些历史事件，他的梦想是用三维的彩色活动影像来制作全景画，用现代的电影技术语汇来说，就是制作彩色三维环幕电影。

这期间，普林斯的妻子伊丽莎白 · 普林斯所工作的华盛顿高中聋哑学校提供给他一个车间，使他可以继续制作“活动”照片，并继续寻找制作胶片的最好材料。

1885 年，普林斯开始设计一台电影摄影机，该机使用 16 个摄影镜头，另有两个取景镜头，外壳用洪都拉斯桃花心木制成，重 40 磅。这是他申请专利的首个发明。1885 年或 1886 年的一个晚上，普林斯年仅 14 岁的女儿玛丽看到从车间里透出奇怪的闪光，她打开房门望去，只见她的父亲和父亲的助手约瑟夫・邦克斯在向银幕上投射着活动的影像。

1886年11月2日，普林斯为他的16镜头摄影机 / 放映机申请了美国专利。然而，尽管 16 镜头的摄影机能够“捕获”到运动，但它并非尽善尽美，因为每个镜头都是从一个略有差别的视点来拍摄被摄体的，从而使得放映的影像不停地跳动。

1887 年，普林斯离开了美国回到利兹，按照他妻子的说法，他是摆脱了纽约的工业间谍。回到利兹后，普林斯先后制造了两台单镜头的摄影机，并申请了专利。

1888 年 10 月，普林斯以赛璐珞胶片和单镜头照相机拍摄了世界上第一部动态影像作品《朗德海花园场景》，这个不到三秒的影像记录了四个人在花园做着滑稽的动作。此片曾在位于利兹市的普林斯岳父母家的工厂与庄园放映过。此片未来得及在美国公开放映。《朗德海花园场景》是人类历史上最早的一部电影，每秒 10 ～ 12 帧也是世界上第一部电影。

路易斯・艾梅・奥古斯丁・雷・普林斯是一位对电影诞生有着重要贡献的人物，却不幸于 1890 年突然失踪了。他毕生从事研制和发明电影机和放映机的工作。为了证明普林斯对电影发明做出过杰出贡献，英国作家克里斯托弗 ・ 罗伦斯写过一本书，名为《鲜为人知的故事——失踪的活动画面发明家》，来纪念和介绍这位科学家。在世界电影诞生 100 周年的时候，有不少国家的电影工作者也都撰文介绍普林斯，向他致敬。

普林斯的研究基地设在英国和美国，他一直奔波于两地，从事这一专题的研究。1886 年，他首先在美国为自己的 16 毫米立体电影摄影和放映机申请了专利，这一时间比法国人马雷研制的“摄影枪”的问世（1882 年）晚了几年，但又比马雷正式申请到专利的时间（1888 年）早了 2 年。紧接着他又在英国为改进后的摄影机申请了专利，并增加了一项条款：指定他的摄影机只可以有一个镜头。1888 年 10 月，普林斯使用他的单镜头摄影机拍摄了电影史上已知的最早的 3 部影片：《阿道夫拉手风琴，惠特莱一家在奥克伍德庄园跳舞》《北利兹》《约克郡》。不久又拍了《穿越利兹桥的车辆》的片段。

普林斯的技师詹姆斯 ・ 朗莱曾介绍说，普林斯在 1890 年非公开地多次放映了《穿越利兹桥的车辆》，结果令人非常满意。普林斯的电影发明时间显然比卢米埃尔兄弟早了 5 年。所以世界上有一种假设——电影应该是在 1890 年诞生的。

关于电影的诞生日期，美、德、法三国一直进行着无休止的争论。三国都声称这个 20 世纪的重大发明出自本国，他们也都掌握着支持自己论断的有价值、有学术权威性的证据。比如，美国人认为 1891 年威廉 · 迪克森和汤姆斯 · 爱迪生发明了活动电影视镜，1894 年吉恩 · 艾卡姆 · 莱罗伊和乔治 · 德米尼发明了奇异摄影机；而德国人提出，1894 年奥托玛 · 安舒兹发明了快速视镜，1895 年斯克拉达诺夫斯基兄弟发明了活动放映机；当然，法国人也提出今天被公认了的 1895 年卢米埃尔兄弟发明了活动电影机。

然而三国都没有提到普林斯的名字和发明。事实是 1890 年 9 月 16 日，普林斯在做了多次非公开放映之后，在第戎乘上了开往巴黎的火车，准备由巴黎转到纽约公开展示他的发明成果。不幸，他竟在这辆火车上永远地失踪了。尽管他的家人通过各种线索进行寻找，但仍活不见人，死不见尸，他就这样连同他的发明神秘地消失在历史烟云中。据推测，48 岁的普林斯是在当时白热化的专利竞争中被无情地暗杀了。因此这个原本该震动世界的名字也就鲜为人知了。

为了还普林斯电影发明者的历史地位，英国作家克里斯托弗 · 罗伦斯还拍摄了一部 74 分钟的专题短片《普林斯之谜——活动画面史短缺的篇章》。影片再现了电影诞生初期的种种事件，展示了普林斯发明电影技术的艰辛历程，穿插了对其后裔的采访，并用虚构的形式表现了那次神秘的失踪。1995 年，这部影片在第 23 届蒙特利尔国际电影和录像节上公映，人们终于了解了这位电影发明人的庐山真面目。

● 爱迪生发明的“活动电影放映机”。1888 年美国发明家托马斯 · 爱迪生最早提出“活动电影放映机”概念，后来他的员工威廉 · 肯尼迪 · 迪克森在 1889 年和 1892 年极大程度地发展了这个技术。迪克森和他在爱迪生实验室的团队也同时设计了活动电影摄影机，这是一个创新的电影摄影机，可以连续地拍摄图像。在内部试验拍摄电影后，商业的活动电影放映机最终诞生了。

1894 年 4 月，第一家电影院在美国纽约市百老汇大街正式开幕。活动电影放映机（图 43-15）是一种早期电影显示设备，它的形状像长方形柜子，上面装有一只突起的透视镜，里面装着蓄电池和带动胶卷的设备；胶片绕在一系列纵横交错的滑车上，以每秒 46 幅画面的速度移动；影片通过透视镜的地方，安置一面大倍数的放大镜，观众从透视镜的小孔里观看时，急速移动的影片便在放大镜下构成一幕幕活动的画面。器件被放置在一个柜橱里，只能允许一个人通过小窗口观看电影（图 43-16）。

这个电影院只有 10 架放映机，每场只能卖 10 张票。结果电影院前人山人海，人们以一睹“电影”为荣。作为美国电影文化诞生的机器，活动电影放映机在欧洲也引起了轰动。爱迪生放弃申请这个设备的国际化专利的决定使它的影响力在全球进一步扩

大，出现了数量众多的仿制品，技术也得到了很大的提高。1895 年，爱迪生发明有声活动电影机。这是一个将活动电影放映机和圆筒唱片留声机结合起来的设备。

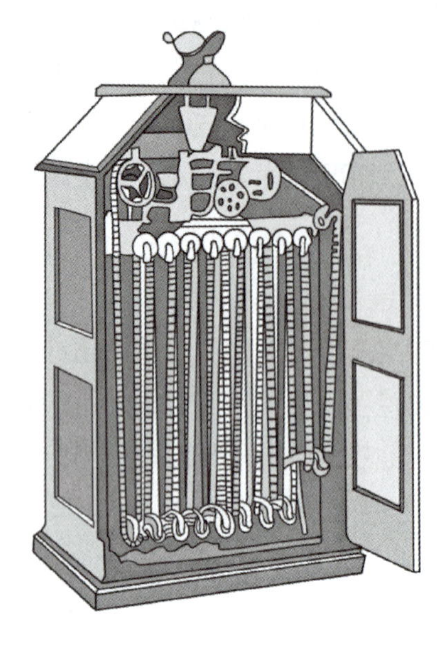

图 43-15　活动电影机

图 43-16　一个人通过小窗口观看电影

● 现代电影之父——卢米埃尔兄弟。法国人奥古斯特·卢米埃尔和路易·卢米埃尔兄弟（图 43-17）俩对电影的研制也很感兴趣，希望攻克研制的难题，拿出真正的电影来。1894 年末的一天深夜，路易在设计胶片传送的模拟图时忽然想到，用缝纫机缝衣服时，衣料不正是“一动一停”式的运动吗？当缝纫机针插进布里时，衣料不动，缝纫机针缝好一针向上收起时，衣料就向前挪动一下，这不是跟胶片传送所要求的方式很相像吗？于是，他兴奋地告诉哥哥奥古斯特，可以用类似缝纫机压脚那样的机械所产生的运动来拉动胶片。当这个牵引机件再次上升的时候，尖爪便在下端退出洞孔，而使胶片静止不动。经过试验，路易的想法果然可行。后来奥古斯特在一篇文章中说：“我的弟弟在一个夜晚就发明了活动电影机。”此外，他们兄弟俩还利用许多科学家的研制成果，对原始的电影机做了多项改进。

图 43-17　卢米埃尔兄弟

爱迪生发明的“电影视镜”引起了卢米埃尔兄弟的兴趣。他们在爱迪生等人发明的基础上，依照缝纫机的机械原理，巧妙地解决了电影胶片间歇地通过放映机片门的问题，发明了“活动电影机”（图 43-18）。这是一种既可用于放映，又可用于拍片和冲洗底片的先进设备，优点是造价低，重量轻，便于携带，有利于电影的普及。而且，卢米埃尔兄弟的“活动电影机”的放映速度是每格 1/16 秒，与爱迪生的“电影视镜”的 1/48 秒的画格相比，更接近于 1/24 秒的正常速度。

图 43-18　卢米埃尔兄弟发明的电影放映机

卢米埃尔兄弟对电影的最大贡献是将只能一个人观看的箱式电影镜改造成类似投影的电影放映机，把爱迪生关在盒子里的影像释放了出来，投射在银幕上，使成百上千的人能够同时观看，最终促成了电影的诞生。

作为一个有远见卓识的企业家，卢米埃尔对“活动电影机”的推广做了精心的安排。1895 年初，卢米埃尔安排技师卡尔邦蒂埃用整整一年的时间，秘密地制造 25 台“活动电影机”，卢米埃尔则用已制成的第一台“活动电影机”来拍摄制作影片，同时在小范围内放映宣传。

第一次公开放映是在 1895 年 3 月 22 日，在巴黎放映《工厂的大门》。6 月，卢米埃尔又在里昂举行了同样性质的放映。7 月，卢米埃尔在巴黎一次放映了十几部影片，已经具有一种预演的性质。初秋，他又举行了两次表演式的放映：一次是在布鲁塞尔；一次是在巴黎的索尔朋学院。卢米埃尔有条不紊地在进行完一系列的宣传推广活动之后，终于在精心选择的时间、地点及观看的人群，正式拉开电影诞生前的最后一道帷幕。

1895 年 12 月 28 日，巴黎的一些社会名流应卢米埃尔兄弟的邀请，来到卡普辛大街 14 号大咖啡馆的地下室观看电影。观众在黑暗中，看到了白布上的逼真画面。一位记者这样报道：“一辆马车被飞跑着的马拉着迎面跑，我邻座的一位女客看到这一景

象竟十分害怕，以致突然站了起来。”这就是世界上第一部真正的电影，正式公映了世界电影史上有记录的第一场电影。总长30分钟，共有5部短片《工厂的大门》《婴儿喝汤》《火车到站》《水浇园丁》《海水浴》，它意味着电影技术的成熟。这次放映活动很快轰动巴黎，传遍全世界，由此电影进入了新的纪元。

后来，人们把1895年12月28日这一天定为电影诞生日，卢米埃尔兄弟也被称为“现代电影之父”。

这次放映活动被确认为是电影的诞生，在于它具备了电影诞生的三个必要条件：连续的活动影像；投放在银幕上集体观看；商业活动。

电影正式诞生后，卢米埃尔招募了上百名摄影师，派往世界各地，推广“活动电影机”。这些人当中便包括著名摄影师普洛米奥、杜勃列埃、梅斯吉希等人。他们往返于巴黎和世界各地，放映并拍摄电影，把电影的种子撒向了全世界。

● 谁发明了电影。是谁发明了电影，很长一段时间里并没有结论。《大英百科》电影史部分开篇第一句话：电影的史前史几乎和它的历史一样长。作为现代科技的产物，电影的诞生，确实经历了欧洲国家许多科学家、发明家，甚至模仿者漫长的实验过程。玻璃工业提供了透镜，化学工业提供了感光药剂与透明塑料，电力工业提供了电与电灯，机械工业提供了电影摄影机与放映机的条件……但最后电影史选择记录下1895年的12月28日，选择了卢米埃尔兄弟。

显然卢米埃尔兄弟采取的更为现实主义的态度让电影走得更远，他们首先摆脱了“照相馆”摄影师所具有的封闭的人为空间的束缚，迈向了广阔开放的自然空间，作品的内容，也是更为努力地表现和复制现实生活中实际存在的事情和生活。

《工厂的大门》《火车进站》《烧草的妇女们》《出港的船》《代表们登陆》《警察游行》等影片，直接捕捉了生活中的场景，使人们真实地捕捉和记录了现实的生活。

乔治·杜萨尔在《法国电影》中说，卢米埃尔的电影可以是一种“重现生活的机器”，而不是像爱迪生的“电影视镜”那样，仅仅是一种制造动作的机器。

除了简单捕捉生活场景，卢米埃尔和他们所培养的摄影师们还将镜头对准了具有社会政治、宗教文化、时事新闻等方面的内容，《耶路撒冷教堂》《沙皇尼古拉二世的加冕礼》《代表们登陆》等，分别以不同景别、角度记录了那个时代的异国政治和文化色彩。为今天的人们了解19世纪末的社会光景提供了最直观的资料。

在卢米埃尔兄弟的短片中，有诸多后来被归纳的电影类型，比如《水浇园丁》是喜剧片，《代表们登陆》是新闻画面，《消防员》是纪录片，《假膝行人》则是今天电影中惯见追逐戏码的鼻祖。

卢米埃尔兄弟始终认为自己是发明家、科学家，而不是艺术家，他们使用“活动电影机”拍摄和放映电影，更多的是为了向世人展示自己的科学发明及机器的性能。但作品毫无疑问存在着无数潜能，一方面能够作为承载各种美学直观展示的平台，另一方面可以运用于叙事，成为一种讲故事的工具。因此，电影很快被艺术家们所利用。

那么爱迪生和卢米埃尔兄弟谁才是电影真正的发明者呢？答案：都是！根据记载：在 1888 年，爱迪生开始研究活动照片，而当伊斯曼发明了连续底片后，爱迪生立刻将连续底片买回来，请威廉·甘乃迪和罗利·迪克森着手进行研究。到了第二年的十月，迪克森拍摄出了会活动的马，这就是电影史上最早摄影的成功。成功之后的爱迪生继续更深的研究：1890 年，他用能活动的图片申请到专利，每秒能拍四十张活动图片，这就是现代影片的开始。1891 年，托马斯·阿尔瓦·爱迪生申请影像映出管和摄影装置的专利权。不久，托马斯·阿尔瓦·爱迪生又创造了世界最早的摄影棚。从 1895 年 12 月 28 日卢米埃尔兄弟在巴黎卡普辛大街 14 号大咖啡馆里放映电影的那一天开始，电影艺术真正诞生了。

1895 年电影诞生后在很长一段时间内是“伟大的哑巴”。为了弥补默片的这个缺憾，人们想了种种办法让它“说话”。刚开始，电影院在放映影片的时候让配音演员站在幕后说话。这种方法采用了一段时间就被淘汰了。后来，有人又想出一个办法：在电影放映现场进行音乐伴奏。这个办法比较受欢迎，曾风行了将近三十年，直到有声电影产生才结束。默片在其鼎盛时期也常常有音乐或者声效相伴，1926 年 8 月，由约翰·巴利摩尔主演的《唐璜》在纽约的华纳剧院首映，这次首映采用了 Vitaphone 声音系统，以 331/3 转每秒唱片来使电影声画同步。

1910 年 8 月 27 日，托马斯·阿尔瓦·爱迪生宣布了他的最新一项发明：有声电影。一些经过挑选的观众被邀请到新泽西州西奥兰治的爱迪生实验室，观看把留声机的声音和电影摄影机上的图像联系起来的电影机。爱迪生的贡献在于他在同一时间里把声音和图像同时记录下来，而这一点，其他人是无法做到的。通过运用一台既可留声又可摄影的机器，爱迪生可以让演员在拍摄过程中自由地来回走动，而这在过去是根本不可能的。爱迪生耗费了两年时间，才研制成功有声电影机。1927 年 10 月 6 日，纽约的观众在观看华纳公司出品的《爵士乐歌手》时，突然听到主角开口说了话：“等一下，等一下，你们还什么也没听到呢。”这一句话，标志着一个新时代的来临。这部影片使歌舞喜剧演员乔尔森大享盛名。完全意义上的有声片是华纳公司 1929 年的《纽约之光》。1936 年卓别林出品了他的最后一部无声片《摩登时代》，标志着无声片的寿终正寝。

由于有声电影的产生，电影由无声期的纯视觉艺术发展为视听结合的艺术。这是发明大王爱迪生给世界的又一重要贡献。可以说，爱迪生是有史以来最伟大的发明家，他开现代世界技术革新之先河。电虽然不是他发明的，但是他那种实用性的发明和改进把电推向了每一个角落。正是这位不知疲倦的发明家，才把人类带进了电气时代。

趣闻轶事

● 电影趣闻。世界上第一部无声影片《工人放工回去》，是1895年3月22日在法国巴黎“本国工业提倡协会”上放映的。这部影片由法国人路易·卢米埃尔拍摄。由于是第一次放电影，吸引了成千上万的观众。有个女观众在看到银幕上一辆马车迎面奔跑而来时，吓得连忙离开座位，跑得远远的，直到那辆马车从银幕上消失，才又回到自己的座位上。有的观众看到银幕上的瓢泼大雨时，连忙将随身携带的雨伞撑起来。

世界上第一部有声影片《纽约之光》，是1928年7月6日在纽约放映的。该片由欧仁·奥古斯坦·洛斯特拍摄而成。

世界上第一部“香味电影”是1960年在美国首次放映的，片名叫《奇怪的香味》，是一部侦探影片。影片从一件谋杀案开始，使观众和影片主人公一样，能闻到凶手最喜欢抽的香烟味和被谋杀女人身上的香水味。影片从始至终共散发出四十种不同的香味。这部影片是采用瑞士汉斯·劳勃发明的嗅觉拍摄法拍摄的。在放映时，电影院的地下室里需要装置特殊的设备。

世界上放映时间最长的影片，是日本1961年10月摄制的《人的处境》，该片的放映时间长达8小时50分钟。

世界上所用胶卷最多的影片，是美国拍摄的《地狱启示录》，共用去457200米胶卷，需要34天才能放映完毕。后来，经过剪辑，可放映两个半小时。

目前，世界上拍摄费用最高的影片，是1962～1967年拍摄的苏联影片《战争与和平》，耗资达5.2亿法郎。为了拍摄在斯摩棱斯克附近的一次战斗，专门制作了16.5万套军服。为了再现1812年鲍罗季诺战役的场面，投入拍摄的人数多达20万人左右。

世界上最长的电影片名，是1967年3月艺术工作者联合会发行的影片，片名叫《在萨德侯爵率领下，由夏朗东收容所的囚犯所表演的让·保尔·马拉迫害和谋杀案》。

世界上按人口比例电影院座位最多的地方，是大西洋福克兰群岛，该岛在每四个人中有一个电影院座位，而在中非共和国，每4100个居民当中，才有一个电影院座位。

现代科学准确验证，事物在眼前消失后，在视网膜上保留的时间是 0.1 ~ 0.4 秒。现代电影标准的拍摄和放映速度是 24 个画格每秒。每个画格在人眼中只停留 1/32 秒。这样电影胶片上不动的画面，经过放映就成了活动的影像。

● 电影放映机马耳他十字车的运行机制（图 43-19）。一般的电影放映机采用马耳他十字车将连续转动转化为间歇运动，或称日内瓦机制，得名于其最初在机械钟表中的应用。利用一凸轮连续转动，其与一形如马耳他十字徽章的十字车开槽啮合，每当两者啮合一次，十字车旋转 1/4 周即 90°。

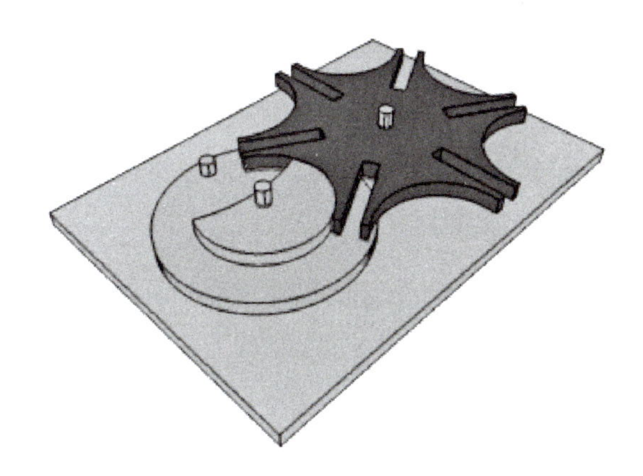

图 43-19　马耳他十字车的运行机制

传动轴每旋转一整圈，间歇输片齿轮转动 1/4 圈，拉动胶片上四个齿孔，使一格胶片进入片窗前（对于普通 35 毫米胶片而言）。在这个过程中，一块有缺口的圆盘式遮光器（俗称叶子板）会刚好挡住放映灯。只有当一格胶片稳定地停留在片窗前时，灯光才从中通过。

参考文献

[1] 束炳如，倪汉彬，杜正国，等．物理学家传［M］．长沙：湖南教育出版社，1985．

[2] 杨再石，陈浩元．中学物理课本中的科学家［M］．北京：中国青年出版社，1984．

[3] 杨建邺，止戈．杰出物理学家的失误［M］．武汉：华中师范大学出版社，1986．

[4] 俞乐．电波世界［M］．上海：少年儿童出版社，1979．

[5] 唐乃兴．通信的故事［M］．济南：山东教育出版社，1983．

[6] 王仁祥．电力新技术概论［M］．北京：中国电力出版社，2009．

[7] 吕慧，库仑定律的发现过程与启示［J］．科技资讯，2008（32）：208．

[8] 刘立军．“库仑扭秤”与“卡文迪扭秤”［J］．物理教学探讨，2010（5）．

[9] 龚长流．法拉第为何历经10年才发现电磁感应现象［J］．物理教师，2011，32（06）：54-55．

[10] 赵致真．世博会的科学传奇［M］．北京：北京大学出版社，2010．

[11] 赵致真．菲尔德：大西洋电缆之父［J］．现代阅读，2011（1）．

[12] 陈军．电影技术的历史与理论［M］．北京：世界图书出版公司，后浪出版公司，2014．

[13] 郭奕玲．物理学史珍闻趣事［M］．南昌：江西教育出版社，1993．

[14] 扈中平．热爱实验的焦耳与热功当量［N］．中国科学报，2013-10-11（011）．

[15] 宋双霞，周丽萍，尤文龙．海因里希·赫兹——短暂而闪耀的一生［J］．物理教师，2015，36（09）：73-75．

[16] 郁忠强．从原子到夸克［M］．福州：福建教育出版社，1988．

[17] 宋德生，李国栋．电磁学发展史［M］．修订版．南宁：广西人民出版社，1996．

[18] 刘晓，拿破仑对法国科学家技术研究的推动［N］．中国社会科学报，2014-01-08．

[19] 原鸣．欧姆定律的发现［N］．中国科学报，2014-05-16．

[20] 乔灵爱，魏全香．论赫兹对麦克斯韦电磁场理论的实验验证［J］．太原师范学院学报（自然科学版），2007（02）：101-103．

[21] 西门子．西门子回忆录［M］．王志乐，田向荣，译．北京：北京科学技术出版社，1992．

[22] 松鹰. 马可尼和波波夫 [J]. 自然辩证法通讯, 1981 (03): 64-75.

[23] 武春玲. 奇妙的生物电. 科普中国: 科学原理一点通, 2015.

[24] 杜宝贵, 张淑玲. 科学发明发现的由来: 从亚里士多德到经典力学 [M]. 北京: 北京出版社, 2016.

[25] 张东升. 初中物理的那些事 [M]. 北京: 电子工业出版社, 2013.

[26] 秦关根. 法拉第 [M]. 北京: 中国青年出版社, 1982.

[27] 周湛学. 机械发明的故事. 北京: 化学工业出版社, 2018.